U0267324

美丽中国
宽窄梦

成都宽窄巷子
历史文化保护区的复兴

刘伯英 林霄 弓箭 宁阳 著

中国建筑工业出版社

序

成都历史悠久，文化传统深厚，特色鲜明，同时它又是一个经济发展迅速，人多地少的特大城市。如何在快速城市化的过程中，保护城市遗产、传承文化、保持特色，是摆在城市面前的严峻课题。

成都古城的发展既见证了我们的祖先利用岷江之水灌溉成都平原的聪明才智，也展示了中原文化与西羌文化融合的历史。成都以其优越的地理条件、丰富的文化和历史过程形成了自己独特的城市生活方式和文化传统。对很多人来说，慢与闲是成都的重要特点，它既是人们应对当地闷热气候的一种智慧，又是社会日常生活习俗与文化的一种积淀。这种特点在长期的城市发展中几乎融入了老成都的每一个角落。

改革开放的前二十年，由于缺乏区域发展的视野，再加上基础设施落后，成都的发展和国内很多大城市一样，走了一条大规模改造旧城、摊大饼扩张的道路。成都市建设密度较高的三环路内的区域直径已达15公里左右，甚至超过了北京三环的范围。由于地处盆地平原，气候多云潮湿，夏天闷热，这里的建筑对日照要求不像北方那样高，成都旧城改造后的建筑间距较小，再加上大量的居住建筑采用了行列式的形式，致使城市特色消失。

2000年后随着城市特色危机的加剧，越来越多的人认识到保护成都古城的历史与传统的重要性，府南河的两岸整治就是这种意识觉醒的标志。在这种氛围中，宽窄巷子的保护与利用也提到了议事日程。在我国，历史街区的保护可以追溯到20世纪90年代初，譬如北京的国子监街区较早地提出了以院落为单位的保护与更新概念，并对街区内的所有建筑按风貌、质量评价级别提出了不同的对策。1996年，当时的建设部在黄山屯溪召开会议，强调了保护历史街区的重要性。1998年北京市开始对古城内的25片历史文化保护区参照什刹海和国子监的经验编制保护规划，不久上海也启动了风貌保护区的工作。但从全国层面上，历史街区的保护规划直至2005年才出台了相关规范。可以说，成都宽窄巷子的保护与更新工作也是在这一大背景下展开的重要探索。

宽窄巷子的保护与更新一开始就抓住了这一关键。如何将一个衰败的历史街区激活，使其在现代的城市环境中找到自己应有的位置是该工程的核心。整个工程由项目策划、运作和规划设计者等共同推进，很好地摸索了一种街区保护与利用的全新模式。宽窄巷子的成功一方面要归功于有效的组织、管理和专业团队的创作性劳动，另一方面也与成都的经济基础、地方文化、旅游市场、消费人群等密不可分。所以，任何地方对宽窄巷子保护利用的经验的借鉴都应从实际出发，探索适合本地历史街区保护与利用的途径。现在，刘伯英教授和他的团队将宽窄巷子的经验总结成书，为人们更深入地了解宽窄巷子的"思路"和"点子"提供了一个很好的综合的文本。

张杰

2014年深秋于荷清苑

前 言

引子

在承接宽窄巷子这个项目的时候，我们从来没有想过要针对这个项目著书。在设计的过程中由于整天忙于具体工作，体会还不深刻、不全面。但2008年宽窄巷子开街后，我们觉得这个项目的确有很多东西值得记录，值得总结，应该对5年来的规划设计工作和整个项目的运作进行一个总结，把我们的经验拿出来与大家分享。2009年开始，我们就开始着手准备资料，整理堆积如山的文献、书籍、图纸、照片和设计成果，这是一项比作设计还要有挑战的事情。书稿总是写写又放下，总觉得不够火候，要说的话还没说出来，或者说出来了总觉得不到位，词不达意。宽窄巷子之后，我们又经历了分布在多个省份的历史文化街区规划设计项目，还有文化商业地产和文化旅游地产项目。今天，在宽窄巷子开街3年之后、整个项目持续8年的时候，在完成宽窄巷子后续工作之后，在完成其他城市的历史街区规划设计项目之后，我们再来反思宽窄巷子历史文化保护区的整个建设过程，有了更深的体会，更觉得有必要把宽窄巷子的经历写出来，让大家不仅看到宽窄巷子光鲜亮丽的现在，还能从书中了解宽窄巷子的历史演变，了解宽窄巷子的建设过程，了解设计者的心路历程。

今天，手捧《美丽中国·宽窄梦——成都宽窄巷子历史文化保护区的复兴》书稿，不禁感慨万千。

一、成功之路

筑梦宽窄

2003年中秋节，北京全城大堵车，刚刚成立的成都少城建设管理有限公司派人来清华考察，不巧我不在北京，便安排时任安地公司副总经理黄靖来接待，更关键的是我"搬动了"建筑学院党委书记边兰春教授，拜托他为前来考察的人讲解历史文化街区到底是怎么一回事，应该怎么做。边教授师从朱自煊老先生，从本科毕业设计开始就参加了北京什刹海历史文化保护区的规划设计工作，后来烟袋斜街的保护和更新就是他的作品；他还是北京历史文化名城保护最年轻的专家，可以说他是清华大学建筑学院中，历史文化街区保护和更新领域的佼佼者。边兰春教授为成都来的甲方上了非常重要的第一课，用"扫盲"来比喻真的不过分，因为这些甲方从来没有历史文化街区建设的经验。毋庸置疑，这不同寻常的第一课，就像交响乐队的双簧管为整个乐队"定音"一样，为宽窄巷子这个项目步入正轨打下了坚实的基础。经过少城公司的多次考察，最终确定由清华安地承担成都宽窄巷子历史文化街区保护与改造工程的规划设计工作。

从2003年误打误撞地进了宽窄巷子的门儿，先是懵懵懂懂，不知不觉进入梦乡；从来没有碰过历史文化街区的事儿，没有"金刚钻儿"，愣是揽下了这个"瓷器活儿"！后是跟跟跄跄，没有料到宽窄巷子碰上了那么多难办的事，专家、媒体、居民的质疑，政府领导、管理部门的犹像，几度让项目停滞不前，不知何去何从，"山雨欲来风满楼"，真好像梦魇一般；好在我们一个一个"破题儿"，一个一个"解扣儿"，过了一关又一关，愣是把这个项目给"磨"出来了。最后是欢欢喜喜，5·12汶川地震把我们从梦中惊醒，宽窄巷子从匆忙开街，到方方面面有条不紊，越来越红火，越来越热闹，回想一下，幸福感和自豪感油然而生。

惊梦宽窄

宽窄巷子这个项目着实让我们有太多的"没想到"！

第一个没想到的，就是项目周期如此之长。从2003年到2011年，且停且行，好事多磨，连续8年的时间，集中精力在一个项目上。从2003年开始，我们一个猛子扎到历史文化街区的保护与更新工作之中，恶补理论知识，分析案例，到各地参观学习，谁承想这一个猛子扎下去就是八年。作为建筑师，这在我的职业生涯中仅此一例，我相信在其他建筑师的职业生涯中也不多见。在此之前，我们从未涉足相关领域，从理论到实践可以说是一无所知。"无知者无畏"，也正是由于这个原因，我们才敢于承担这个项目。现在回想起来，在整个工程中有些想法和做法值得商榷，甚至"用力过猛"，不自觉地闹出一些"笑话"，也是可以理解的。但不管怎么说，我们毕竟坚持下来了，"坚持就是胜利"。

第二个没想到的，就是这个项目难度如此之大，与其他规划设计项目如此不同。没有经验可循，全靠自己摸索；在这五年中我们可谓吃尽"苦头"，遭到新闻30分的负面报道，遭到官员和专家的全面反对（几乎把这个项目推翻），遭到宽窄巷子原住民的围攻……作为学者，通常会持续关注一个学术领域，作为第三方"置身于事外"进行研究；但宽窄巷子不同，我们是全身心投入并实际参与项目全过程，对每个细节都亲身经历、了如指掌，我相信这种"设身处地""事无巨细"的深入程度，也是大多数学者没有经历过的。

第三个没想到的就是这个项目投入如此之多，除了甲方之外，清华安地是宽窄巷子唯一的全过程参与者。清华安地调动了一切能够调动的力量，请教过朱自煊先生、王景慧先生，接受了冯钟平、边兰春老师的指导，张杰和张敏老师的点评，以及其他单位专家和学者的意见；李秋香和罗德胤老师还承担了保护建筑的测绘工作。凭着对项目的理解和认识，清华安地还是坚定不移的项目推动者，和项目所有技术环节的统筹者。毫不夸张地说，安地公司在宽窄巷子项目中的作用和地位是任何单位和个人都无法替代的。作为项目技术的总承包单位，我们投入了8个团队，近50人的规模，这是任何其他项目和其他设计单位都无法做到的！在这八年中，我们倾尽全力，在高强度学习和繁杂的设计工作中度过。正是由于这个原因，我们对项目的总结才是最有意义和最有价值、最有说服力的。

第四个没想到的就是这个项目完成后影响如此之大，如此之广。2008年6月14日是我国的第三个文化遗产日，宽窄巷子历史文化区正式开街。那天虽然下着雨，但却人山人海、摩肩接踵，直到今天，宽窄巷子还一直保持着日均游客1万人的水平。从政府到开发商，从市民到旅游者，都给予了高度好评，为成都树立新的形象发挥了巨大作用……宽窄巷子历史文化区已经成为成都的城市客厅，历史文化名城的重要载体，游客体验老成都的最佳去处，为提升城市的文化品位和推动成都的旅游发展起到了重要作用。各地政府来宽窄巷子参观学习的络绎不绝，造成了一定的轰动效应。所有这一切，别人做不到，但我们的确做到了，而且做得还不错！所有这一切，看似不可能，但经过我们坚持不懈的努力，梦想最终变成了现实！

清华安地整个设计团队艰苦的付出铺就了宽窄巷子的成功之路，清华安地整个设计团队的虚心学习和灵活操作奠定了宽窄巷子成功的基础。宽窄巷子的成功既出乎意料，又在意料之中。

二、成功所在

特色宽窄

锦里、文殊坊、宽窄巷子是成都三大著名的旅游街区，哪个最有成都味？大部分外地游客会认为是宽窄巷子。锦里太杂、人太多，像丽江又像夫子庙，仿古建筑与国内很多旅游街区雷同；文殊坊以寺庙道观为主，香火味太重，气氛怪怪的，与老百姓的市井生活还是有点儿距离；宽窄巷子真正保留着老成都的格局、肌理和建筑，悠闲而雅致，市井而传统，也许这就是人们印象中"最成都"的味道。青砖黛瓦依然，洋门楼、竹板凳、盖碗茶、吹糖人、掏耳朵、龙门阵、拍婚纱、麻辣烫……场景那么丰富，那么亲切，那么有格调，有吸引力！逛宽窄巷子一定不要急，慢慢走、慢慢逛；这里瞧瞧那里看看，随便拍几张照片，随便吃几个小吃，哪里漂亮就在哪里多停留一会儿，随心所欲，悠闲慢游才能体会真正的老成都滋味。

经济第一，文化第二，很多城市的文化商业地产打造了不少游客喜欢，但本地人觉得不地道，甚至根本不去的地方。比如丽江，比如周庄，已经完全变成了购物的地方，人们去那儿消费却感受不到人文气息。宽窄巷子首先关注的是文化，商业是顺势而为、不留痕迹的。商家在院里，客人先进院子再买卖，像去邻居家串个门，氛围更加轻松自然。在宽窄巷子开店的老板们，人人都能把宽窄巷子的历史倒背如流，尤其是那些以宽窄巷子为活动据点的文人们，更能从宽窄巷子的历史、环境和氛围中生发出无限的遐想，演绎出小说诗歌、歌曲影视、绘画摄影，以及滋润某种情愫。

国际宽窄

2012年8月22日，由中国国际广播电台组织的"2012中国城市榜——外媒记者城市行"采访团，来到成都名声显赫的宽窄巷子参观采访。随行的外国媒体在游览观光的同时，还饶有兴致地品尝了地道的成都美食。伴随着宽窄巷"最中国"的视觉冲击，幸福的"味蕾"体验更让外国记者们深深拜倒在成都这座中国历史文化名城的"石榴裙"下。所有到达成都的飞机上都有介绍宽窄巷子的文章，宽窄巷子不仅是成都的，还是中国的，更是世界的。

2013财富全球论坛6月6日开幕，"成都家门徐徐开，宽窄巷内'家'年华"。在财富论坛第二天，四川省和成都市人民政府以家宴的形式，邀请参会的各国嘉宾，在地道的成都宽窄巷子院落里，品尝成都风味的菜肴，同时零距离接触成都的民俗、民风。象征成都家门的"财富之门"大气端庄，兼具古典和现代的美感。沿台阶拾级而上，一副长句对联赫然眼前："日丽风和沐晴空逸兴云飞，政通人和善天下方兴未艾。年丰时和感岁月礼兴乐盛，友睦亲和迎宾朋兴会淋漓"，突出"天下和、兴家国"，横批为"宽窄巷子"。宽窄巷子不仅是"家长里短"、"小家碧玉"，还登上了"大雅之堂"。

宽窄巷子已经成为成都的招牌，成为到成都必去的地方，没去宽窄巷子就不算去过成都。美国政要对宽窄巷子特别垂青。2011年8月20日傍晚，美国新任驻华大使骆家辉一行轻车来到宽窄巷子，品尝四川美食。2014年3月25日下午5点，美国现任总统奥巴马的夫人米歇尔一行来到最具成都特色的宽窄巷子游玩，并在一家名为"大妙"的川味火锅店就餐。

宽窄巷子是城市的餐桌，让人享受美食美酒；宽窄巷子是城市的书房，让人体验畅想回味；宽窄巷子是城市的客厅，让人来了就不想走。

三、成功经验

宽窄态度

历史文化街区是城市不可多得的文化遗产，是我们先辈聪明才智的结晶，是一笔宝贵的物质财富和精神财富，需要我们继承下来，传承下去。无视历史文化街区价值的存在，任由它残破和衰败，不采取任何保护的措施，或者把历史文化街区当成城市发展建设的障碍，当成城市文明的"污点"，恨不能来个"大扫除"，把它"一扫而光"，扫进垃圾桶，这两种态度，都是对历史文化街区的破坏。

历史文化街区之于我们的城市，就像家里的收藏，是"传家宝"，需要时常拿出来"擦拭"和"玩味"，才能形成醇厚的"包浆"。把它放在聚光灯下，就会散发耀眼的光芒。历史文化街区是珍贵的文化资源，传承历史文化，挖掘文化内涵，保护传统风貌，延续社会生活，与现代城市功能相结合，历史文化街区才能活化，推动城市的发展。

宽窄模式

以城市的文化、社会、经济、环境综合复兴为目标，以院落为单位的微循环，依靠专业团队统领，形成文态、业态、形态和生态的"四态合一"，是宽窄巷子历史文化保护区更新和复兴，留给我们的最有价值的经验。政府主导、市场化运作，专家领衔、全过程控制，公众参与、全社会监督，宽窄巷子项目的组织和运行模式是成功的保障。

在成都，宽窄巷子的保护和更新模式与大慈寺、文殊院和水井坊等其他历史文化街区项目不同，更与"无中生有"的地产项目锦里不同；与北京菊儿胡同、什刹海、前门大街，上海的豫园和多伦路的模式也不同；与瑞安集团的上海新天地、武汉天地、重庆天地、岭南天地等"天地"系列更不同。宽窄巷子不是棚户区改造，不是仿古街区，而是实实在在的"历史文化保护区"。它不是传统意义上的简单"保护"和"更新"，而是在新的历史条件下的"复兴"。让民生得到改善，让城市实现发展，这就是宽窄巷子贯彻始终的实质。

宽窄巷子有它特殊的历史文化背景和现实社会条件，它是根植于成都的，有着自己的DNA，这种经验值得其他历史文化街区更新借鉴，但绝对不可复制。

宽窄启示

不管你来自何方——国内还是国外，不管你年龄多大——年长还是年少，似乎都可以在宽窄巷子找到"乡愁"的感觉；见到的宽窄，听到的宽窄，闻到的宽窄，尝到的宽窄，是弥漫在宽窄巷子中的特殊"味道"和"氛围"。学者从中品味历史和文化，商家从中尝试"情景式"商业的新模式，游客从中获得"最成都"，甚至"最中国"的体验。

宽窄巷子默默走过了三百年，时光的流逝改变了城市的容颜，抹去了过往的记忆；往事依稀，故人依旧，宽窄巷子还是那些青石板、老竹椅、石门墩、梧桐树、树荫下的老茶馆……让人依思、依恋……

从2003年到2011年，我们从筑梦、寻梦到幽梦，从惊梦、解梦到圆梦，共同构成了完整的"宽窄梦"；而当这个梦弥散开来的时候，就会酿成文化强国的"中国梦"！

宽窄巷子是清华安地最值得骄傲的业绩，八年的努力是我们奉献给"美丽中国"的一份沉甸甸的厚礼！

刘伯英

2014 年 4 月 26 日

清华大学 103 周年校庆日

项目名称 成都宽窄巷子历史文化保护区保护性改造工程
建设单位 成都少城建设管理有限公司
运营单位 成都文旅集团
设计单位 清控人居建设（集团）有限公司
　　　　　 清控人居遗产研究院
　　　　　 北京华清安地建筑设计事务所有限公司

项目负责人 刘伯英

团队一：规划设计	刘伯英	黄 靖	林 霄	弓 箭	罗德胤	陈 挥	刘明瑞	云 翔 等	
团队二：建筑测绘	李秋香	罗德胤	宁 阳	刘明瑞	陈禹凤	梁多林	邓显飞	刘 敏	
	蔡 楠	余 猛	路 旭	赵菲菲	赵 雷	郑 瑜	蔡凌燕	刘 雯	
	张小宁	朱 磊	赵 雷	董元铮	史舒琳	孙 燕	刘 磊	姜 洋	
	刘 洋	石 伟	屈国伟	王建新	刘 聪	马琦伟	张今彦	李德华	
	蔡凌燕	赵菲菲	郑 瑜	孙 娜	袁 琳	姜 琳	王 珏	孙诗萌	
	钟 瑾	徐晓颖	高 珊	毛 葛 等					
团队三：建筑设计	刘伯英	黄 靖	林 霄	弓 箭	古红樱	陈禹凤	蒲 健	蒲 兵	
	周 珏	白 鹤	陈铁夫	宁永嘉	杨 威	王佳男	云 翔	谢春娥	
	王丽娜	马晓华 等							
团队四：景观设计	刘伯英	林 霄	陈 挥	刘天威	许利华	刘 敏	刘明霞	杨振宇 等	
团队五：室内装修	黄 靖	弓 箭	蒲 健	蒲 兵 等					
团队六：文化策划	刘伯英	黄 靖	林 霄 等						
团队七：商业策划	刘伯英	林 霄 等							
团队八：招商运营	刘伯英	林 霄	蒲 健	蒲 兵 等					

专业配合设计

北京中元工程设计顾问有限公司

结构专业　何晓红　谢 阳　蒋炳丽 等

机电专业　何伟嘉　陈 伟　张春雨　董大陆　宋肖肖 等

施工现场配合

清华安地　刘伯英　黄 靖　古红樱　蒲 健　蒲 兵　弓 箭　林 霄　陈 挥 等

成都新大陆建筑设计有限公司　肖宏业 等

上篇

**寻
梦**

天府首邑钟灵思·蜀郡明珠毓秀颖

第一章　宽窄历史：2400年城址未变、城名未改

第一节　筑城千载·西南旗舰：成都的动态变迁与时代发展 / 3

　　一、史海钩沉——筑城溯源与历史沿革 / 3

　　二、云升霞漫——符号化的天骄第四城 / 12

第二节　人杰地灵·华夏圭璧：作为历史文化名城的成都 / 16

第三节　暖意满城·既丽且崇：微观政治意识形态的缩影 / 19

　　一、清八旗聚居地——满城的由来及制度 / 19

　　二、老城故事多——星罗璀璨的人文古迹考 / 24

市井巷说百家语·今昔浅吟观风物

第二章　宽窄生态：社会场域盛境蔚为大观

第一节　城市瑰宝·继绝存真：宽窄巷子的原真性历史文化基因 / 33

　　一、前世今生——从古兵丁胡同到百姓街巷 / 33

　　二、经典长存——韵致盎然的街坊巷市变迁 / 38

第二节　踪影心迹·传本扬珍：承载历史文化内涵的宽窄巷子 / 41

　　一、破旧不堪与混乱的旧貌 / 41

　　二、继往开来——历史文化与价值的承载 / 55

第三节　钟磬洪扬·重檐碧瓦：美丽家园最成都的复刻生活样板 / 60

稷黍介福君都营·万邦之屏博亦宁

第三章　宽窄规划：宽窄巷子历史文化保护区建设纪实

第一节　因缘楔子·锐思之源：规划背景与调查研究（2003年之前）/ 68

　　一、成都城市建设的发展历程 / 68

　　二、成都历史文化保护体系 / 73

　　三、宽窄巷子历史文化保护区规划建设历程 / 78

第二节　典藏范本·创新复兴：全景式保护建设进程（2003~2008年）/ 83

　　一、独茧抽丝——宽窄巷子保护规划设计的原则和措施 / 84

　　二、积基树本——宽窄巷子规划设计方案 / 91

　　三、观往知来——宽窄巷子规划设计大家谈 / 93

第三节　传古承今·活力新生：老成都底片，新都市客厅（2008年以后）/ 114

　　一、街区活化——震后开街的时代节点与里程碑意义 / 114

　　二、有机更新——宽窄巷子动态保护模式 / 123

瞻彼隽室赫煊辉·顾盼方庭熙和盈

第四章　宽窄建筑：42个"最成都"院落的奇思妙想

第一节　衔泥筑巢·水滴石穿：宽窄巷子传统院落的分类与评价 / 129

　　一、不落窠臼——首立以院落为单位的保护体系 / 129

　　二、条分缕析——院落和建筑的分级与评价 / 130

第二节　精神依存·意境栖居：宽窄巷子历史文化保护区的建筑设计 / 135

　　一、诘本究末——保护院落的建筑测绘 / 135

　　二、归纳总结——建筑特点量化分析 / 142

　　三、追古寻幽——宽窄巷子建筑设计 / 144

第三节　承前启后·知行合一：宽窄巷子保护技术层面总结 / 162

　　一、建筑的保护利用 / 162

　　二、建筑结构设计 / 163

　　三、街区消防和木结构防火 / 165

　　四、建筑节能设计 / 166

　　五、传统材料和传统技法的传承 / 168

　　六、设计与施工的互动/ 169

游目骋观怀乾坤·春诵夏弦巷景深

第五章　宽窄景观：19个触景生情的怀旧故事

第一节　熔今铸古·兴微延髓：以复兴为目标的宽窄巷子景观设计 / 171

第二节　燕瘦环肥·各有千秋：三条巷子的景观设计理念 / 176

第三节　巧于因借·传承创新：宽窄巷子的景观设计 / 179

　　　　一、景观材料——从历史和地域中寻找原型 / 179

　　　　二、虚实互补——宽窄巷子的景观空间 / 182

下篇
释梦

创意宽窄万物生·禅意商道天地间

第六章　宽窄经济：历史文化资源的未来转化

第一节　四态合一·相得益彰：新型招商规划与商业策划 / 193

第二节　资源整合·市场运作：宽窄巷子的商业运营特点 / 200

第三节　精英荟萃·返本还源：灵活巧妙的商业运营模式 / 213

　　　　一、因时而动——天时地利人和的平衡型经济 / 213

　　　　二、顺势而为——包容且和谐的宽窄商业景象 / 225

第四节　院落细胞·动态休闲：创意溢出的新式业态单元 / 233

中国情怀精致臻·雅韵古味记忆存

第七章　宽窄人文：细品慢琢悠享精致生活

第一节　优品介质·珠联璧合：公共生活与日常美学实践 / 251

第二节　巨细靡遗·鲜活标本：安逸宽巷子 / 258

第三节　见微知著·贯隐于市：沉静窄巷子 / 275

第四节　包罗万象·御世浮绘：繁华井巷子 / 283

复礼兴雅谐自然·智谋慧能安人居

第八章　宽窄模式：以立体文化为轴心的未来和有机更新的战略思想

第一节　凤凰涅槃·一飞冲天：宽窄巷子的重生与复兴 / 291

第二节　稽古振今·行成于思：宽窄巷子的体会与反思 / 296

　　　　一、建设的心得 / 296

　　　　二、实践的反思 / 299

第三节　条修叶贯·通功易事：宽窄巷子的程序与模式 / 304

　　　　　一、操作程序 / 305

　　　　　二、工作模式 / 306

第四节　豹尾撞钟·余音袅袅：历史文化街区保护的对策与建议 / 309

附录

1.大事记 / 313

2.相关重要资料索引、摘要 / 318

3.图纸 / 326

参考文献 / 366

后记 / 369

上篇

寻 梦

Part I

Dream

第一章

宽窄历史：

2400年城址未变、城名未改

天府首邑钟灵思·蜀郡明珠毓秀颖

筑城千载·西南旗舰
成都的动态变迁与时代发展

一、史海钩沉——筑城溯源与历史沿革

宽窄巷子因成都而生，成都因宽窄巷子而荣。中国成都，瑰丽雄奇，有着悠久的历史和独特的魅力。

成都简称蓉，是四川省省会，四川省的政治、经济和文化中心，1982年国务院首批公布的历史文化名城之一，是国务院规划确定的"西南地区的科技中心、商贸中心、金融中心和交通、通信枢纽"及西南地区重要的中心城市；2006年，国务院批准成都成为全国统筹城乡综合配套改革试验区；2009年确立了世界现代田园城市的建设目标。

成都地理位置优越，介于川西高原以及川中丘陵之间，平均海拔500米。这是一个土地肥沃、物产丰饶、经济发达、文化繁荣的都市，历来有着"天府之国"、"蜀中江南"等诸多美誉。又因织锦业发达，而被称为"锦官城"，故又称作锦城。

1. 成都的水

成都的繁华得益于漫漫水系。河道含烟笼翠，倚水绕流，衍生出众多名胜古迹。行至水深处，坐看云起时，温润如玉的水浇灌了这片富庶安康的平原，宁静丰沛的水也滋养出了璀璨夺目的文化。天府都城是水漾奇葩，变幻莫测、深浅迎风的沧浪浸染着成都鲜活的血脉，奔腾向前、生生不息，在《水润天府》篇里生动地描绘了水兴蓉城的繁华景象：

水利殖蜀国，山川毓秀色。原曰天府，地曰华阳，文明伴水而生。邑聚繁雄，实号成都，城市因水而成。巴蜀文化与水，实有不解之缘。首因大禹兴于西羌，治水始于岷江，创"岷山导江，东别为沱"之法。复得丛帝来自荆楚，导水沮茹原湿，有"凿玉垒山，疏金堂峡"之举。李冰兴建都江堰，穿二江，至今福泽成都平原。今人整治濯锦江，治沙河，实受云帆龙舸下扬州之惠。锦江春色，重来天地。巴蜀文明，再铸辉煌。

2. 成都的文明

成都的文明史可追溯至四五千年前。古蜀先民逐渐从川西北高原沿着岷江河谷迁徙到成都平原，后人将这些居住在岷山河谷的人称为蜀山氏。后来，蜀山氏的女子嫁给黄帝为妃，生下儿子蚕丛，蚕丛在四川平原建立了古蜀国，代代相传，经历了一个又一个的朝代。到了夏代纪年的早期阶段（距今约三四千年），高度发达的三星堆文明诞生了。三星堆文明不仅是古蜀文化发展的巅峰，也是南方丝绸之路的起点，从而成为中华民族文化孕育之河的一个重要源头。西周时期，一些游牧部落逐渐从成都平原周边高阜丘陵向平原水洼地区迁移。成都羊子山土台、十二桥文化中的"干栏"式房屋遗址、商业街大型船棺群和金沙遗址，这些古蜀踪迹都可证明古蜀人活动的中心就在成都。

成都的筑城史同样源远流长，最早可追溯到约公元前5世纪中叶。2001年出土的金沙遗址，将成都建城历史从公元前311年提前到了公元前611年。古蜀国开明王朝九世开明圣王时，将都城从广都樊乡（今四川双流县）迁往成都并构筑城池。取周王迁岐辗转定都之意，将新的城池称为"成都"。而后不断修葺重建，从聚落到乡镇最终形成了都城。

3. 成都的城

成都是中国城址未迁、城名未变的古老城市之一。

作为西南重镇，成都在汉代即是中国五大都会之一，唐代更有"扬一益二"（扬为扬州，益为成都）之誉。历史上，成都曾七次成为封建割据朝廷京都，两次成为农民起义政权的国都，历来是郡、州、府治所在地。关于"成都"一名的考据，则可参考司马迁《史记》第一篇《史记·五帝本纪》："舜耕历山，历山之人皆让畔；渔雷泽，雷泽上人皆让居；陶河滨，河滨器皆不苦窳。一年而所居成聚，二年成邑，三年成都。"成书于宋太宗赵炅太平兴国年间的地理总志《太平寰宇记》亦记录了西周建都历程："以周太王从梁山止岐下，一年成邑，三年成都，因之名曰'成都'。"古蜀语"成都"的读音即"蜀都"，而"成"者"毕也"，有完结的含义，所以成都就是蜀国"终了"的、最后的都邑。

成都的历史文化及建城历史，可以追溯到距今四千至五千年前的成都平原的古城址，即宝墩文化，然后经三星堆遗址、十二桥遗址至金沙遗址，与秦张仪筑成都形成完整的历史沿革，脉络清晰。

成都有文字记载的历史大致经历了几个阶段，概括如下：

（1）古蜀王都

古蜀国最早的先王是蚕丛、柏濩（伯灌）、鱼凫，三代而下是望帝杜宇、鳖灵，或说是蒲泽，也就是开明氏。他们都是生活在岷江上游的岷山山区的氏族部落。史籍记载，黄帝娶蜀山氏女嫘祖为妻，生子昌意，昌意又娶蜀山氏女为妻，说明蜀山氏部落与黄帝部落是世代通婚的两个联姻部落，故《史记·三代世表》称："蜀王，黄帝后世也……"第一代蜀王为蚕丛，是以虫为族名的部落，是氐羌大系统中的一支，在茂县至今还能见到蚕丛陵、蚕陵山和汉代置蚕陵县留下的"蚕陵重镇"刻石。第二代蜀王为柏灌，这个部落是以柏灌鸟为族名的，遗憾的是第二代蜀王柏灌史迹、文字记载和遗迹几乎都无从查证，柏灌墓在今双流县境内。第三代蜀王为鱼凫。鱼凫即鱼水鸟，人们俗称鱼老鸹，以善捕鱼闻名。这是一个以捕鱼神鸟为名的部落，鱼凫部落属岷山氏羌的分支。在今郫县与温江交界处，有鱼凫王城遗址和陵墓。

继鱼凫部落之后的蜀王是杜宇，他也是鱼凫族部落人，是与前三代蜀王一脉相承的最后一代蜀王。杜宇王蜀后号望帝，将都城建在今成都西北20公里处的郫县，并更名为蒲郫，又称杜鹃城，同时还在今双流县境建了别都。杜宇时的成都平原仍然是沼泽满布，水草丛生，他带领族人排干积水，开垦田地，种植粮食和瓜果蔬菜，古蜀氏族逐渐从采集、渔猎经济进入畜牧、农耕为主的经济社会。杜宇后期的势力向北发展到汉中地区，向南发展到云南北部，并与中原的周王朝建立了密切的关系。杜宇统治末期，成都平原水害频繁，人民生活痛苦不堪。这时从长江中游的濮越系统异族来了一个很有治水经验的人，名字叫鳖灵。杜宇命他为相，让他负责治水。鳖灵带领人民凿玉垒山，开金堂峡，把岷江水分流入沱江，使洪水消退，这就是都江堰最早的水利工程建设。鳖灵治水成功，威望迅速提高，杜宇被迫让位。鳖灵接任蜀王，号丛帝，称开明氏。杜宇失国后，退隐到平原西部的山区。传说杜宇的魂魄化为杜鹃鸟，常因思念故国而啼叫出血，这段哀婉动人的杜鹃啼血故事，千百年一直在川西民间传唱。唐代以前，成都平原蜀人还一直保留着见杜鹃飞过要肃立致敬的风俗。在成都西郫县城，有一座祠陵结合的祭祠，这就是古蜀先民为缅怀蜀族先祖望帝杜宇和丛帝鳖灵而修建的望丛祠。祠门照壁左右门上方横额书"功在田畴"和"德在揖让"，颂扬望丛二帝的治水功绩和贤明。

其后，九世开明圣王南迁时建立北少城。城内没有正南其北的中轴线，而是以一条北偏东约30°的主轴来定位建城，这是不符合当时西周营国制度的要求的。春秋末期的诸国城邑建设中，有不少违背礼制的情况，但像开明王城这样采用偏轴而不"择中"来定位建城，也是比较罕见的。开明王没有拘泥于"择中"规整的筑城约束，而是从地理条件分析，按管子"因天才、就地利"的原则选址定线：在开明王成都建城之前，古蜀地已存在从陕西汉中入蜀去西南的商旅过往的交通干线。这条线路在平原段是经今德阳、广汉、新都至成都郫江（后更名为郫邑）的赤里街（古蜀时期的主要集散市场）渡口，然后经双流县到新津，再至彭山县的江口。它们的连线正好在一条偏东30°的直线上；从日照的需要看，成都地区与中国北方地区有明显的气候差异，垂直偏东轴线布置建筑，对取得冬季日照更为有利。可见，当时筑城是因地制宜，依势傍路。

（2）先秦郡望

秦国在商鞅变法后国富兵强，四面扩张。周慎靓王五年（前316年），正值巴国与蜀国内战，秦惠文王派大夫张仪、司马错从石牛道（后称金牛道）入蜀。蜀国被秦国所灭，秦惠文王封蜀王子通国为蜀国侯，后因该地屡发叛乱，为了巩固在蜀地的统治，遂改为蜀郡，以张若为郡守，又从关中等地大量移民入蜀。在原北少城的南面新筑秦城，又在成都西面和南面加筑郫邑（今郫县）、临邛（今邛州市）两城，形成椅角之势以利防守。

公元前311年，秦王接受张仪的建议，命令蜀守张若按咸阳格局兴筑成都城。据载：秦城周长十二里，高七丈，城下还建有军器仓库，城墙上建有城楼和射箭的垛口。经过复原标定，秦城为边长1327米的正方形，形态上秦城完全符合周"礼"制的要求。秦灭蜀国前，陕西和四川之间早就有从事长途贩运的商人往来。秦灭蜀后，又采取了"秦民万家，实于蜀"的移民措施。移民中的大多数都是商贾和手工业者，秦惠文王为了安置庇护他们，促进工商业发展，又命张若按秦制在大城西侧赤里街一带筑少城。这里平时是城市商贸活动频繁的经济中心，一旦有乱又是双城的防御屏障。所以，秦城都城分为东西两部分，东为大城，郡治，是蜀太守官司舍区域，政治中心；西为少城，县治，是商业及市民居住区，商业繁盛，是经济中心所在，故成都又有"少城"之称。大城和少城共一城墉，古人称为"层城"或"重城"。

这一格局或显或晦地承续了两千多年，成为中国古代城市格局定式的一种类型。据传说：张仪与张若开始筑城时，城墙一再崩塌，后来梦见一只乌龟绕着成都爬，第二天按照乌龟爬的路线建城墙就建好了，所以后来少城才又有"龟城"之称，而在离城十里远的地方取土筑城留下的土坑形成的水面称为"万岁池"。

此后两千多年中，成都的城名从没变过，城址没有迁移，这在中国城市史上绝无仅有。秦朝时代最为考究的能走四匹马并排拉车的"驰道"，已纵横于川西地方，继而成都的手工业也逐渐发达，可谓"百工咸备"，其中以盐业、冶铁、金银器、漆器、纺织业最为有名。百工之中，成都纺织业，特别是丝织业更是独放异彩。成都城南出现两处手工业集中的小土城，一为专门造车的车官城，一为专门用川西特产蚕丝制锦的锦官城。经过若干年这两座城都消灭了，但制锦仍为此地特殊的手工业。后来，成都造纸、雕版印刷和瓷器又以其工艺独特、品种繁多畅销国内外。

（3）汉唐宋元名城

汉承秦制，成都仍为蜀郡的治所。西汉武帝时代（公元前140年至前87年），为了沟通西南少数民族地区（即今茂县专区、西康、云南、贵州省的大部分），以成都为重镇，元鼎二年（前115年）扩大成都大城、少城。城门增加为十八个，并在城墙上增加了楼橹雉堞等防御工事。之后四川各地筑城，皆以成都为模范。汉武帝元封五年（前106年），以巴蜀地区为中心设置了益州，成都为治所。此后至今，成都一直是西南地区政治、经济、军事和文化中心。

西汉时期的成都丝织业盛况空前，设置锦官，其办公处所日后被称为锦官城，也就是成都得名锦城之始；并把城外两条河之一称为濯锦江，简称锦江，另一条呼为流江，又呼沱江。西汉后期，成都人口已增至7.6万户，成为仅次于长安的中国第二大城市。汉武帝时改筑成都城池，在原少城基础上修筑南小城，与之相对的蜀王城则称为北小城，加上锦官城，三城连接成大城，称为"新城"。

西汉之末，天下大乱。王莽篡位改新，益州改称庸部，蜀郡改为导江郡。公孙述据蜀称帝，以成都为国都（公元25~36年），辖十五县。是自秦灭六国之后，成都首次成为地方割据政权的行政中心。

三国时成都为益州郡治，辖七县。后刘备统一巴蜀，即位于武担山之南，建都于成都。从蜀汉先主刘备于公元221年攻入成都算起，到公元263年后主刘禅出降于魏国大将钟会之时止，成都作为蜀汉都城四十八年。这是成都第二次成为地方割据政权的行政中心。刘备在以今青龙街为中心、穿城九里三的范围，进行了大规模的城市建设，这个位置轮廓一直延续到解放前。

现在城内尚可确指为蜀汉遗迹的有：公元221年刘备筑坛即皇帝位的那座几近坍平、由开明时代遗留下来的土丘，疑似蜀汉丞相府第中的一口水井（今东城锦江街的诸葛井）和曾经是蜀汉丞相诸葛亮的桑园并且是刘备陵墓所在的今城南外面的武侯祠和昭陵（一般称为皇坟）。

西晋统一后，把全国分为十九个州，成都仍属益州，州治仍在成都。两晋之交，是四川和成都历史上最为衰败的时期。那时少数民族散处中国，纷起割据，公元303年，因饥荒自陇西入蜀避难的流民首领巴西氏人李特在成都建立了成汉政权，管辖六县，这是成都第三次成为地方割据政权的行政中心。但是生产和社会经济并未恢复，李氏夺得政权自立为蜀主，带领的人数不过三万。当地人民不能相安，四川土著曾经举族流亡湖南、湖北等地，一次便达四十万户。因此，川西平原和成都人口在这四十三年当中减少得很厉害。所以在公元347年东晋朝大将恒温溯江伐汉时，如入无人之境。灭李氏之后，因成都人口太少，无需分住两城，所以仅保留了大城。公元347年，桓温

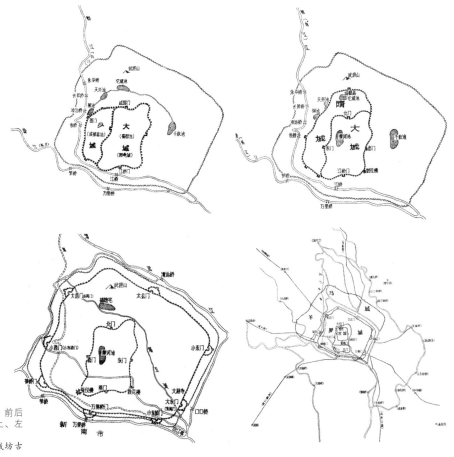

图1-1 秦、隋、唐、前后蜀时期的成都（左上、左下、右上、右下）
资料来源：《成都城坊古迹考》

下令拆除少城，这是成都筑城以来第一次大变更。公元582年至592年间，隋蜀王杨秀沿着旧城，扩大西南面，重筑成都城，周围四十里。南北朝时期，虽然变乱频频，但四川地处边疆，尤其是成都偏在西陲，没有遭到许多大兵灾，人口反而渐渐增多。

唐先后置成都为州、郡、府。随着中国社会的整体历史进程，成都进入了第一个全盛时期。诗人李白在《上皇西巡南京歌》中赞叹："九天开出一成都，万户千门入画图。草树云山如锦绣，秦川能及此间无。"足以证明成都之繁华富足。据载：唐时织锦作坊"锦院"内厂房林立，织机多台，织工还细分为挽丝、用杼、练染、纺涤等工种。公元879年，唐剑南西川节度使高骈为加强防卫，又筑罗城。这是成都城第一次改用砖石建造，城内有大街坊一百二十个。汉唐之际的成都，已是西南最大的商业中心，也是中国对外贸易出口的重要城市。

五代十国时期，前蜀的王建、王衍父子和后蜀的孟知祥、孟昶父子割据成都，前后达65年之久。公元927年，后蜀孟知祥在罗城之外，"发民丁十二万修成都城"，增筑羊马城，城周达四十二里。后蜀皇帝孟昶偏爱芙蓉花，命百姓在城墙上遍种芙蓉树，一到秋天，四十里花开如锦，绚丽动人，此即花开时节成都"四十里为锦绣"的来由，遂称之为芙蓉城，故芙蓉花成了市花，成都得以简称"蓉城"。

宋代分天下为十五路，四川地区被划分为益州、梓州、利州和夔州四路，简称川峡四路。益州路治所一直在成都。成都还是叫成都府，管辖成都、华阳两县。后李顺攻入成都，建立大蜀政权。失败后，成都府被降为益州。值得一提的是，现在的交易会，早在宋代成都就已出现类似的雏形，如九月九重阳节的"药市"、正月十五元宵节的"灯市"、三月二日的"花市"等。

元朝初年，设四川行中书省，简称四川省，治所先在重庆，不久移到成都。从此成都一直是四川省的最高军政长官治所。当时四川共辖九路，成都居路首。忽必烈至元十六年（1279年），又分四川为四道，成都划为川西道，但成都仍是当时四川的政治文化中心。

（4）明清重镇

明代设四川布政司，下辖八个府，成都是首府，管辖两州十三县。明太祖朱元璋封第十一子朱椿为蜀王，王府建在成都。朱元璋曾先后命大将李文忠和蓝玉以土筑成都城，后来都指挥使赵清用砖石重修成都大部城墙。到了崇祯十七年（1644年），张献忠部队进入成都，改国号为大西，成都也改称西京，蜀王府的宫殿一度成为张献忠的皇宫。随后清军攻入四川，与张献忠的大西军在成都激战。清顺治三年（1646年），成都全城焚毁于战火之中，一座繁华似锦的名都会几乎夷为废城，五六年间断绝人烟，成为麋鹿纵横、虎豹出没之地，后经康熙、雍正、乾隆三代的经营，才又从废墟上复兴起来。到了清代中后期，成都再度成为经济发达、文化兴盛的大都市，曾出现过一百多年的兴旺时期，重又列在当时中国发达城市的名墙上。

元末明初和明末清初，四川经过战乱，人口急剧减少。《四川通志》载："蜀自汉唐以来，生齿颇繁，烟火相望。及明末兵燹之后，丁口稀若晨星。"据康熙二十四年人口统计，经历过大规模战事的四川省仅余人口9万余。所以清朝开始了一次大规模的移民，即"湖广填四川"：从中央到地方各级官府采取了一系列措施吸引外地移民，其中以湖广行省人口最多。以成都为例，清末《成都通览》曾记录"现今之成都人，原籍皆外省人"；其中湖广25%，河南、山东5%，陕西10%，云南、贵州15%，江西15%，安徽5%，江苏、浙江10%，广东、广西10%，福建、山西、甘肃5%。

成都市民政局找到的《四川省城街道图》，又称作《光绪二十年（1894年）地图》（图1-2），绘制了成都城原貌，标注了路名等信息。图左上角有"成都省城高二丈九尺四寸，址宽五丈五尺……东西距九里三分，南北距七里六分。蜀志载：秦惠王时张仪筑成都大城，成都有城自此始……至乾隆四十八年，节使福文襄请币六十万彻底重修，迄今楼堞屹然，金汤永固矣"的文字。而在时间上更早于此地图的还有一幅《清光

图1-2 清光绪年间成都城舆图
资料来源：《四川民居》

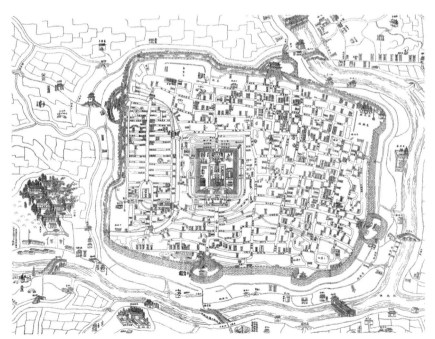

绪五年图》，描绘了1879年的成都风貌，西御街、盐道街、红照壁、大慈寺、青石桥等名称至今保留。比较这些舆图，可以发现成都的街道名称在历史上交替更迭，如在《光绪五年图》和《光绪二十年地图》上标注出了"宽巷子"、"窄巷子"，但在《光绪三十年地图》上宽巷子被改为"兴仁胡同"，窄巷子被叫做"太平胡同"，反映了当时城西是清朝贵族的聚居区，附近一带街区都变成了胡同的历史事实。此外还有一张《清宣统三年新订成都街道二十七区图》（成都市档案馆藏），以及《民国二十二年（1933年）成都街市图》，都能清楚地看出成都不同时代的城市格局和街道分布。

发达的手工业是成都市场繁荣和商业兴旺的主要原因。据清同治《成都县志》卷二记载：成都"妇女务蚕事、缫丝纺织，比屋皆然"，城中的"织锦机房，就将近千家……机杼之声，彻夜不息"。清末成都的手工业作坊和商业店铺都相对集中在某条街区，这样的以专业手工作坊为名的街巷有近百条（如纱帽街、银丝街、打铜街、染坊街等），商业行帮有69个，纯商业性的街区也开始出现，如商业场、春熙路、盐市口、总府街、提督街等。清代成都贸易市场也得到发育。据统计，仅城区市场就有17个，都是以大宗批发和长途贩运为主的专业市场，以成都为中心的郊区各县区还有50个市场，形成了以成都为中心的市场网络。到清末，每年以游乐形式定期举办的大型商务活动更是丰富多彩。如：每年2月25日至3月20日，在城西青羊宫举办的花会，是全省性的、最大的交易会。根据季节和传统习俗，又发展到月月有市，如正月灯市、二月花市、三月蚕市、四月锦市、五月扇市、六月香市、七月宝市、八月桂市、九月药市、十月酒市、十一月梅市、十二月符市。城市商业繁荣，流通活跃，必然要反映到城市社会生活的各个方面，仅从下面这些数字便可看出：据清末统计，成都当时有大小当铺243家，酒肆580家，戏园、戏班、影戏班25家，各种祠堂庙宇263座，茶铺518家，旅店318家。

（5）近代成都

清朝、民国时期的成都经历了很多磨难。清康熙五十七年（1718年），为平定准噶尔的叛乱，调荆州驻防旗兵3000名来川。康熙六十年（1721年），应当地百姓要求，四川巡抚年羹尧奏请朝廷将旗兵留下，遂选留骑兵1600名、步兵400名、军官72名、杂役96名永驻成都，并陆续将眷属送来，这些旗兵一直驻留到辛亥革命清朝覆灭。尽管成都手工业发达，商业繁盛，历来有"一都之会、万商成渊"的赞誉，但它的基础是以耕织为本的自然经济，因此也局限于以农副土特产品加工为主的传统手工业，基本上是处于封闭型的经济状态。鸦片战争以后，随着外国资本主义文化和资本的输入，中国近代民族工业虽然受到封建势力的束缚、国外资本主义的压迫，但总的来说也在发展。比较之下，处于长江中下游的沿海口岸，差不多先于成都20年就发展了近代民族工业，成都的经济地位明显跌落下来，直到20世纪初，近代资本主义文明才缓慢地渗入封闭自守的四川，而成都又落后于有水运之便的重庆。但也正是因此，成都近代时期躲过了多次战乱，获得了一段相对比较平稳的发展时光。

成都最早的近代工业，始于1874年四川总督丁宝桢创办的四川机器局，这也拉开了成都城市近代化的序幕。辛亥革命前期，成都处于"进步的潮流波及全川"的新政时期，清政府鼓励发展民族工商业。1907年，成都"设劝业道，以激盛农工等业，并且官商两方都极为扶持现有工业和倡办新工业"。据清政府人口普查统计，1909年成都城区人口有32.4万人。加上长期驻防和外来常住人口，城区总人口接近40万。当时成都城区划分为成都县和华阳县（除满城外），共有街道438条，小巷113条。

此外，近代西方文明的其他方面也影响到成都。与近代工业同时引入的还有市政设施、金融、邮电、教育、司法、新闻出版等方面。1909年成都近代工业有官办和商办两种。官办的有机器制造局、造币蜀厂、白药厂、机器新厂、劝工总局、制革官厂、火柴官厂、宫报印刷厂、学务公所印刷厂，商办的有电灯公司、造纸公司、电镀公司、文伦书局、天成工厂、图书印刷公社、因利织布厂、吴永森帆布厂、新华布厂、新华织布厂等。而在城市建设方面，1925年前后，主政成都的军阀杨森用强拆的手段，把原本宽约三丈的东大街扩成了马路，同时又新修了南北向的春熙路，连接了原本成都的两大"黄金口岸"——东大街和劝业场，而在两条街的十字交叉口处设一个街心公园，这样的布置，使整个成都城变得现代起来，一时间，中洋商铺林立，三教九流云集，诸如电机、理发等新鲜名目，也都出现于此。

1937年7月，抗日战争爆发，随着国民政府西迁，工厂、学校和文化界人士大批内迁成都，成都人口骤增至80万，成都地区的社会经济得到较大发展。

二、云升霞漫——符号化的天骄第四城

辉煌灿烂的古蜀文明延续至今，成都的定位也随着时代的发展，由长江上游古代文明中心城市向近代城市转化，伴随战争、革命与觉醒的进程，经过历史淬炼，近现代时期的成都逐渐成为西南地区政治、经济、文化中心，绽放出夺目的光彩。目前成都有九区六县及四个代管地级市。

1949年12月27日成都宣告解放。解放初期的成都只有60万人，城区面积18平方公里，工业产值不到1亿元，占工农业总产值的12%，而商业、饮

食、服务网点却有一万多家，是一座典型的消费性城市。城市市政公用设施极差：道路总长度86公里，道路狭窄，绝大多数为泥结卵石和土路，只有商业繁华的春熙路有半公里的水泥路；自来水日生产能力仅5000吨，只能满足4%的城市人口使用；居民照明还只能用煤油和菜籽油点灯。

经过三年的恢复治理，成都社会经济秩序迅速恢复，人民生活也逐渐安定。1953年中国进入了第一个五年计划时期，计划确定了全国重点建设的39个城市，成都是西南地区唯一一个，而且排在"有重要工业建设的九个一类新工业城市"之中。"一五"时期中国的156项重点工业项目，有8项安排在成都建设。同时为了给成都大规模工业建设作好准备，仅用两年时间就建成了四川第一条铁路——成（成都）渝（重庆）铁路，接着又开始了宝成铁路的建设。

同时，在苏联专家的帮助下，编制了成都市第一次城市总体规划。根据这个规划，确定成都城市性质是"四川省省会、精密仪器、机械制造及轻工业城市"。规划面积将近60平方公里。城市布局以旧城为基础，向四周紧凑发展。城市用地功能分区：北面为铁路站场，其东侧为货物及仓库区；东北部与东部为电子工业区；东南和西部还有两片小型工业区。城市正南面，依托原有的大专院校，规划为文化教育区；道路网采用环形加放射的布置形式，保留了两江环抱和偏心主轴的传统格局，奠定了后来成都城市布局的基本框架。显然，这个规划受当时苏联城市规划思想的影响，充分体现了高度集中的计划经济体制的特征。

概括来说，新中国成立以后至今成都的发展大致经历了以下几个阶段：1949年至1983年成都由传统消费城市向现代工业城市转型；1983年至2005年由工业城市向综合性中心城市转型；2005年至今，进一步推进城市现代化进程，发展新型工业化、都市农业与现代服务业，建构可持续发展的产业体系，优化城市空间结构，完善城市功能分区，创建人居环境最佳城市，实现城乡协调发展，打造世界现代田园城市。

成都的未来让人充满想象。约翰·奈斯比特和多丽丝·奈斯比特在《成都调查》一书里写道："我们经常听大家谈论中国发展的可持续性。其中的一些要素非常出色，比如成都，许多国内外的投资者和企业家都认为成都市政府心态开放、积极创新、透明度高，而且深谙服务的价值。成都市政府为人民安居乐业创造了良好的条件，也为成都成为中国乃至全球经济的领头羊、中国可持续发展的重要贡献者之一打下了坚实的基础。根据我们的观察，成都市在大力支持创新而非'模仿'，这无疑表明，中国正在为成为世界最大的创新平台而积极备战。"

　　成都的创新模式包含很多方面。成都市拥有42个高等院校，这是产学研战略联盟的坚实基础，如成都新能源产业技术研究院成立之后，吸引了包括亚洲硅谷产业研究中心在内的众多知名机构前来新能源产业功能区落户。中央政府对成都在迅速发展替代性新能源方面的关注也给予了大力支持，成都的新能源产业被国家科技部和国家发改委评为国家级新能源高新技术产业化基地，成都正在成为一个替代能源大工厂。2006年11月8日，成都从提交申请的一百多个竞争对手中脱颖而出，欧盟的第一个也是唯一一个创新项目孵化中心（EUPIC）在高新技术园区成立并启动，由此，一个"扎根"在成都，"根系"却横跨亚欧大陆的科技、经贸、技术、文化创新体系，生长在中欧广袤的土地上。成都的文化创意产业、游戏产业也非常成熟，与北京、上海和其他沿海城市的创意设计团队相比，成都的团队更加稳定、放松、充满创造性，善于从休闲娱乐中挖掘价值。通过实施明智的文化战略和激励机制，成都已经从一个艺术家输出型城市转变为一个艺术家聚居地，力求向全国的创意艺术中心迈进。此外，成都的软件产业收入早已突破1000亿元大关，这个数字还在攀升。

　　《福布斯》杂志在2010年10月作出了一个预测："未来10年，成都可能是全球发展速度最快的城市之一。"由于每个类别的经济指标都超过了中国总体增速，成都正在成为中国经济增长的一个重要来源。约翰·奈斯比特和多丽丝·奈斯比特认为：成都的改革为内陆城市树立了一个新的发展典范，并具备已经证明了的建立新的可持续发展道路的创新能力。成都改革中最重要的一项创新是，它不仅完成了简单的产业转型，而且在人力资源、科技、市场、劳动力、土地、资源和能源等领域实现了多面性改革与合作。其三大支柱是：成都不仅关注产业发展，还关注各方面的投资吸引力；努力提升"无形资产"的分配与效率，为加速技术创新，成都建立了国际技术与经济交流机制；双边交流即引进来和走出去都是创新战略的重要组成部分。成都经济发展的三大支柱模式还要求关注经济与社会领域和城市与农村地区协调发展的需求。同时，当代成都也是一座繁荣、开放、包容的城市，这里有世界50%产量的芯片生产基地，各类高新科技产业密集进驻，这里迸发出绵长不绝的创造力，在科技、经济、人文、教育等诸多领域独树一帜；人们传统印象里慵懒闲散的成都，走在了争先创优的前列，当之无愧地成了西南符号化的一艘旗舰，正意气风发地起航远行。

　　城乡统筹、成都模式、营造健康的环境，这些都是成都为在2020年实现安居乐业模范城市而作的努力，到那时，成都将有可能以全面而卓越的公共服务、快速发展的经济以及平衡的生活方式令全世界为之侧目。《成都调查》指出，尽管依旧身处发展中国家，但是成都已经具备了许多西方重要城市的属性：现代化的基础设施、令人叹为观止的摩天大楼、强大的经济活力、完善的教育体系、高素质的市民等，这座拥有1400万人口的城市已经成为世界最大城市之一。不仅如此，它还具备大多是"伟大城市"所没有的东西："世界田园城市"所蕴含的城市精神与生活方式。

成都的城市精神是独一无二的，而成都人的生活方式也在全国范围内名声大震。生活方式一般是指人们在日常生活的各个方面所表现出的具有一定稳定性的行为模式及其相应的观念意识。有人说，成都是一个大茶馆，每个茶馆则是一个小成都，此言不虚。在成都，泡盖碗茶、摆龙门阵早已是百姓生活的一部分，而应接不暇的美食也让人垂涎三尺，既有街头巷尾的传统小吃，也有私家府宴的精品川菜，成都人爱吃爱玩的精神已深深流淌在血液里，这也恰是他们热爱生活的证明。易中天曾说，成都人的性格也正是成都的城市性格。成都是一个"田园都市"和"文化古城"，因此成都的民风，诚如万历九年的《四川总志》所言，是"俗乃朴野，士则倜傥"。成都既朴野，又儒雅，既平民化，又不乏才子气。

如今的成都，充满了变革性，依然闲适，是一座号称"来了就不想离开的城市"，充溢着浪漫情怀的"红粉之城"和满是创新活力的未来之城。蒲健（北京清华安地建筑设计事务所有限公司成都分公司负责人）认为成都的城市特质是有力量的"阴柔细腻"，不仅刚健与柔媚并存，奔放与含蓄也毫无矛盾地结合在一起，这种另类雄起的城市表征在中国格外亮眼。

西部大开发引擎城市，这让成都迈上了高速发展的新征程。从2000年西部大开发启幕，到2008年全球金融危机中的非凡表现，蓬勃发展的成都吸引了全球越来越多的关注目光。同时她也是一座创新之城，作为中西部特大中心城市，成都展现出强大的创新能力。在这里，人们可以开启一段独特的文化体验之旅，当全世界都在担心高速发展会让人们丢失生活本质时，成都却在"发展最快，生活最慢"的态度中保持着平衡，成为"中国最具幸福感的城市"。成都还是唯一获得"中国会展名城"称号的城市，拥有承接大型国际会议的经验和专业高效的服务团队。不仅如此，政务环境优良，政府运转高效，为成都的城市建设和社会经济发展提供了稳定的保障。通过规范化服务型政府建设，深化行政审批制度改革，成都已成为全国同类城市中审批事项最少、审批效率最高的城市之一。

第二节

人杰地灵·华夏圭璧
作为历史文化名城的成都

成都秀藏于西南内陆，缠水而生，历代国君兢兢治理，常年民富地安的太平盛世，催生了海纳百川的蜀地历史文化。这里有辉煌的古蜀文明与丰富的历史遗存，辈出的文化名人与闪耀的吉光片羽也增添了成都历史文化的华彩。悠久、蓬勃、璀璨，是成都古文明的三个关键词，因为有浩瀚珍贵的历史文化遗产，成都被誉为"天府"，意为"天子的府库"，比喻物产富饶珍稀。广袤的巴蜀大地，既是人类文明的起源地之一，又是中华民族的发祥地之一。1982年2月15日，成都成为国务院首批公布的24个历史文化名城之一，因其名胜古迹众多，附近风景资源丰富，吸引着成千上万的中外游人，成为中国西部的旅游胜地。

花重锦官城孕育奇葩，经济繁荣昌盛，纯粹极致，张弛有度，今昔对比可窥人文吸引力之一斑。汉景帝时期，蜀郡太守文翁开创官学，即如今的成都石室中学，这是全中国地方政府可查证到的最早兴办的学校。唐代大诗人杜甫在一千多年前初到成都即有"忽在天一方"的赞叹：他恍然看到与东部中原习俗迥然不同的"别一世界"，一个独立的、鲜活的、有地方特色的新文化体系——蜀文化。古蜀历史扑朔迷离，踪迹难寻。时光流逝，岁月更迭，人们从未停止过对古蜀文化和成都城市历史踪迹的探究。

古蜀时期的成都，从三星堆到金沙遗址；先秦时期的成都，有张仪筑城，大城与少城的崛起；汉唐时期的成都，是两江环抱的花重锦官城；前后蜀时期的成都有了"蓉城"的雅称；明朝时期的成都经历了蜀王时代皇城初现；清朝时期的成都则是修筑满城，三城相重。现在的成都，不仅景色优美，还拥有金沙博物馆、武侯祠、杜甫草堂、青羊宫、宽窄巷子等大量建筑实体、街区、文物和非物质文化遗产等，成为中外游客趋之若鹜的历史文化胜地。易中天在《读城记》里的《成都府》篇中不禁赞叹道："成都的文化积累又是何等厚实！两汉的司马相如、扬雄不消说了，唐宋的李白、三苏也不消说了，王维、杜甫、高适、岑参、孟浩然、白居易、元稹、贾岛、李商隐、黄庭坚、陆游、范成大，哪一个和成都没有瓜葛，哪一个没在成都留下脍炙人口的诗章？武侯祠、薛涛井、百花潭、青羊宫、文殊院、昭觉寺、望江楼、王建墓、杜甫草堂，哪一个不是历史的见证？这就是成都。诚如王培荀《听雨楼随笔》所言：'衣冠文物，济于邹鲁；鱼盐粳稻，比于江南。'成都，确实是我们祖国积累文化和物产的'天府'。"

歌以咏志，文以载道；人文气息浓厚的盛世之都，自然留下了千古垂名的佳句。比如一阕《夔州歌》："蜀麻吴盐自古通，万斛之舟行若风。长年三老长歌里，白昼摊钱高浪中。"又如元代人费著所云："成都游赏之盛，甲于西蜀，盖地大物繁而俗好娱乐。"唐代诗人宋之问所撰《明河篇》曰："雁飞萤度愁难歇，坐见明河渐微没。已能舒卷任浮云，不惜光辉让流月。明河可望不可亲，愿得乘槎一问津。更将织女支机石，还访成都卖卜人。"[1] 清代学者纪晓岚在为元人费著的《岁华纪丽谱》撰写"提要"时，写了这样一段文字："成都至唐代号为繁庶，甲于西南。其时为帅者，大抵以宰臣出镇。富贵悠闲，寝相沿习。其侈丽繁华，虽不可训，而民物殷阜，歌咏风流，亦往往传为佳话。"李白亦不禁吟唱："日照锦城头，朝光散花楼。金窗夹绣户，珠箔悬银钩。飞梯绿云中，极目散我忧。暮雨向三峡，春江绕双流。今来一登望，如上九天游。"陆游关注绿化与环境，忆成都一片情深不知所踪："当年走马锦城西，曾为梅花醉似泥。二十里中香不断，青羊宫到浣花溪。"

"诗圣"杜甫曾在成都客居两年，更是用了不少的诗篇描写和赞叹成都的繁荣富庶、风情乐舞和美酒佳人，诸如"蜀酒浓无敌，江鱼美可求"，"此曲只应天上有，人间能得几回闻"。《蜀相》诗云："丞相祠堂何处寻，锦官城外柏森森。映阶碧草自春色，隔叶黄鹂空好音。三顾频烦天下计，两朝开济老臣心。出师未捷身先死，长使英雄泪满襟！"《赠花卿》诗曰："锦城丝管日纷纷，半入江风半入云。此曲只应天上有，人间能得几回闻？"妇孺皆知的《绝句》曰："两个黄鹂鸣翠柳，一行白鹭上青天。窗含西岭千秋雪，门泊东吴万里船。"这些千古名句生动地描绘了成都当时作为长江上游重镇和西南经济文化中心，商贾如云、车水马龙的繁荣景象；还有那首著名的《春夜喜雨》："好雨知时节，当春乃发生。随风潜入夜，润物

[1] 此诗全文为："八月凉风天气晶，万里无云河汉明。昏见南楼清且浅，晓落西山纵复横。洛阳城阙天中起，长河夜夜千门里。复道连甍共蔽亏，画堂琼户特相宜。云母帐前初泛滥，水精帘外转逶迤。伫彼昭回如练白，复出东城接南陌。南陌征人去不归，谁家今夜捣寒衣。鸳鸯机上疏萤度，乌鹊桥边一雁飞。雁飞萤度愁难歇，坐见明河渐微没。已能舒卷任浮云，不惜光辉让流月。明河可望不可亲，愿得乘槎一问津。更将织女支机石，还访成都卖卜人。"

细无声。野径云俱黑，江船火独明。晓看红湿处，花重锦官城。"杜子美豪情歌颂道："喧然名都会，吹箫间笙簧。"大诗人在成都过的日子可谓是心怀天下事，风云雨溧泠，草庐亦逍遥。

此外，陆游《文君井》诗曰："落魄西州泥酒杯，酒酣几度上琴台，青鞋自笑无羁束，又向文君井畔来。"李商隐在成都所作的《杜工部蜀中离席》诗中的一句"美酒成都堪送老，当垆仍是卓文君"正应了"锦里多佳人，当垆自沽酒"的意境。还有司马相如、诸葛亮、花蕊夫人、蜀中才女薛涛……无数俊杰佳人在成都感怀抒情了多少流芳百世、唇齿留香的珠玑文字。"当年走马锦城西，曾为梅花醉如泥。""十年裘马锦江滨，酒隐红尘。""世上悲欢亦偶然，何时烂醉锦江边？"著名文学批评家金圣叹虽是苏州人，却也写过一首思念成都的诗《病中无端极思成都忆得旧作录出自吟》："卜肆垂帘新雨霁，酒垆眠客乱花飞。余生得至成都去，肯为妻儿一洒衣。"连江南籍人士都念念不忘成都的美好，可见天府之城绝非浪得虚名。

唐人韦庄以"似直而纡，似达而郁"的文风举世闻名，他作于成都的名篇《菩萨蛮》（其二）令人耳熟能详，"人人尽说江南好，游人只合江南老。春水碧于天，画船听雨眠。垆边人似月，皓腕凝霜雪。未老莫还乡，还乡须断肠。"词人以避乱入蜀，饱尝离乱之苦，时值中原鼎沸，欲归不能。张籍的《成都曲》则婉转清新："锦江近西烟水绿，新雨山头荔枝熟。万里桥边多酒家，游人爱向谁家宿？"岳钟琪夫人《和芙蓉花咏》婀娜多姿："冷颊晓凝秋露白，醉颜潮映夕阳红。锦城万里芙蓉月，勾引乡魂入梦中。"可不正是"十里笑霜铺锦幛，三秋吐蕊赛文襦"的芙蓉花仙，在成都旖旎暮色里、滟滟波光中，带给世人无尽的审美意象和精神享受。"花灯大放闹喧天，狮子龙灯竹马全。看到锦城春不夜，爱人惟有彩莲船。"成都，就是这样一座底蕴深厚、充满人文气息的历史文化名城，有太多绮丽的历史遗迹和文化遗产，值得人们去保护收藏，去品鉴回味那岁月氤氲里的古味醇香。

第三节

暖意满城·既丽且崇

微观政治意识形态的缩影

　　宽窄巷子是成都满城的一部分，其形成发展都同成都，同满城的大环境密不可分，所以研究成都—满城的历史，梳理它的由来与特点，能够更好地发掘宽窄巷子历史文化保护区的内涵。

一、清八旗聚居地——满城的由来及制度

　　成都满城，位于历史上成都少城的南部，毗邻皇城，是清朝时朝廷为八旗兵及其家属专门修建的"城中城"。

　　由秦城开始的大城、少城两城相并的格局，在当时中原地区城市中是绝无仅有的，古时称秦城为"重城"或"层城"，庞然壮观。少城的城墙，北由八宝街东头到外城西门（原名清远门），城墙上的栅子叫北栅子。东从八宝街东口南达羊市街西口接年羹尧所补一段至西御街西口，再起半边桥（原名灵寿桥）西折经君平街、小南街转西校场（今成都军区后勤部驻地）和南校场（今3508厂）之间再折至外城城墙上的南栅子。

　　少城有城门四道。南安阜门，在今小南街与君平街之间；北延康门，在今长顺下街与宁夏街之间；东门两道，在西御街与祠堂街之间者叫迎祥门。民间为别于外城城门，皆冠以"小"字呼之，所谓小南门、小北门、御街小东门、羊市小东门是也。各门城楼中"迎祥"最为壮丽，城楼上有两道黑底白字的匾额，在内者书"少城旧治"，在外者为"既丽且崇"，比其他门显得更为雄峻风光。

城内街渠纵横交错，池塘星罗棋布，汇桥众多，起到很好的排洪和蓄水作用。这些街渠与城外二江相连，又成为城市重要的交通通道，运客载物都十分方便。街渠和池塘之滨又是种树栽花的好地方，那时的城市繁花绿树、"蔚为香国"。作为继承了秦城遗韵的少城，多少保留了这样的风致。近代以来，巴金、李劫人等著名文人都曾在成都少城生活过，并对其中的美景和历史怀有深厚的情感和兴趣。

逝者如斯，时间定格在清代。康熙平定三藩之乱后，成都地区的八旗兵逐渐增多，于是1718年清政府在成都城西部修建了满城，处在战国秦张仪修建的少城遗址上。满城在中国城市建设史中是一个独特的产物，它从产生到消亡经历了三百余年。

1. 满城制度的由来

公元1644年，清兵进关，入占中原。当时满族官兵人数很少，全部八旗军士总共二十余万人，有一半驻防于北京及近畿，另一半分别驻防于全国各城市及要塞，其总人数和汉人比起来相差甚远。为了巩固清王朝的统治地位，清政府决定将旗人集中在少数大城市及战略要塞驻防和居住，并实行旗人与汉人隔离的政策，即"旗汉分治"。专供旗人军士生活的独立区域即称为"满城"。

顺治五年（1648年）清廷宣布将北京城内所有汉人迁出，内城仅供八旗军士和其家属居住，汉人白天能在内城出入，夜间实行宵禁。京城之外，各省驻防城市，包括北京附近的州县、各重要关口以及大城市如太原、西安、成都、西宁、福州、广州、南京（江宁）、杭州、青州、济南、宁夏（银川）、潼关、荆州、京口（镇江）、德州、开封、归化、齐齐哈尔等共34个城市均设立供八旗驻兵和旗人集中居住的满城。这些满城或设立于城市一隅（如西安、成都等），或另筑新城（如大同、青州）。

2. 满城的基本布局

清朝旗兵集中居住的满城是城市中独立的区域，也是按计划建设的建筑群，与其所在的城市原有格局完全不同。八旗组织是一种特殊的社会结构，满城的规划布局也因此具有独特性。

旗人不从事生产，而有驻防参战的义务，所以满城是接近于营房和配给住宅之间的一种社区形式。四周设围墙或栅栏与汉人分开，围墙设营门，晚间关闭，汉人不得在其间过夜。满城内街巷分明，交通通畅，一般均设有将军衙门、都统府等军职机构；有些满城中也有庙宇。

因为驻守的旗兵主要任务是城防和平叛，而且旗人重武轻文，所以每旗下都设有演武、集合的场地。满城外均设有演武场、演武厅等军事训练场所。清廷不允许旗人经商，所以满城内没有商业设施，旗人生活实行配给制。每旗设置一处"当房"，每月在此发放钱粮。

3. 满城的基本居住模式和人口

《钦定八旗通志·营建志》记载，清康熙十四年（1675年）令谕详细规定了各级官兵房屋的配置面积尺寸与装修标准：甲兵为3米乘4米的一间；前锋、护军二间；八、九品官员三间（开间与士兵住宅相同，进深加大至5米），六、七品官员（护军校、骁骑校）为四间，即三间房加大门一间；五品为六间（正房三间倒座三间）；四品为八间（正房三间，东西厢房各二间，大门一间组成四合院）；三品为十间（正房三间，设前廊，东西厢房各三间组成内院，另设外院，设大门一间）；二品十二间（内院与三品相同，外院设倒座三间）；一品十四间（外院倒座增至五间）。

由于下层士兵配给的住宅面积很小，一至三间围不成院落，所以满城中大部分士兵住宅均为行列式排房，与一般汉人住宅明显不同。而院落在我国居住生活中占很重要的地位，所以各户住宅前还是用围墙围成各自的院子，院子宽度与配给的住宅间数相同。各地满城建城初始基本按照清廷要求进行住宅分配，当然由于地方差异也会有所不同。但随着时间推移，特别是晚清民国后，住宅改建增建就自由发展了。辛亥以后，地皮有了买卖，逐渐面目全非。1949年以后变化更大。

关于满城住宅模式和人口状况早有作家关注过，如原名李家祥的四川成都人、著名文学大师和社会活动家李劼人，在长篇小说《大波》和《死水微澜》里均有对满城的描述。满城住宅面积的记录如下："不以亩分计，而是以甲计。一甲地，即是一名披甲人应分得的一片地。地之大小并不平衡，而是以所隶之旗为等差，其中马甲又略大于步甲。等差如下：正黄旗、镶黄旗、正白旗，谓之上三旗，所分地在满城北段，地面较大，大者每甲有七八十平方市丈，小亦在六十平方市丈以上；又镶白旗、正红旗、镶红旗，谓之中三旗，所分地在满城中段，地面较小，大者六十平方市丈，小者不过五十平方市丈；余为正蓝旗、镶蓝旗，谓之下二旗，所分地在满城金河以南，地面虽大，但地极潮湿。此等规划，经历一百余年，也有了变化。到清末变化更大，即是有了兼并的原故，不过不是公开的。"

4. 成都满城

成都"满城"的人口由满洲、蒙古八旗构成。"康熙六十年，由湖北荆州拨防来川时满洲蒙古共二千余户，丁口五千名余。"满蒙八旗兵以三甲为一旗，共二十四旗。嘉庆《四川通志》卷二十四载："城垣周四里五分。计八百一十一丈七尺三寸。高一丈三尺八寸。"八旗兵住在"胡同巷里"。"每旗官街一条，披甲兵丁小胡同三条。八旗官街共八条，兵丁胡同共三十三条。"同治《重修成都县志》却说胡同是三十二条。其实，后来由于人口增多，又新建了一些坊巷，兵丁胡同达到四十二条。众多的胡同，以今长顺街为线，左翼东四旗，右翼西四旗。

成都是目前国内仅存的保持满城时期道路格局的城市，宽窄巷子依稀保存清末满城时期的风貌。清康熙五十七年（1718年），为平定准噶尔的叛乱，调荆州驻防旗兵3000名来川。康熙六十年（1721年），应当地百姓要求，四川巡抚年羹尧奏请朝廷将旗兵留下，遂选留骑兵1600名、步兵400名、军官72名、杂役96名永驻成都，并陆续将眷属送来。就这样，这些旗兵就一直驻留到辛亥革命清朝覆灭之时。

汉、旗在民族观念、生活方式、信仰意识上都存在差异，为缓和旗汉矛盾，清康熙五十七年（1718年），清廷派四川巡抚在大城西垣内新筑一城，清廷执行以"满城"为区划的汉旗分治政策。派四川巡抚年羹尧动员川省各州县官民捐资修筑城池，称为"满城"。新城西面利用大城的西垣，东侧利用明蜀王府西萧墙旧基，只是增筑南北的城垣。满城共有五道城门，大东门（迎祥门）、小东门（受福门）、北门（延康门）、南门（安阜门）、大城西门（清远门）；城楼四座，共十二间。城内街巷布置呈鱼骨形，其形制与清北京城相似。

满城就是一座兵营，内部是以长顺街为脊骨、以延伸的各条胡同为足肢所形成的巨大蜈蚣形街道。傅崇矩在《成都通览》里描述，满城"形势观之有如蜈蚣形状，将军帅府，居蜈蚣之头；大街一条直达北门，如蜈蚣之身；各胡同左右排比，如蜈蚣之足。"《少城：一座三千年城池的人文胎记》载录了清代少城的三个级别：将军衙门、副都统衙门和城守卫衙门。成都那条蜈蚣之"头"即"将军"地位之显赫，可以从"将军衙门"大门上的两块匾额求证，上面分别刻着八个大字："望重西南"、"控驭岩疆"。"城内景物清幽，花木甚多，空气清洁，街道通旷，鸠声树影，令人神畅。"

满城先由副都统直接管辖，后来由成都将军管辖。城南端设有将军衙门。满城居民（旗人）享有特权，城内一切设施建设及活动，连当时的四川总督也无权过问，实际上成为成都城中的"特区"，无异于城市中的独立王

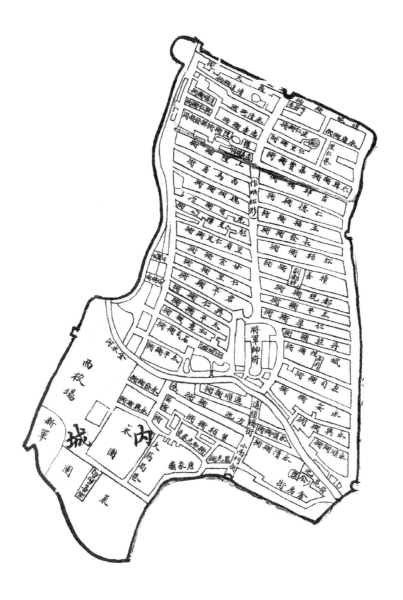

图1-3 成都满城地图
资料来源：《成都城坊古
迹考》

国。居住满城的旗人自恃高贵、骄横跋扈，满汉之间矛盾不断。清朝当局为
了缓解成都满汉之间的矛盾，还从青海、宁夏、甘肃、新疆等省迁来一些回
民，在满城东侧与贡院之间设回民区，试图将满汉两族隔离开来。清代中期
以后，满城已失去驻军防御的作用，成为成都满族旗人世代袭居的地方，以
后又复称这里为"少城"。

满城里的驻军制度是非常严格的。封建统治者为了巩固自己的政权，
制定了许多条条框框。成都满城中的五十条胡同，其中八条为衙署等管理机
构和军官居住，另外四十二条为兵丁居住。在兵丁居住的胡同里还规定各旗
的驻地，每一驻地要分一、二、三甲等级的住房位置。清乾隆后期，战事渐
息，军饷停发。为解决兵丁及家属的生计，将满城内的土地分给兵丁。少城

每条胡同将空地划分成四十多个地块，每一地块叫甲地，一甲地面积约一亩多，中间修筑房屋一排三间，占地约十分之二。

由于政府实行汉旗分治，旗兵居住的满城禁止汉人进入，同时旗兵也不能离开满城，旗人活动严格限制在满城的天地里。旗人不得从事工、农、商等其他职业，除了从政当官和递补八旗兵丁外，断绝了他们向社会谋求职业的出路。在光绪二十七年解除通婚禁令前，旗汉不得通婚。所以生活在满城中的旗兵及家属，只能靠分得的一亩多土地居住务农及每年的西校场比武活动赢取奖励为生。因为每户门前的空地甚宽，旗人渐渐长于园艺、栽花养鸟等技能，所以各家都在自己的庭院里竞相绿化，百花争艳，使得整个满城四季飘香，林幽蝉噪。

直至清朝末年，驻防八旗制度趋于解体，清廷历行新政，闲散旗人允许到大城谋生，旗汉之间可以通婚。部分八旗子弟到大城的高等学堂读书，少数汉族学生亦到满城内的少城书院学习。有一些旗人由于生活所迫，离旗经商或做艺人，于是将祖上分得的田产变卖。满城之中逐渐有了汉族居民。

辛亥革命之后，清朝灭亡，满城和大城之间的城墙被拆，两城合为一体，成都只剩下大城和皇城两重城墙。满城中已不再是只有原来的居民了，既有达官富商到此地兴建宅院，也有平民百姓群聚其间，逐渐形成了特有的街巷风貌。但胡同的格局数百年来未曾改变，满城"鱼骨形"路网保留至今，形成成都市三种路网并存的特殊格局。

清乾隆四十八年（1783年），成都外城彻底重修。这次重修规模较大，更向四周河道贴近。城周长增加不多，但城墙构造大大加固，墙基都用三层条石压脚，上砌长砖81层，垛口增加到8122个。四道城门城楼顶高达五丈，还增建了四个角楼，整个工程历时两年。新筑成都城墙"其楼观壮丽，城重完固，冠于西南"。筑城后还在墙内外遍植芙蓉，其中还间植桃树和柳树。

在清王朝覆灭之后，经历了军阀混战、抗日战争以及新中国成立之后的城市建设，全国的满城的城墙及内部肌理都渐渐消失，为现代建筑所取代，仅有部分城市保留有局部城墙或少量建筑，而最能体现满城制度特点的街巷布局基本保存下来的仅有成都和广州两地。

二、老城故事多——星罗璀璨的人文古迹考

少城旧治，既丽且崇。杜甫在《江畔独步寻花》里描绘了少城："东望少城花满烟，百花高楼更可怜。谁能载酒开金盏，唤取佳人舞绣筵。"唐顺宗时期的女冠真人卓英英，亦曾著诗《锦城春晚》一首书写成都："和风装

点锦城春，细雨如丝压玉尘。漫把诗情访奇景，艳花浓酒属闲人。"满城街坊志考有鱼骨说、蜈蚣论，在这最后的清朝戎族与军府聚落里，流传的人文古迹方为熠熠生辉的沧海遗珠。

"古巷风华幽意在，少城清韵小园多；小楼一夜听秋雨，明朝深巷沽酒来。"在这寻常街巷里，有人在孜孜不倦地寻找蒙满子弟和历史名人的踪迹。少城内有条支矶石街具有较高的名望，因为传说西汉道家学者和思想家严君平曾在此授经问卦，这位隐居成都市井、以卜筮为业的古代高人被一些稗官野史的传说认为与道教的创立有关。而中国传统哲学经典"庄周梦蝶"也与之不无关系。著名的汉学家扬雄据说是其弟子兼兄弟。他们共同为灿烂的西蜀少城文化谱写了耀眼的篇章。

1. 木塔浮屠古胜考

成都少城乃成都大城中的子城，始建于秦惠文王二十七年（公元前311年），后几经重建。明末清初的战乱使成都遭受了史无前例的浩劫，子城也毁于一旦。康熙五十三年（1714年）开始动工重建成都大城。康熙五十七年（1718年），又在大城西南另建小城，以驻八旗兵丁，这就是满城，亦称少城。

少城重建后，清人吴好山在《成都竹枝词》中写道："本是芙蓉城一座，蓉城以内请分明。满城又共皇城在，三座城成一座城。"

少城湮灭不可追，满城遗迹犹可考。

成都满城以将军衙门为中心，南起君平街、小南街，东至半边桥、东城根街，北至八宝街、小北街，西至同仁路，方圆约10里。少城城墙，北面从八宝街东头向南到羊市街西，接明蜀王府遗址，直到西御街西；再从半边桥西过君平街与小南街相接到西校场和南校场之间再到南大城城墙上（南栅子）。这是少城从北到东到南的城墙，西面就是西门到西南校场之间的大城一段。少城城墙最雄伟的一段是从西御街西口到羊市街一段。此段原是明蜀王府西侧萧墙，顶上有檐，高二丈，厚八尺八寸。满城由四川总督年羹尧主持修建，周长四里五分，长八百一十七丈，高一丈三尺八寸，五座城门中，作为东大门的受福门最壮观，城楼上有白底黑字匾额两个：内写"少城旧治"，外写"既丽且崇"。

满城内的街坊排列、建筑结构、衙门位置、营房方位都按八旗兵传统规定设立，当时共建官街8条，披甲兵丁胡同33条（后增至42条）。

少城胡同的名字都有些来历。如焦家巷（上升胡同），因清道光咸丰年间巷西口有苏将军宅，苏为额苏哩氏，亦姓焦，所以叫焦家巷。包家巷（永明胡同），因有一蒙古将军巴岳特氏居住，"巴"译作"包"，所以叫包家巷。而祠堂街（喇嘛胡同）则是因为康熙五十七年（1718年），满城的旗人驻军曾为年羹尧建生祠于此，故名祠堂街。胡同里的房屋按照统一规划营建，路宽和屋高均有定制，既有深宅大院，也有绿树成荫的小庭院。少城内每名甲兵最少有地一二亩，由公家给予修建三间住房，四周筑以围墙，住进该甲兵及眷属。初建少城时，由于城内建筑物相对稀少，空地较多，旗人又长于栽花养鸟，使少城一度竹木葱茏，鸟语花香。加上城西南角有条金河流进来，沿将军衙门横贯东西，经半边桥涌向大城，更使少城增添几分风光。金河上还有一座桥。此桥在陕西街后，满城水栅建于桥上，桥之东边属大城，西边属满城，故名半边桥。清人杨燮在《锦城竹枝词》中写道："右半边桥作妾观，左半边桥当郎看。筑城桥上水流下，同一桥身见面难。"

满城内的重要衙署有将军衙门（今金河大酒店）、副都统衙门（今商业街省委驻地）、左司衙门（管理兵、工、刑事务，在今东胜街）、右司衙门（管理吏、户、礼事务，在今西胜街）、恩赏库、永济仓、火药局等。另有协领、佐领、防御、骁骑校等小衙门二十多个。今天的多子巷，原称刀子巷，是八旗兵的刀剑铸造地。而西马棚街、东马棚街则是旗兵养马的地方。满城的五座城门，每一座都设有盘查厅，另有卡子房12所。还在各街要隘和各条胡同增设步军营大卡和夜巡卡36处，各条街巷还设立栅子。

对于汉民来说，满城曾经是不可逾越的禁区。而到了近代，随着辛亥革命的爆发，清政府的倒台，满人的特权和种种"规矩"也随着封建制度一起湮灭，很多生活落魄的八旗子弟开始变卖祖宅家产，满城的建筑规模及格局，发生了很大的变化。原来的官街及兵丁胡同，在清末民初已演变成五十多条街道。原来花园式的庭院，大部分变成了鳞次栉比、杂乱不整的住宅区。

2. 少城旧治名人录

在满城的街巷里，留下了无数蒙满子弟和历史名人的踪迹。而历史上的才子名流，也为这些街巷刷上了或浓或淡，或绮丽或悲怆，或深沉或明快的色彩。

成都少城曾经居住过众多历史文化名人，他们的身影曾活跃在少城的大街小巷，有些故居留存至今。

洪广化（1814~1891年）：法国巴黎外放传教会会士，川西代牧区主教。1846年，洪广化神父来到中国传教。白鹿镇著名的领报修院即是他带领修建的。洪广化在宽窄巷子生活了一段时间。

哲克登额（1855~1940年）：字子贞，号明轩，成都驻防镶蓝旗蒙古人，出生于原住方池街的八旗下级军官家庭里。哈喇德特生赵尔氏，汉姓赵，故又名赵明轩。清光绪二十三年举人，光绪二十九年（1903年）癸卯补行辛丑壬寅恩正并科进士，官四川省古宋县知县。为蓉城旗人中唯一进士，为官正直、清廉，深得绅民的爱戴。辛亥革命后，他专心治学，未再从政。曾任四川省通志局编修，参加《四川通志》编纂工作。担任过组合小学校长、成都旗民生计会会长等职务。1940年病逝，年85岁。

吴虞（1872~1939年）：字又陵，号黎明老人。启蒙思想家、学者。早年留学日本，归国后任四川《醒群报》主笔，鼓吹新学。1910年任成都府立中学国文教员，不久到北京大学任教，并在《新青年》上发表《家族制度为专制主义之根据论》、《说孝》等文，猛烈抨击旧礼教和儒家学说，在"五四"时期影响较大，胡适称他为"中国思想界的清道夫"。特别是在1919年第六卷第六号《新青年》上发表的《吃人的礼教》一文，与鲁迅的《狂人日记》一起在全国产生了轰动的影响。著有《吴虞文录·别录·日记》、《秋水集》，编选有《国文选录》、《骈文选读》。1920年任北京大学、北京高等师范国文系教授，晚年任教于成都大学、四川大学。曾居住于宽窄巷子西口旁的栅子街50号的"爱智庐"，直至辞世。

曾孝谷（1873~1937年）：名延年，一字少谷，号存吴。四川成都人。1906年考取官费留日，9月与李叔同同时进入东京美术学校西洋画选科。与李叔同等人共创春柳社。同时他是中国早期话剧的开拓者之一，与日本新派剧人交往甚密，回国后，在四川安心执教，不复登台。曾孝谷参加了春柳社1907~1908年的四次公演，在编剧、表演和舞台美术各方面都发挥了主导作用。特别是对《黑奴吁天录》剧本的重大加工，其功难泯。此剧在艺术上第一次采用话剧形式，被认为是中国的第一部话剧剧本。曾居住于宽窄巷子西口附近的小通巷内。

吴玉章（1878~1966年）：原名永珊，字树人，1878年12月30日出生于四川省自贡市荣县双石桥蔡家堰。自小忠厚笃诚，坚韧沉毅，喜读史书，学识渊博，有"金玉文章"之誉。吴玉章历经戊戌变法、辛亥革命、讨袁战争、北伐战争、抗日战争、解放战争、新中国建设而成为跨世纪的革命老人，与董必武、徐特立、谢觉哉、林伯渠一起被尊称为"延安五老"。吴玉章从参加同盟会到参加中国共产党，从参加孙中山先生领导的旧民主主义革命到参加中国共产党领导的新民主主义革命、社会主义革命，为社会进步、民族解放和社会主义建设、党的事业奋斗一生。原住娘娘庙街（现商业后街）。

蓝桥生（1884~1950年）：成都人，本名裴铁侠。1904年留学日本，早期同盟会会员。1912年回国，曾任四川司法司司长、《西成报》总编辑。1915年赴京任内务部顾问。因见政局混乱，于是退出政界，回到成都潜心古琴技艺，收藏海内名琴，成为一代著名的古琴大师。1937年成立"律和琴社"，自任社长。他收藏了一张我国古琴制作史上的巅峰作品——唐代四川制琴大师雷威制作的"雷琴"以及另一张唐琴"古龙吟"。他在以琴会友中迎娶的夫人沈梦英又从娘家带来另一位雷氏名家雷霄制作的"雷琴"，于是他家拥有号称"大雷"与"小雷"的"双雷"，令同行羡慕不已。他另收藏有宋、元、明、清各种名琴二十多张。他和夫人晚年居住于宽窄巷子西口旁的原同仁路48号"双楠堂"小院，直至辞世。

李劼人（1891~1962年）：成都人，著名文学家，生于四川成都，祖籍湖北黄陂，中国现代具有世界影响的文学大师之一，也是中国现代重要的法国文学翻译家，知名社会活动家、实业家。原名李家祥，常用笔名劼人、老懒、懒心、吐鲁、云云、抄公、菱乐等。中学时代大量阅读中外文学名著，擅长讲述故事。1912年发表处女作《游园会》，1919年赴法国留学。23岁任《四川群报》主笔、编辑，《川报》总编辑。新中国成立后曾任成都市副市长、四川文联副主席等职。代表作有《死水微澜》、《暴风雨前》和《大波》。另外，发表各种著译作品几百万字。原居桂花巷（又东胜街29号）。其作品"大河"系列在中国文学史上影响卓越，其中《死水微澜》更是蜚声海内外。他对宽窄巷子钟爱有加，称其为"富有诗情的画境"。

车耀先(1894~1946年)：四川大邑县人。早年曾投身川军，由司务长、连长升为团长，目睹军阀混战、民不聊生，在徘徊苦闷中信仰过基督教。1928年东渡日本，1929年加入中国共产党，任川康特委军委委员。后在成都祠堂街以经营"努力餐馆"及"我们的书店"为掩护，从事革命活动。1934年在成都主办"注音符号传习班"，引导许多有志青年走上革命道路。1937年1月，创办《大声周刊》，进行抗日宣传，成为成都抗日救亡领导人。1940年3月在国民党制造的"抢米事件"中被捕，关押于贵州息烽、重庆渣滓洞监狱。1946年8月18日，牺牲于松林坡戴笠停车场。

叶圣陶(1894年10月28日~1988年2月16日)：原名叶绍钧，字秉臣，笔名有叶陶、圣陶、桂山、斯提等。江苏苏州人，中国现代著名作家、教育家及出版人。早年当小学教师，并参加新潮社和文学研究会。1946年后积极参加爱国民主运动。著有小说《隔膜》、《线下》、《倪焕之》，散文集《脚步集》、《西川集》，童话集《稻草人》、《古代英雄的石像》等，并编辑过几十种课本，写过十几本语文教育论著。其在四川期间，曾住祠堂街96号。

刘文辉（1895年1月10日~1976年6月24日）：字自乾，法号玉猷。四川省主席，四川争霸战的主角之一，曾主政西康省十年之久，人称"西南王"。1949年12月9日率部起义，1955年被授予一级解放勋章。历任西南军政委员会副主席、四川省政协副主席、国家林业部部长。"文革"中病故。曾住宽巷子。

韩文畦（1895~1983年）：四川内江人，著名学者、佛学家，擅章草。曾于1939年受刘文辉之邀在西康省任省府委员兼教育厅厅长。期间针对民智未启、经济落后的现状，创办了始阳师范学校、雅安工业职业学校，在康定、富林等地设民众教育馆，又筹措资金保护文物古迹，修建位于石棉县的翼王亭等。由韩文畦撰文近千字的《翼王亭记》石碑至今仍保存完好。1949年，韩文畦加入中国民主同盟，任民盟成都分部主任委员。新中国成立后，韩文畦历任川西农林厅副厅长、绵阳专区副专员、四川省政协常委。晚年住在窄巷子的女儿家中，直至辞世。

杨闇公（1898年3月10日~1927年4月6日）：名尚述、尚达，字闇公，又名琨，重庆潼南人。中国共产主义运动先驱、四川党团组织主要创建人和大革命运动的主要领导人，重庆革命领袖。1917年，东渡日本，求救国救民之道，回国后与吴玉章等在四川从事建党工作，1924年1月秘密组织"中国青年共产党"。1925年，自行取消中国青年共产党，加入中国共产党，任重庆团地委组织部长、书记。创办重庆中法学校。1926年2月，经中共中央批准，任中共重庆地方执行委员会首任书记，领导四川国共合作。后兼任军委书记，与朱德、刘伯承、陈毅共同发动领导了顺泸起义。1927年"三·三一惨案"后不幸被捕。面对军阀的利诱和严刑，坚贞不屈，受尽折磨，壮烈牺牲。有《杨闇公文集》传世。曾居娘娘庙街（现商业后街）。

海明威（1899年7月21日~1961年7月2日）：美国著名作家，1953年普利策奖和1954年诺贝尔文学奖得主、"新闻体"小说的创始人，代表作品有《老人与海》《太阳照样升起》《永别了，武器》《丧钟为谁而鸣》等，1941年来中国针对抗日战争的采访行程中，曾在原美国空军招待所住过，即现省委大院内。

余中英（1899~1983年）：成都第九任市长，原名余烈，号兴公，四川郫县人。早年在旧政权时期曾任军政职务，20世纪50年代始任四川省文史研究馆研究员、中国书法家协会会员、书协四川分会副主席。工书法，善丹青。早年书法曾受教于赵熙，绘画及篆刻曾得齐白石亲授。书法作品曾参加全国第一届书法篆刻展。原居井巷子（又：支矶石街）。

张采芹（1901~1984年）：著名画家。名学荣，重庆市江津区人。1925年毕业于上海美术专门学校国画系，先后在四川各大院校从事美术教学五十余年，抗日战争时期，创办"四川美术协会"，任常务理事兼管总务，接纳了大批内迁画家。新中国成立后，他将自己珍藏的陈老莲、齐白石、徐悲鸿、张大千、黄君壁等艺术大师的大量作品移交国家。1954年，文化部曾购其"墨竹"赴日本展览。1979年，国务院总理出访英国，曾携其"墨竹图"赠予英国女王，至今仍藏于英国皇家博物馆，中国美术馆也收藏有其作品。曾先后担任中国美术家协会、美协四川分会会员，四川省文史研究馆研究员等职。出版《采芹画集》、《采芹近墨》。

阳翰笙（1902~1993年）：编剧、戏剧家、作家，中国新文化运动先驱者之一。原名欧阳本义，字继修，笔名华汉等，四川高县人。毕业于上海大学社会学系，1927年年底参加创造社。1928年初起陆续发表小说，并撰写宣传马克思主义和革命文艺理论的文章。1933年以《铁板红泪录》开始电影创作，著有《中国海的怒潮》、《逃亡》、《生之哀歌》、《生死同心》、《夜奔》、《草莽英雄》等。抗战期间曾任国民政府军事委员会政治部第三厅主任秘书、文化工作委员会副主任、中国电影制片厂编导委员会主任等职。1949年以后曾任中国文联秘书长、副主席等职。民国9年（1920年）秋，他和李硕勋转学到西胜街成都省立第一中学（现28中）学习。民国11年（1922年），他和李硕勋等在学校组织成立进步团体，领导学潮，受到反动当局通缉。

李硕勋（1903年2月23日~1931年9月5日）：烈士，又名李陶，湖北麻城人，1903年2月23日生于四川省高县。中共早期参与领导军事斗争的先驱之一。1928年5月赴杭州，曾任浙江省委常委、省委代理书记。1931年6月，任中共广东省军委书记，受党的委派，前往海南指导武装斗争。抵达海口后，因叛徒出卖而不幸被捕，同年9月5日在海口市东校场英勇就义。与阳翰笙同时就读于省立第一中学，并开始了革命工作。

巴金（1904年11月25日~2005年10月17日）：原名李尧棠，字芾甘。四川成都人，祖籍浙江嘉兴。著名作家、现代文学家、出版家、翻译家，"五四"新文化运动以来最有影响力的作家之一。主要作品有《死去的太阳》、《新生》、《萌芽》和"激流三部曲"（《家》、《春》、《秋》）。1923年前在东马棚街外国语专门学校（现成都一中）读书。

张圣奘（1903~1992年）：湖北赤壁人。张居正十三代孙，其父张绍桑是前清翰林、蔡元培的结义兄弟，曾任两广总督，其母是林则徐孙女。张圣奘精通9国语言，曾获得英国牛津、美国哈佛等名校的文学、医学、法学等5个博士学位；他可教28门课程，历任东北、复旦、震旦、交大、重大等大学教授，被人戏称为"万能教授"。他曾为蒋介石讲授《易经》；曾受邓小平之托调查文物，发现了距今3.5万年的"资阳人"头骨化石。1954年，他出任四川省文物管理委员会主任，主编《四川文物提要》，为巴蜀文化建立了

图1-4 三毛在宽窄巷子
（摄影：肖全）

卓越功勋，是中国现代史上一位名扬中外的学者。他在四川生活了半个多世纪，晚年曾住在宽巷子的一所院落里，直至辞世。

周济民（1919~1994年）：民国时期，宽巷子33号庭院是济世救民的中医名师周济民的家。

三毛（1943年3月26日~1991年1月4日）：原名陈懋平（后改名为陈平），中国当代作家，1943年出生于重庆，1948年随父母迁居台湾。1967年赴西班牙留学，后去德国、美国等。1973年定居西属撒哈拉沙漠和荷西结婚。1981年回台后，曾在文化大学任教，1984年辞去教职，而以写作、演讲为重心。1991年1月4日在医院去世，年仅48岁。代表作品有《梦里花落知多少》、《雨季不再来》等，在很多读者心中，三毛是向往自由和崇尚浪漫的化身。她的作品启发了很多年轻人的生活方式与对自由的追逐。著名摄影师肖全在宽窄巷子为她拍下了一批堪称经典的照片，其中三毛和宽板凳的合影宁静致远，颇有象征意味。

此外，曾居住于仁厚街的郑伯英是著名装裱店"诗婢家"的创办者。这是一家以经营文房四宝、金石印章、碑版法帖以及精裱古今书画而驰名的百年老店。成都 "诗婢家"与北京"荣宝斋"、上海"朵云轩"、天津"杨柳青"并称文化老字号"四大家"。现在位于琴台古径上的"诗婢家美术馆"是在百年老店"诗婢家"创立85周年之际诞生的，通过出版、展览、销售、拍卖等方式，为艺术家提供一个展示和交流作品的平台，并为公众和社会创造一个高品位的艺术品收藏空间。

第二章

宽窄生态：

社会场域盛境蔚为大观

市井巷说百家语 · 今昔浅吟观风物

城市瑰宝·继绝存真

宽窄巷子的原真性历史文化基因

宽窄巷子是成都市三大历史文化保护区之一，于20世纪80年代和大慈寺、文殊院并列入《成都历史文化名城保护规划》。改造后的街区成为绝佳的文化休闲场所，那些古朴而雅致的建筑，风格各具的院落，精品业态，特色服务，文化艺术展示，让游客流连忘返，在这里有真实的历史文化体验，宽窄巷子已经成为名副其实的"老成都底片，新都市客厅"。

宽窄巷子实现了历史文化传承与现代城市发展的有机结合，探索了一种在城市中心旧城改造中实现多元化发展的模式，处理好了民生工程与公共服务产品打造之间的关系，成为了成都弘扬商业文明、构建和谐社会的重要载体。

一、前世今生——从古兵丁胡同到百姓街巷

将军营胡同和川西民居融合，留存满族旗人的历史痕迹，街道、院落和建筑既有北方的风貌又有南方的特色，全国恐怕只有宽窄巷子这独一处了。

成都有句俗语称："宽巷子不宽，窄巷子不窄"，宽、窄、井三条巷子名字的来历也颇为有趣。过去的满城街巷，长顺街为大街，很似一条蜈蚣的脊梁，其余为巷分列两边，像蜈蚣脚，又称胡同。更早以前，胡同名字并不具备，到清末办理警政，满城也与大城一样，各条胡同才有了正式名字，并订出街牌门牌。辛亥革命之后，市井传言，胡同乃满洲名，应当废除，于是胡同名亡，取而代之的是新街名。

现使用名称	原使用名称	俗称	旗属
东马棚街	仁德胡同		镶黄旗
西马棚街	阿产胡同		正黄旗
商业街	都统胡同	大人街	正白旗
实业街	甘棠胡同	官学街	正红旗
东胜街	左司胡同	左司街	镶白旗
西胜街	右司胡同	右司街	镶红旗
	永济胡同	仓房街	正蓝旗
蜀华街	永升胡同	厅子街	镶蓝旗

兵丁胡同四十二条			
现使用名称	原使用名称	俗称	旗属
八宝街	延康胡同	笆笆巷	镶黄旗
东二道街	里仁胡同		镶黄旗
上半截巷	仁里胡同		镶黄旗
过街楼街	集贤胡同		镶黄旗
红墙巷	普安胡同		镶黄旗
西大街	清远胡同	西门大街	正黄旗
西二道街	清顺胡同		正黄旗
三道街	忠孝胡同		正黄旗
四道街	联升胡同		正黄旗
竹叶巷	忠义胡同	下半截巷	正黄旗
焦家巷	上升胡同		正黄旗
东门街	五福胡同		正白旗
长发街	长发胡同		正白旗
黄瓦街	松柏胡同		正白旗
娘娘庙街	育婴胡同		正白旗
多子巷	太平胡同	刀子巷	镶白旗
仁厚街	仁厚胡同	清大人巷子	镶白旗
桂花巷	丹桂胡同		镶白旗
斌升街	斌升胡同	塔大人巷子	镶白旗
槐树街	槐荫胡同		正红旗
吉祥街	吉祥胡同	新巷子	正红旗
奎星楼	光明胡同		正红旗
棚子街	仁风胡同		正红旗
小通巷	仁风后胡同		正红旗
泡桐树街	泡桐树胡同		镶红旗
支矶石街	君平胡同		镶红旗
宽巷子	仁里头条胡同	兴仁胡同	镶红旗
窄巷子	仁里二条胡同	太平胡同	镶红旗
井巷子	明德胡同		镶红旗
将军街	永安胡同	猫猫巷	正蓝旗
牌坊巷	永顺胡同		正蓝旗
东半截巷	永顺二条胡同		正蓝旗
永兴街	永兴胡同	二甲巷子	正蓝旗
少城公园	永平胡同	头甲巷子	正蓝旗

现使用名称	原使用名称	俗称	旗属
少城公园	永清胡同	双桅杆巷子	正蓝旗
柿子巷	永平胡同		镶蓝旗
横小南街	通顺胡同		镶蓝旗
方池街	钟灵胡同	大坑沿儿	镶蓝旗
方池横街	永乐胡同	庙巷子	镶蓝旗
蜀华街东头	永盛胡同	厅子街	镶蓝旗
蜀华街西头	永发胡同	二巷子	镶蓝旗
包家巷	永明胡同		镶蓝旗

据《成都城坊古迹考》载，1983年成都市东城区和西城区政府根据国务院指示精神，对市属街道标准名称进行普查，厘定宽巷子、窄巷子、井巷子、桂花巷、多子巷、商业后街和长顺上街等，隶属于当时的西城区斌升街街道办事处。

如果展开一张成都中心城区图，在府河和南河的怀抱中偏西的位置，会看到一片形似蜈蚣的街区。这片区域东起东城根街，西至同仁路，北到西大街，南临金河路、少城路。"蜈蚣"的头朝下，就是现在的金河宾馆附近；"蜈蚣"的几十只"脚"沿着长顺街两侧朝东南和西北两个方向伸展开去。这片纹理独特的地方，就是形成于清初时期的满城，是八旗官兵和家眷居住的地方。

在宽窄巷子历史文化保护区开始建设之前，通过对街区的社会调查和历史研究能进一步了解成都宽窄巷子的沿革。从皇城到天府广场，从满城到宽巷子、窄巷子传统民居保护区，希望在这一段历史发展中能够揭示：作为一个具有悠久历史文明的民族，将如何面对自己的历史文化和深厚传统。

早在公元908年，前蜀高祖王建称帝于成都，改唐子街城为皇城。919年，王建之子王衍即位，大兴土木，在城中建宫殿，后蜀王继之，城中"广袤十里"，成为盛极一时的皇家宫苑。宋初，皇家宫殿拆毁。1385年，明代蜀王朱椿在后蜀皇宫旧址营造王府，时人称为"皇城"。1644年，张献忠在成都建大西政权，以蜀王府为宫。1646年，张献忠毁城出走，成都街道及民居不可复识达十余年。1665年，在蜀王府废墟处建贡院，四周筑城墙，东西宽540米，南北长660米，内建清白堂、衡文堂、文昌殿、致公堂、明远楼等主要建筑。后经乾隆、道光、咸丰、同治四代不断增修，各种房舍扩至13935间，成为当时川中士子应举重地，时人仍沿袭传统称此地为皇城。1718年，四川提督年羹尧按清制于大城西垣内新筑一城，清康熙年间专驻满蒙八旗官兵，名曰满城，因城址大体沿秦少城以西一带，又称少城。当时从城西南角流来的金水河沿将军衙门横贯满城东西，两岸有疏落的农圃，幽雅宁静。除一条主要通道外，两侧胡同多为狭窄小巷。

1905年，宣统废科举、兴学堂，贡院成为各类新兴学堂校址。民国初年，贡院旧场成为四川省军政长官公署所在地。1917年，四川军阀刘存厚与滇黔军阀罗佩金、戴戡作战，拆除贡院城垣，仅留南侧城门，南侧城门中有券拱门三洞。中券门宽5米，左右两券门宽4.6米，高5.7米。民国时期，辛亥革命后拆除满城城垣，与汉族居住的大城合一。1923年，政府在少城内修筑马路，命名为同仁路，以示汉满一视同仁之意。原满城许多胡同通道均未取名，政府相继给各狭窄小巷的胡同正式命名为街巷。率先取名的第一条胡同为通顺街，寓长久通顺之意，后直名为长顺街。

新中国成立后，中国人民解放军进入成都市，成都市人民政府接管贡院旧地，改驻人民政府机关，贡院内明远楼为市政府礼堂。民间对此地未改习称"皇城"。1950年成都市人民政府成立，当时少城一带共有大小不同街巷49条。人民政府对少城区域加以维护修缮，如加筑基层，改铺沥青路面，整治修建排水沟管，安砌路沿石，铺水泥混凝土人行道方块砖，道旁植树。1951年，市人民政府拆除旧有的贡院街、三桥南、北街等附近小街，修建人民南路一段。新修建的人民南路一段从原贡院南侧门到红照壁街长800米，总宽70米，车行道占54米。北半段形成城市中心广场，每年在广场举行纪念国庆节、五一劳动节等大型集会。

1968年，为准备庆祝新中国建立20周年，四川省革命委员会与成都军区共同决定，在市中心广场修建毛泽东主席塑像和毛泽东思想胜利万岁展览馆。为此，成都市人民政府迁出驻地，全部拆除贡院（旧皇城），仅剩下南城门及其后面的明远楼、致公堂古建筑和部分旧房。工程从12月开工，要求在1969年10月前竣工。该工程为"无产阶级文化大革命"时期全国著名的"忠"字工程之一，平均每天有2000人在现场义务劳动。此时，人们逐渐遗忘皇城的旧概念，称之为人民南路广场。新修建的毛泽东思想胜利万岁展览馆建筑面积7万平方米，由主体展馆、检阅台、毛泽东石雕像三大部分组成。展馆与两侧建筑相映，状若"忠"字平面。毛泽东像采用汉白玉石材，高12.26米，象征毛泽东生日，基座采用红花岗石贴面，高7.1米，象征中国共产党生日，围绕雕像的观礼台高8.1米，象征中国人民解放军建军日。

1979年，"无产阶级文化大革命"结束后，毛泽东思想胜利万岁展览馆更名为四川省展览馆。人民政府在调整总体规划中，再次修改了中心广场规划，确定广场南北界为东、西御街和人民东西路，广场东、西所设单行道即展览馆两侧单行道中线向南伸延为准，车道加宽为14米（展览馆两侧单行车道均为9米），四周道路围绕的中心广场面积为5.9公顷，并考虑为绿化广场。

在20世纪80年代，又发生了一些新变化。1980年，成都市人民政府决定在市区选取有一定代表性的并且全部未作改建的传统街区三处，即大慈寺、文殊院和宽窄巷子及其附近街坊作为旧房保护区，三个保护区内均以小青瓦屋面的平房建筑为主，大都由四合院的布局形式组成。其中宽窄巷子位于城西，是原来的满城，也是小巷胡同和传统川西民居的典型代表。1982年，在宽窄巷子附近，同仁路与支矶石交界处修建成都画院。成都画院院址由三个四合院组成，其中两个四合院是在修建蜀都大道东干道时，经当时市领导亲自批示从正在扩建的署袜街和红星路迁建而来，都为晚清时期的四合院建筑。1983年，人民南路广场东面修建锦城艺术宫，在现有人民南路广场段，规划建设了处于道路中心的绿化小游园（宽23米）。此时，有人向政府建议，拆除毛泽东塑像，重新规划人民南路广场，这个建议经过反复酝酿，最终没有采纳。1986年，成都市房屋管理局在宽巷子修建仿古招待所，四川省美术家协会和成都画院常常在这里接待艺术界的朋友，青羊区政府对宽窄巷子的街面和宅院大门进行了整修。1989年，画家李华生在窄巷子40号买了一座小四合院，个人投资对四合院内部进行重新整修，建了自己的艺术工作室。随着经济条件好转，一些居民难以忍受宽窄巷子简陋的生活环境，搬出宽窄巷子，把原有住房开辟为简易仓库，或者出租给外来人口。

1995年，随着改革开放进程和社会主义市场经济的深入发展，一些商业公司租用四川省展览馆和广场周围建筑墙面，做大型广告。美国公共艺术家Johnt Young访问中国，特意拍下背景有现代商业广告的毛泽东塑像，编辑入选他所整理的中国当代公共艺术作品集。1999年，广场中间的绿化小游园拆除，人民南路广场更名为天府广场。

进入21世纪后，人们的思想得到了进一步解放，对城市的发展也有了更多的思考。2000年，政府决定永久性地拆除天府广场周边建筑上的所有商业广告，并邀请美国贝氏建筑设计事务所制订天府广场规划方案。贝氏规划方案，依然保留了毛泽东塑像在广场中的位置。也是在这一年，宽巷子居委会做了一项统计，宽巷子有三分之二的旧院子过于简陋，需要修补，平均每年流动居民人数有200人左右。2001年1月，一群艺术家来到成都画院美术馆举办《执白》艺术展。他们的装置艺术作品的主题就是与这里的传统四合院文化对话。同年5月，羚羊画廊在窄巷子举办"守望，情感"街头油画艺术展览，5位四川美术学院油画专业的研究生参加了展览，他们对窄巷子充满了兴趣，这里天然地具备了一种艺术生发的氛围。如今的宽窄巷子，真正成了充满艺术气息和文化底蕴的独特历史文化街区，在这里，文人墨客与平民百姓和谐共生，谈笑有鸿儒，往来无白丁，奏响了一曲璞真风雅颂。

二、经典长存——韵致盎然的街坊巷市变迁

溯源宽窄，可以发现它奇特的街坊巷市历史，整个嬗变过程经过岁月的沉淀涤荡，愈发显出经典的芳华韵味。公元1718年，在平定准噶尔之乱后，选留千余兵丁驻守成都，在当年少城基础上修筑了满城。清朝居住在满城的只有满蒙八旗，满清没落之后，满城不再是禁区，百姓可以自由出入，有些外地商人乘机在满城附近开起了典当铺，大量收购旗人家产，形成了旗人后裔、达官贵人、贩夫走卒同住满城的独特格局。

辛亥革命以后，少城城墙拆除，一些达官贵人来宽窄巷子辟公馆、民宅，于右任、田颂尧、李家钰、杨森、刘文辉等先后定居这里，蒋介石也曾经来过，使得这些古老的建筑得以保存下来。新中国成立后，房子分配给了附近的国营单位，用来安置职工，"文革"时期又对房屋进行了重新分配。到了经济飞速发展的今天，自由的房产买卖使得宽窄巷子的居民更加多元化。历经三百余年的风风雨雨，当年修建的42条兵丁胡同如今只剩下宽、窄、井这三条巷子相依。

宽窄巷子既有川西民居的特色，也有北方满蒙文化的内涵，是老成都"千年少城"格局和百年原真建筑格局的最后遗存，也成了北方胡同文化在成都的"孤本"。作为一个城市最后的标志性文化景观，它是这座城市最鲜活的唯一物证。已故评论家柯灵在1930年秋所撰《巷》一文中叙述道：巷，是城市建筑艺术中一篇飘逸恬静的散文，一幅古雅冲淡的图画……巷，是人海汹汹中的一道避风塘，给人带来安全感；是城市喧嚣扰攘中的一带洞天幽境，胜似皇家的阁道，便于平常百姓徜徉。

从某个层面上来说，宽窄巷子是成都"市井文化"的缩影，市井生活让街区更加人性化。"市井文化"主要针对"王权文化"和"农耕文化"而言，这种文化来源是"市"与"井"。成都人远离皇权形成政治上的散漫，远离宗祠是生活散漫的原因。四川又是移民的大省，亲近泥土使得他们怀念故乡、勤劳耕作，形成了地主特征和庭院意识。无论是农村居住的坝子，还是城市居住的庭院都体现了这一点。成都人最大的特点是"亲聚性"和"亲邻性"，这就是茶馆文化、麻将文化、餐饮文化形成并流行的根源。归结成都人的特性，无论是散漫悠闲还是近土亲聚，反映的都是"市井文化"。

成都的繁荣得益于商业文明，自秦代就聚商贾于少城，直至今日，以"市"命名的街道还很多。"市"是以男人为主的经营生计的交流场所，"井"则是以女人为主的操持家务的交流场所。"市井"组成了社会的人和家庭之间的联结，就是生活的全部体验。每个院子的街坊邻居都在此鲜活地

组织起一张小社会交际网，让街区充满人情味。宽窄巷子从历史到现今，一直体现着市井文化的传统特色。

整理张采芹故居门前采访手记，我们发现宽窄巷子一直是文化和艺术的宠儿。宽窄巷子相关的音乐、视频如雨后春笋，时光留声机把川剧、脸谱、古腔传播到幽巷深处。上海文广新闻传媒集团影视剧中心出品的电视连续剧《大生活》，由张国立、张嘉译等知名演员主演，根据已故四川作家乔瑜同名长篇小说改编，在成都包括宽窄巷子的院子里实地拍摄，并使用了相当多的四川成都方言。谍战、反特类型的电视剧《梅花档案》，由周杰主演，海清饰演女特务，在宽巷子25号拍摄过。林永健主演的电视连续剧《大师傅在首尔》，是在井巷子的"尽膳"取景摄制的，混搭的后厨有韩式的感觉。

2011年徐静蕾导演的电影《亲密敌人》，也选择在宽窄巷子取景[①]，开机当天着力展现成都慢生活，宽窄巷子成为成都时尚感、幸福感、舒适感的代表地，宽巷子、窄巷子和井巷子三条平行排列的城市老式街道及其之间的四合院群落，经过整体改造后，成为具有"老成都底片，新都市客厅"内涵的"天府少城"。这部商战片中徐静蕾扮演一位川妹子回到故乡，她本人到宽窄巷子后，还品尝了糖油果子，学做三大炮，并在宽窄巷子现场秀起了书法，引发路人围观，吸引了网友在微博上直播花絮。

此外，还有很多音乐录影带（MV）在宽窄巷子摄制。歌手光头李进《留在蓉城的微笑》："走进宽宽的窄巷子，你已唱起了四川的歌谣，窄巷子的青砖，那么的翘，远去的歌谣，天使的好……"这支MV在此取景，尽显宽窄巷子古朴神韵。选秀超女、以海豚音走红的张靓颖在微博里曾热情地吆喝："来成都玩，去宽巷子买副扑克牌，有吃又有耍！"现在的她俨然成了成都市形象代言人，张靓颖为家乡深情款款地演唱了歌曲"I Love This City"（我爱这座城/我爱成都）。张艺谋导演也拍摄了成都城市宣传片《成都印象》，在宽巷子取景的餐馆为此自豪地打出广告。在成都系列短片《宽窄》里，出现了大量宽窄巷子的影像，用光影记录了流年，娓娓诉说着一段美丽的小巷故事：

门环铜绿 红纱掩窗 且醉今宵 花重曾是锦官 几年成邑 几年成都 市井多有悲欢 喜极而泣 悲亦奔泪 终其一生走过巷弄 爱也成都 恨亦成都 小巧玲珑 大气磅礴 窄巷 阔墙 陪你走过 桃花春风 有时想起 有时唏嘘 何为宽何处窄 何时释怀何必释怀 无处不尘埃 上有州官田园何必国际 下有百姓麻辣别有空间 宽未必宽 窄未必窄 心宽不体胖 路窄好相逢 是为成都

①2011年6月13日《成都日报》报道：《亲密敌人》转战成都，是拍摄徐静蕾、黄立行"回成都疗伤"的剧情。第一场戏，老徐决定在宽窄巷子拍摄。昨日上午，记者来到片场不由得哑然失笑，按照剧情要求，黄立行和众多群众演员不得不一大清早就要吃火锅，还是最地道的串串香。黄立行完全不适应麻辣口味，才吃一两串就连连大喘气，猛喝一大杯水，脸也胀得通红，惹来不少围观市民窃笑。2011年11月22日瑞丽网报道：徐静蕾新作《亲密敌人》辗转全球，选择香港、成都和伦敦三个最具代表性的城市，演绎极致的职场浪漫。香港很"物质"，成都很"生活"，伦敦很"文艺"，金钱、爱情、品位，一个都不能少。改造后的宽巷子是老成都生活的再现，在这条巷子中游览，能走进老成都生活体验馆，感受成都的风土人情和几乎失传的一些老成都的民俗生活场景。宽巷子唤起了人们对老成都的亲切回忆，四合院中可以品盖碗茶，吃正宗的川菜。新建的宅院式精品酒店等各具特色的建筑群落给富有传统气息的巷子点缀上了时尚的气息，是老成都的"闲生活"。

　　宽窄巷子不仅让无数的国人趋之若鹜，在海外也同样具有影响力，就连好莱坞3D电影制片导演也对此情有独钟。《功夫熊猫2》电影剧情和发布会均在宽窄巷子选取了大量原景元素，如在故事刚开始之际，阿宝和"盖世五侠"潜入孔雀王的宫殿，遭遇守卫追击，一场激烈的打斗就此上演。在这段古代飙车追逐戏中，阿宝一行来到了一条古街，一样的青砖绿瓦，一样的宽道窄巷，一样地迷漫着浓烈的"市井"人情味儿……这难免会让人想起宽窄巷子，甚至连街道两旁的小摊都几乎一模一样，只不过摆摊的主角已变成动画角色。在一个小摊上，甚至还出现了"手工艺品"几个点睛汉字。在打斗过程中，成都的金字招牌"担担面"、"四川火锅"纷纷出现……2011年4月16日的《成都日报》对此做了幕后揭秘：《功夫熊猫2》中这段打斗场面真的是取景于宽窄巷子吗？看片会后，参与影片制作的梦工厂华人灯光师韩雷向记者证实：确实如此。

　　缘起成都生活，回归市井地气。两千多年来，成都的名字一直没有改变过，这在我国所有的古老的大城市中是唯一的一例。就连过去长期作为护城河的府河和南河的走向，也仍然清清楚楚地保持了千百年来极有特色的形状。辉煌的古蜀国文明、神奇的三星堆文化和金沙文化，以及近年发现的比三星堆还要早的宝墩文化，无一不在诉说着成都作为我国历史文化名城的显赫地位。

　　清人的《竹枝词》曾经这样写道："满洲城静不繁华，种树种花各有涯。好景一年看不尽，炎天武庙看荷花。"少城生活的幽静舒适跃然眼前。若把《竹枝词》的头两个字"满洲"换成"锦官"，意指如今整个成都，那股散淡的味道倒也贴切。作为西南地区中心城市，成都当然也有她快节奏的一面，然而这里的人们深谙"快城市、慢生活"的精髓，常以休闲之名，享受生活之实。

　　宽窄巷子对成都的价值不仅仅是满城的格局和川西民居的建筑风格，更重要的是其中的社会百态、市井生活所呈现的平民性，它们在历史的巨轮下得以幸存，显得更加弥足珍贵，具有标本的意义。经过改造和修复，于2008年正式开街的宽窄巷子，现已成为老成都的一个缩影，在历史与现代的结合中呈现着成都生活原汁原味的风貌。

　　很多游客被这儿吸引，在这里可以体验到一种典型的成都休闲Style（既是一种生活方式，又是独特的艺术风格）。在一个悠闲和煦的午后，不期然地来到宽窄巷子，选一个安静的院落驻足，或是挑一把临街的藤椅坐下来，晒晒太阳发发呆，看着星点繁花丛中蓝绿瞳的白猫倏忽穿过。人们在此放松身心，卸下疲惫，可以喝一杯茶，听一段戏，往事仿佛随风而散；也可以让手艺精湛的老师傅掏掏耳朵，聊聊家常，享受踏实和宁静，这便是地道的安逸日子了。留下来？未尝不可。成都，这座来了就不想离开的城市，宽窄巷子就是她的会客厅，大门永远敞开，随时欢迎你来融入最成都的生活。

第二节

踪影心迹·传本扬珍
承载历史文化内涵的宽窄巷子

一、破旧不堪与混乱的旧貌

1. 现状调查

在项目开始之初，对当时的宽窄巷子历史文化保护区作了非常详尽细致的"现状调查"，这份以"现状"命之的调查，忠实地记录了改造前宽窄巷子的旧貌。

宽窄巷子历史文化保护区位于成都市中心区天府广场西侧，为青羊区所辖。北以泡桐树街为界，南以金河路为界，东以长顺上街为界，西以下同仁路西50至100米为界，包括泡桐树街、支矶石街、宽巷子、窄巷子、井巷子、西胜街、柿子巷等几条东西向街巷，长顺上街和下同仁路两条南北向街道，总控制面积约319342平方米（479.02亩）。其中核心保护区北以宽巷子与支矶石街之间围墙为界，南以井巷子为界，东以长顺上街西支路（长顺下街）为界，西以下同仁路为界，有宽巷子、窄巷子、井巷子，并包含成都画院用地，占地面积66590平方米（99.89亩）。其余为建设控制区，占地面积252752平方米（379.13亩）。

宽巷子地处城区西侧，东起长顺上街分叉处，西止下同仁路，长391米，宽6.9米至10.2米不等。因与相邻街巷比较为宽，俗称宽巷子。后曾更名为兴仁胡同、仁里头条胡同，民国时期恢复宽巷子旧名，并沿用至今。

窄巷子是与宽巷子邻近的平行街巷，东起长顺下街，西止下同仁路，长390米，宽4.0米至8.5米不等。因比宽巷子窄，俗称窄巷子。后曾更名为太平

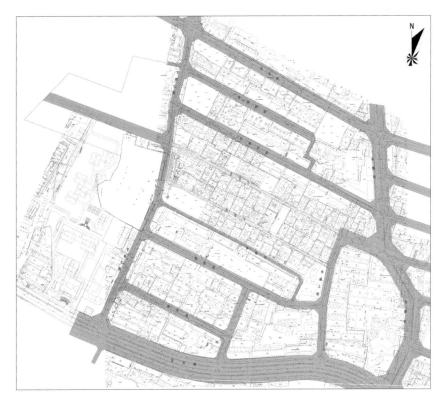

图2-1 成都宽窄巷子项目
规划设计图

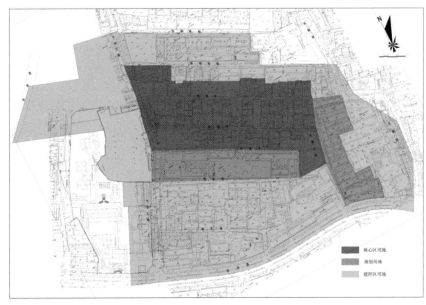

图2-2 宽窄巷子历史文化
保护区规划范围（规划控
制区和核心保护区）

胡同、仁里二条胡同，民国时期恢复窄巷子旧名，并沿用至今。

　　井巷子是宽窄巷子南侧的相邻街巷，东侧南折交于西胜街，西止下同仁路，长375米，宽约10米。清初曾名如意胡同，因巷中有明德坊又称明德胡同。后因巷中有八旗兵丁饮水用井，故称井巷子，并沿用至今。现井巷子西

图2-3 窄巷子   图2-4 宽巷子

图2-5 井巷子

侧存有一井，井旁有成都市西城区人民政府于1990年10月所立石碑。

2. 用地状况

核心保护区内用地现状主要为居住、办公、商业、工业、军产和其他，以居住为主，有大量传统居住建筑，具有浓郁传统建筑风貌。规划控制区内居住建筑以6~7层的住宅为主，部分临街住宅底层为商业店铺。有少量大型办公、娱乐、商业设施，28中、少城小学、泡桐树小学等三所学校，长顺上街农贸市场及其他市政配套设施，以及大量的部队用地（如金河酒店、成都军区后勤部等）。

核心保护区中居住用地占总用地的80%以上，分为传统住宅和一般住宅两类用地。传统住宅基本上是四合院格局的川西民居建筑，大部分是一层，极少数为二层。建造年代为清末民初至解放前后，少数建筑质量较好的可能为早期官宦富商人家，院子宽敞，建筑高大，选材上乘，保存较好。绝大多数建筑年久失修，搭建严重，破乱不堪。其他一般住宅大部分为六七层的普通住宅，多为20世纪70年代以后修建。也有少量二三层的仿古住宅，其中成都画院为迁建的传统院落，并加建一幢三层仿古建筑；文联为四层仿古建筑，体量和色彩与历史文物街区的民居风貌很不协调。宽巷子内有两处宾馆、房管局招待所"小观园"和私人开设的国际青年旅社"龙堂"。另有几处部队产业，其中有成都三五三六服装有限责任公司和成都军区后勤停车场。

综合来看，当时的宽窄巷子历史文化保护区缺乏城市活力，用地布局较为杂乱，缺乏绿化，停车不足，市政基础设施严重落后。

图2-6 庭院空间

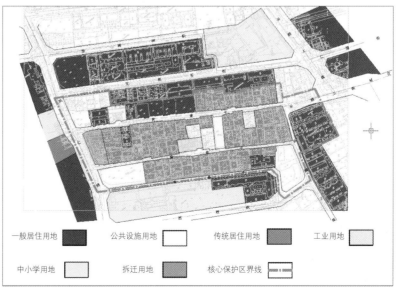

一般居住用地　　公共设施用地　　传统居住用地　　工业用地

中小学用地　　拆迁用地　　核心保护区界线

图2-7 用地现状分析图

成都画院

保护级别：一类
用地面积：2757平方米
建筑面积：1100平方米
院落特征：四进院落，大门朝西
建筑特征：传统木结构，传统大门

窄巷子14号

保护程度：较好
用地面积：878平方米
建筑面积：542平方米
院落特征：四进院落，连通宽窄巷；大门朝南
建筑特征：传统木构；西式大门

宽巷子25号

保护程度：较好
用地面积：1419平方米
建筑面积：688平方米
院落特征：两进院落带东
　　　　　跨院，北面为大天
　　　　　井，南面为小天
　　　　　井，大门朝南
建筑特征：传统木构，传
　　　　　统大门，跨院厢房
　　　　　二层

宽巷子19号

保护程度：较好
用地面积：601平方米
建筑面积：430平方米
院落特征：北面为窄长天井，南面为小天井；大门朝北
建筑特征：传统木构与近代青砖墙；有圆砖柱和异形砖；
　　　　　大门西式

宽巷子2号

保护程度：较好
用地面积：672平方米
建筑面积：431平方米
院落特征：狭长院落，大
　　　　　门朝南，正房后为小
　　　　　天井
建筑特征：东厢房为两层
　　　　　木构，西厢房已毁，
　　　　　正房质量较好

宽巷子5号

保护程度：一般
用地面积：507平方米
建筑面积：334平方米
院落特征：两进院落，大
　　　　　门朝南，南面为窄长
　　　　　天井，北面为小天井
建筑特征：传统木构（正
　　　　　房）与民国砖房（西
　　　　　厢）共存，加建较多

宽巷子33号

保护程度：较好
用地面积：672平方米
建筑面积：412平方米
院落特征：两进院落；大门朝北
建筑特征：传统木结构；传统大门

井巷子4号

保护程度：较好
用地面积：476平方米
建筑面积：240平方米
院落特征：原先能连通窄巷子和井巷子，现只余北面一进院落；对窄巷子开小门
建筑特征：只余北面正房；保留老夯土墙

窄巷子27号

保护程度：较好
用地面积：465平方米
建筑面积：328平方米
院落特征：一进院落；大门朝北
建筑特征：正房为西洋楼，二层；厢房木构；大门中西结合

窄巷子25号

保护程度：较好
用地面积：190平方米
建筑面积：112平方米
院落特征：一进院落；大门朝北
建筑特征：传统木构；院内设六角亭、美人靠和水渠

窄巷子30号

保护程度：较好
用地面积：715平方米
建筑面积：452平方米
院落特征：二进院落；大门朝南
建筑特征：中西结合；砖结构，木装饰；有影壁和拴马桩

窄巷子38号

保护程度：较好
用地面积：884平方米
建筑面积：521
院落特征：一进院落，宽敞；大门朝南
建筑特征：现代与传统结合；正房二层砖房；大门有特色

宽巷子4号

保护程度：一般

用地面积：592平方米

建筑面积：266平方米

院落特征：两进院落；大门朝南

建筑特征：传统木构，加建较多

宽巷子3号

保护程度：一般

用地面积：587平方米

建筑面积：414平方米

院落特征：两进院落；大门朝北；北面天井小；南面天井大

建筑特征：北面临街店铺；后院正对大门有影壁；正房质量较好

宽巷子16号

保护程度：一般

用地面积：549平方米

建筑面积：395平方米

院落特征：一进院落；大门朝南；院落较开敞

建筑特征：传统木构，加建较多

宽巷子11号

保护程度：较好

用地面积：679平方米

建筑面积：313平方米

院落特征：两进院落；大门朝北；北面为小天井，南面为窄长天井

建筑特征：传统木构（正房、厢房）与民国西式大门共存，加建较多

宽巷子18号

保护程度：一般

用地面积：409平方米

建筑面积：240平方米

院落特征：两进院落；南面为窄长天井，北面为小天井；大门朝南

建筑特征：传统木构，改青砖墙；西厢房毁；加建较多

宽巷子20号

保护程度：一般

用地面积：100平方米

建筑面积：58平方米

院落特征：面为新建住宅楼，只剩南面不完整的院落；大门朝南

建筑特征：传统大门，保存较好

宽巷子29号

保护程度：一般

用地面积：627平方米

建筑面积：400平方米

院落特征：加建较多，院落格局不明；大门朝北

建筑特征：砖木混合；大门较好

宽巷子29新1号

保护程度： 一般

用地面积： 717平方米

建筑面积： 450平方米

院落特征： 两进院落；大门通东面小巷

建筑特征： 北面正房为二层砖房；其余为木构

窄巷子1号

保护程度： 一般

用地面积： 689平方米

建筑面积： 440平方米

院落特征： 两进院落，北面为小天井；大门朝南

建筑特征： 传统木构；西式大门

宽巷子31号

保护程度： 一般

用地面积： 755平方米

建筑面积： 451平方米

院落特征： 两进院落；大门朝北

建筑特征： 传统木构；传统大门，较好

窄巷子4-12号

保护程度： 一般

用地面积： 795平方米

建筑面积： 473平方米

院落特征： 两进院落，北面为小天井；大门朝南

建筑特征： 传统木构；临街店铺，屋顶有老虎窗

宽巷子37号

保护程度： 一般

用地面积： 684平方米

建筑面积： 485平方米

院落特征： 三进院落，南面和北面为小天井；大门朝北

建筑特征： 传统木构；传统大门，较好

井巷子12号

保护程度：一般

用地面积：484平方米

建筑面积：305平方米

院落特征：一进院落；窄
　　　　　长天井；大门朝南

建筑特征：传统木构

窄巷子33号-井巷子19号

保护程度：一般

用地面积：538平方米

建筑面积：290平方米

院落特征：二进院落；连通窄巷子与井巷子

建筑特征：中西结合

窄巷子17号

保护程度：一般

用地面积：671平方米

建筑面积：350平方米

院落特征：两进院落，北
　　　　　面小天井；大门后
　　　　　改，朝北

建筑特征：传统木构

窄巷子40号

保护程度：一般

用地面积：432平方米

建筑面积：160平方米

院落特征：二进院落；大门朝南；南面天井改二层砖房

建筑特征：传统木构；后加砖房；后院经屋主改造，有特色

窄巷子18号

保护程度：较差

用地面积：613平方米

建筑面积：277平方米

院落特征：两进院落，窄
　　　　　长天井；大门朝南

建筑特征：传统木构；保
　　　　　存较差

井巷子10号

保护程度：一般

用地面积：481平方米

建筑面积：266平方米

院落特征：一进院落；
　　　　　窄长天井；大门
　　　　　朝南

建筑特征：传统木构

历史类型：属传统院落

宽巷子6—8—10号

保护程度：较差

用地面积：607平方米

建筑面积：403平方米

院落特征：一进院落；大门朝南

建筑特征：传统木构，加建较多

窄巷子21号

保护程度：较差
用地面积：457平方米
建筑面积：251平方米
院落特征：一进院落；
　　　　　大门朝北
建筑特征：传统木构

宽巷子17号

保护程度：较差
用地面积：591平方米
建筑面积：265平方米
院落特征：一进院落，大门朝北
建筑特征：传统木构，改建较多

窄巷子15号

保护级别：三类
用地面积：395平方米
建筑面积：240平方米
院落特征：两进院落，北
　　　　　面天井盖砖房；大
　　　　　门朝南
建筑特征：传统木构；保
　　　　　存较差

窄巷子42号

保护程度：较差
用地面积：547平方米
建筑面积：224平方米
院落特征：二进院落；大门朝南；改造较多
建筑特征：传统木构；后加砖房

窄巷子20号

保护程度：较差
用地面积：512平方米
建筑面积：203平方米
院落特征：两进院落；大
　　　　　门朝南
建筑特征：传统木构；保
　　　　　存较差

窄巷子39号

保护程度：较差
用地面积：485平方米
建筑面积：280平方米
院落特征：一进院落；大门朝北
建筑特征：砖墙加木构

3. 交通状况

成都三城相重的城市格局，造成了城市三种路网相互交织的现状。历史名城保护规划中明确指出要重点保护这种道路格局。原大城偏东30°的主轴线延续至今是成都主要道路的方向；原皇城正南北的轴线并没有因拆除城墙而消失并向南城伸延；少城的鱼骨状道路也完整保留。

宽巷子宽约6~8米，铺设4米宽的沥青马路，平时可双向通行机动车；窄巷子宽约4~6米，除巷子中军用车库车辆外，平时少有车辆穿行；井巷子路面较宽，可供机动车正常通行。宽巷子内由于新建住宅设有地下车库，车辆出行较为频繁；东侧临长顺上街为农贸市场，且有很多小店铺，来往车辆行人很多，交通拥挤；中部居民开设了几家露天茶铺，生意好时，4米宽的道路上停满了车，人行道上摆满了桌椅，行人茶客摩肩接踵。窄巷子相对安静，除部队工厂和车库及文联外，没有太多车辆；西侧新建住宅的底层为大型茶楼，晚间巷口会有车辆停放，影响交通。井巷子北侧为一般居住建筑，交通流量不大；南侧为28中，受学生上下课影响，会出现交通高峰。

保护区周边城市干道交通流量趋于饱和，而保护区内部街道尺度较小，道路交叉口多，机动车管理缺乏手段；核心保护区传统街巷交通通行能力很差，且机动车交通与安静舒适的传统街巷空间存在极大矛盾。

4. 人口状况

宽窄巷子历史文化保护区以居住功能为主。其中：宽巷子329户（私产140户，公产90户，单位产69户，无证30户），总户籍人口823人；窄巷子232户（私产99户，公产84户，单位产38户，军产1户，无证10户），总户籍人口580人；井巷子282户（私产159户，公产93户，单位产4户，无证26户），总户籍人口705人。其他办公、商业、工厂和临时租户等暂时无法统计。

核心保护区三条街巷中人户分离和有人无户现象严重，加上外来流动人口与出租户，造成实际人口无法统计。长顺上街几十年来都存在马路菜市场，虽然方便附近的居民生活，但对城市环境、人口管理有巨大影响。青羊区政府修建了长顺上街农贸市场，让菜农进楼设摊，一定程度上缓解了矛盾。但是农贸市场紧邻宽巷子，使得宽巷子巷口衍生出许多低档餐馆、商铺、小摊。居民将临街的房屋出租给外来做买卖的人，使得宽巷子东段外来人口杂乱。2003年初，宽巷子27号蔡姓居民将自家新建的三层小楼改为旅店，取名龙堂并加入国际青年旅社网络，加上巷中原有的房管局招待所——小观园，宽巷子迅速成为国内外背包客的落脚地。

5. 建筑状况

核心保护区内建筑及院落大多数为传统居住形式，清代遗留下来的院落格局也基本保留。特别是宽窄巷子的街巷空间保存完好。经调查，清代初期的木构建筑已不存在，最早的木结构建筑约为清末时期，绝大多数应为民国和解放初期修建；民国时期受外来风气影响，出现一些砖木结构建筑，并在建筑风格上有所突破；20世纪70年代后，建造了一些质量不高的多层砖混住宅，90年代后，房地产开发与房屋交易频繁，许多单位和个人购置房屋后进行改造，出现了许多钢筋混凝土建筑，破坏了这一地区的历史风貌，而且这些新建筑大多是拆除原有木结构房屋后修建的，对宽窄巷子建筑格局和风貌的破坏严重；人口增加，住房紧张，导致私搭乱建严重，极大破坏了庭院格局。

按照房屋质量状况将重点保护区内的建筑分为五类，从表2-1中可以看出结构好的建筑基本上为近年新建的住宅和办公建筑，传统民居类建筑质量状况较差，且私搭乱建严重。

建筑质量评价表 表2-1

序号	分类名称	建筑面积（平方米）	比例（%）
1	结构好、设施齐全（新建）	39156.76	63.89
2	结构较好可正常使用	6420.72	10.47
3	结构较差仍可使用	6756.10	11.02
4	结构差且无法维修	1765.65	2.88
5	私自搭建简易结构	7197.91	11.74
	合计	61297.14	100

根据建筑的历史价值和历史风貌的协调情况，将重点保护区内的建筑分为六类（表2-2）。与风貌极不协调的新建建筑和私搭乱建所占比例极大，考虑到新建筑层数都较高，用地面积约占重点保护区的30%，所以清末民初的街巷院落格局与历史风貌基本保留。

建筑风貌评价表 表2-2

序号	分类名称	建筑面积（平方米）	比例（%）
1	保护单位（成都画院）	1284.33	2.10
2	有价值的传统建筑	8588.42	14.01
3	一般传统建筑	5069.72	8.27
4	与风貌协调的新建筑	6327.45	10.32
5	与风貌不协调的新建筑	32829.31	53.56
6	私搭乱建建筑	7197.91	11.74
	合计	61297.14	100

重点保护区内建筑产权比较复杂，有公产（房管局直管房）、单位房产、军产、教会产、私产、无证房产几类，其中私产房约占一半比例（表2-3）。

序号	分类名称	建筑面积（平方米）	比例（%）
1	公房	6748.82	11.01
2	单位房	16918.19	27.60
3	军产	2155.7	3.52
4	教会产	611	1.00
5	私产	31053.32	50.66
6	无证	3810.11	6.21
	合计	61297.14	100

宽窄巷子的建筑呈现以下特色：

（1）建筑布局多为合院式格局，建筑多为传统穿斗木结构的民居，以及少量民国时期中西合璧式的砖木结构建筑。

（2）宽窄巷子沿街多为低矮的院墙和建筑檐口，传统风貌保存基本完好。

（3）宽窄巷子两侧临街遗存有不同风格、不同材料、不同朝向、不同尺度的宅院大门，具有较高的艺术价值，是历史文化保护区的一大特色。

（4）大门、门扇、窗扇、雀替、垂花柱、雕梁、撑栱、月梁、滴水、瓦当等建筑构件、细部装饰美观、精巧，充分反映了当时的工艺水平。

6. 市政基础设施状况

历史上满城街巷的房屋并无排水系统，所有街巷兼有排水功能，宅地标高高于路面。满城内街巷道路和院落地面原为三合土，长年累月被踩得锃光瓦亮，也具有一定的排水功能；后来逐渐被改为石板路，再后来宽、窄、井三条巷子又被改为沥青路面，传统特征破坏严重。由于各个时期修补路面均在原有标高基础上进行，导致三条巷子的路面标高高于庭院，下雨天雨水经常倒灌，居住条件愈加恶劣，严重威胁传统木构建筑的安全。

解放后政府逐渐改造市政雨污排放系统，满城内大部分街巷都有了市政管线连通城市雨污系统。2002年起，长顺上街、下同仁路、井巷子先后进行了市政改造。但宽窄巷子一直没有雨水、污水系统，也未铺设燃气管线。居民依靠液化气、蜂窝煤为热源，使用宽巷子两处、窄巷子、井巷子各一处公共厕所。电气、通信、有线电视均已入户，但线路外露，极易产生火灾隐患。

7. 文化状况

宽窄巷子幽静与喧闹并存，闲散与忙碌交织的个性，似乎正是成都文人的写照。宽窄巷子里有成都文联、成都画院两个文化机构，所以在宽巷子路边的茶摊经常可以见到三五成群、高谈阔论的文人、艺术家，安静的喝茶与扎堆聊天原本极端的两种行为在这里却显得如此自然。端着相机采风的老

图2-8 独特的文化景观

图2-9 悠闲的社会生活

外，摆着各种pose拍写真的美女，以及"龙堂"国际青年旅社门前售卖军挎、搪瓷缸子，张贴着格瓦拉头像的"文青"纪念品商店……这里俨然是成都一道独特的文化风景。

这里有四川著名国画大师李华生，还有真正的满族后裔羊角……这些当代文化名人是宽窄巷子的文化标志，给宽窄巷子的文化定了位。

8. 社会生活状况

保护区内的空间结构基本分为街—巷—院落—户的结构，院落和巷子成为居民交往和活动的主要空间。由于老城区的基础设施较差，再加上人口的机械增加，居住的生活质量逐渐下降。几条巷子中居住人口情况复杂，社会地位和经济收入差距较大，住房条件和生活方式也有很大不同。既有一户上千平方米的大宅，也有十几户拥挤在不足百平方米的搭建房中。但居民中绝大多数是中低收入的居民家庭，住房条件艰苦，人均住房面积远远低于城市平均水平，急需改善。但由于大多数居民经济收入较低，连翻修房屋的能力都不具备，更无力改善居住质量；还有宽窄巷子地处城市中心区，生活工作都十分便利，不少居民靠小生意或出租房屋解决生计，尽管自身住房紧张，也不愿意改变现状。另有单位、个人近年来购买了老院落改建住宅、办公，风貌极差，但搬迁整治十分不易。

二、继往开来——历史文化与价值的承载

1. 成都"三城相重"城市格局的唯一见证

成都"三城相重",由大城、少城(清代称为满城)和皇城组成。

如前所述,古蜀国开明王九世从郫县迁都成都,时间大约为公元前347年,相当于中原的战国时期。建立北少城时,没有采用正南北的中轴线,而是以一条北偏东约30°的主轴来定位建城,这在当时是不符合西周营国制度要求的。春秋末期的诸国城邑建设中,曾有过不少违背礼制的情况,但类似开明王城这样,毅然采用偏轴而不"择中"来定位建城,实属罕见。开明王没有拘泥于"择中"规整的筑城约束,而是从地理条件分析,按管子"因天才、就地利"的原则选址定线。值得肯定的是,这条偏心的中轴线,在后来的秦大城、唐罗城中一直沿袭,至明初一直未改变。

周慎靓王五年(前316年),秦惠文王派大夫张仪、司马错灭蜀国。两年以后,秦国在原北少城的南面新筑秦城。秦灭蜀后,又按秦制在大城西侧赤里街一带筑少城。秦城由大城、少城两城相并的格局,在当时城市中可以说是绝无仅有的。古时称秦城为"重城"或"层城",那时成都城"既崇且丽","层城镇华",蔚然壮观。城内街渠纵横交错,与城外二江相连,又成为城市重要的交通通道。清代时期,清廷在少城的原址建立满城。

明洪武十一年(1378年)封朱椿为蜀王,以成都为王城。朱椿按朝廷指示,在大城中原唐、宋子城的旧址上,新筑蜀王府城。蜀王府城布局,完全遵照明王朝的营城制度,一改过去历代成都城主轴偏心的布局,确立正南其北的中轴线定位,这在成都城市形态历史上,是一个重要的转折点。明末,张献忠攻陷成都,曾以蜀王府为宫,两年后起义军撤离成都时纵火焚城,蜀王府城也毁于一旦。1665年,清廷在明蜀王府内城旧址上改建为贡院(省试考场),并在四周复建砖城墙。1968年,仅存的明蜀王府城墙(皇城)及城内明清两代的古建筑群全部被拆毁,建设了万岁展览馆等建筑。1970年,为了修筑地下防空工事,填埋了皇城的御河。这就是三城之一的皇城。

"三城相重"的特点之一是城址的重叠经千年未变。从古蜀国开明王九世建成都北少城起,历经秦、汉、三国蜀、晋时大城,隋时的隋城,唐时筑罗城(又称太玄城、大城),前蜀时期皇城、后蜀时期羊马城,宋、元、明、清、民国时期的大城基本上都是延续秦代开始的同一地址。明代始建的蜀王府城址,经明、清、民国几百年也未变化。而清代的满城,则是在秦少城的基础上修建的。

"三城相重"的特点之二是三种路网结构在同一城市并存至今。秦灭蜀

后，从张若筑成都城算起，至明代洪武十八年（1385年）止，成都城市道路始终顺着那条偏斜的主轴线，呈方格形建设街巷道路，形成了成都路网轴向偏东30°的格局，这一套路网保持了近1700年。但在以后的200年间，成都城市路网发生了重要变化，即明蜀王城的南北向主轴线和清代满城的鱼脊骨路网，形成了今天成都城市的三套路网格局，这在中国现存的历史古都中也是极少见的。

三城相重的历史与三种路网并存的现状，成为成都历史文化名城及宽窄巷子历史文化保护区的雄厚历史文化背景。

新中国成立以后，成都市经历了几次城市规划变革，三重城市道路体系却完整地保留了下来，尤其是满城老街巷，过于密集的道路并未因改革开放的建设而毁灭，这是值得庆幸。这也就是宽窄巷子为什么受世人关注的原因，她承载了成都城市历史的文脉，在皇城不复存在、府南河失去原貌、城墙尽毁、护城河填塞、历史建筑逐渐消亡的今天，宽窄巷子似乎承受了本不应承受的重任。所以我们在研究宽窄巷子历史文化保护区保护与更新之时，一定要重读成都历史、了解城市变迁。

2. 满城（少城）文化的代表

从某种角度来看，少城文化可以理解为商业文化、时尚文化、市民文化，满城文化可以概括为沿革文化、包容文化、沟通文化。

少城在秦建立之时，就是为了往来的商贾居住、停留、交易，逐渐形成商业繁华区域。大城是成都的政治、军事区，而少城则是商业与居住区，两千多年一直如此，直至清代。历史记载，历朝历代均有名人居住少城，而歌颂少城的诗词歌赋也不计其数，所以有"少城兴、成都兴"之说。

到了清代，由于旗兵修筑满城，带来了北方满族的居住模式与生活方式，特别是清末开始的与成都本土文化的交融，形成了成都人思想开放、兼收并蓄的特点，特别是民间建筑对西方建筑形式有着强烈的认同。

宽窄巷子的保护规划设计，一定要体现少城和满城的文化特色，包容满城的历史文化内涵，发掘历史典故和人文精神。

3. 满城规划思想与川西民居建筑演变的代表

成都满城是有着独立城市规划格局的城中城，有独立的中轴线与道路格局。由一条南北向主轴和33条东西向小巷组成的鱼脊骨型城市路网，正是满城遗留至今的城市印记，宽窄巷子正是记录这一城市特色的代表。

宽窄巷子里的传统居住建筑，有着几百年来的演变过程。从清代士兵的营房，到清末民初的公馆大院，从战争年代的普通民居，到解放初期的简易住宅，从计划经济时代的砖混建筑，到改革开放后的千姿百态的建筑，每一个历史阶段，都在宽窄巷子留下了特有的标记，同时也记录了近代成都民居建筑的历史。

2012年7月10日，原成都少城建设管理有限公司副总经理徐军在成都接受了我们的采访，他认为，宽窄巷子除了历史、文化、建筑、艺术的价值，其最独特的魅力就是不可复制性。在回忆建设过程时，徐军谈道："中间经历事情很多，过程也很长。先说说独特性，它这个地方真是一个比较特殊的地方，是当年清兵入川，战争结束后在成都建立了一个兵营，当时实际上一共有40条胡同，后来随着时间推移，只剩下不多的这三条，叫做兵丁胡同。当时这地方的作用就在于，清兵入川打完仗之后，这些人需要有安置的地方，可以开始生活的地方，那么就在此形成了一亩一户，即一亩土地是一户人家，然后不是前耕后织，而是前店后厂，前面是门市后面是生产的这么一个环境。而且它整个格局是一个北方的格局，这个在成都是不太多见的。所以宽窄巷子是当年清兵入川后遗留下来的历史区域，叫满城。翻看成都历史，它是一个很有历史底蕴的地方。"

4. 重要的历史地位与稀缺的城市资源

少城演变为清朝的满城，是其最辉煌的时期，街巷格局、院落住宅、园林绿化以及生活方式都与众不同。宽窄巷子历史文化保护区作为成都市"二江环抱、三城相重"城市格局的最佳体现，作为成都历史文化名城体系的重要组成部分，作为成都市城市中心区整体发展的战略布局重点，是城市未来发展的稀缺资源。所以充分发掘和展示少城历史文化，恢复满城独特格局，展示宽窄巷子街巷空间与川西民居建筑风格，同时推动城市中心旧居住区的有机更新、复兴城市活力，将是历史文化保护区的工作重点。

宽窄巷子保护区是成都历史文化名城展现体系中"三片一带55个节点"中的"环古城垣历史文化风光带"的一部分。随着琴台故径和西郊河整治工程的实施，将会把少城文化保护区—永陵墓—琴台路—西郊河—浣花风景区连成一片，打造成精品文化长廊和绿色生态景观带。

5. 城市规划特色与建筑艺术价值

满城是一个有中轴线和城墙的城池格局与兵营的完美结合体，一个不断增加建筑类型、模糊兵营形象、完善城市功能的特殊传统城市发展形态，是罕见的民居类型和庭院农业相结合的经济模式。

宽窄巷子历史文化保护区中的宽巷子、窄巷子和井巷子始建于清朝康熙末年，是满城众多兵丁胡同中的三条，也是现今还保持原始风貌的巷子。从最初一丁一户一亩宅地，经清末民初逐渐演变为富户大宅，到解放初大量居民迁入、"文革"时期乱改乱建，再到改革开放后的经济发展，宽窄巷子经过几百年发展，存留了各个时期的历史印记。用地大小与边界基本延续清初的模式，有些夯土院墙属于那一时期留存；庭院格局与建筑尺度体现清末民初的经济状况；门头砖饰与洋楼建筑反映出民国时期受西洋建筑风格的影响；简易的空斗砖房明显带有20世纪五六十年代因人口增加、住房紧张而快速建设的影子；庭院中的搭建棚户很多是70年代平武大地震的产物；90年代以后出现的钢筋混凝土建筑，虽然大多采取了仿古形式，但花色品种繁多，缺乏统一设计与管理，与传统街区历史建筑格格不入。同时历史建筑又无力改善，造成传统房屋的质量越来越差、有条件就拆旧建新的局面。

尽管如此，宽窄巷子还是留下了大量有特色的川西民居，这些民居建筑虽然不能和宫殿、庙宇、庄园、祠堂、公馆相比，称不上精品——因为它们绝大多数都是平民住宅，但就是这些平民化的建筑艺术，成就了宽窄巷子与众不同的艺术价值。平民的建筑不依任何法式与规矩，超越礼制和随意发挥成为了特色，小小的门头可以有歇山顶，川西民居可以和北方垂花门结合，中式庭院中矗立一幢小洋楼。特别是巷子中大小、形式、材料各异的门头，成为保护区最具特色的建筑精品。

6. 不可估量的经济价值

宽窄巷子的经济价值集中体现在处于城市中心区的黄金位置、拥有丰厚的历史背景与文化艺术资源、具有独特的街巷空间与建筑形式，可以概括为"城市中心区位"与"原真民居文化"的双重竞争优势。

优越的地理位置与城市功能格局决定了宽窄巷子保护区超强的经济价值。紧邻天府广场与CBD中央商务区，四川省委、成都市政府等机关办公居住环绕，具有人文优势和消费潜能；保护区正好与春熙路商圈、盐市口商圈形成黄金三角，商机无限；处于历史文化旅游风光带上，文化展示、旅游观光可带动片区的旅游经济，最终形成深层次的商业竞争力。

7. 总体价值分析

尽管宽窄巷子沿革至今仍然是以居住为主要功能的历史片区，但历史街区的保护与更新利用应以发展的眼光，综合体现历史街区的经济与文化价值，使历史街区成为城市发展的推动力。所以，改变宽窄巷子单一居住用地功能，完善城市配套服务，结合整体城市中心区的结构发展，使古老的街区焕发新的活力，成为城市中心区的新亮点，打造成都市又一张鲜活的城市名片，这成为了宽窄巷子历史文化保护复兴的目标。

第三节

钟磬洪扬·重檐碧瓦
美丽家园最成都的复刻生活样板

　　宽窄巷子是一个秉承成都少城、满城、四合院历史文化精髓，融成都原真生活、休闲娱乐、精致餐饮服务、时尚婚庆中心、精品零售、高档精品酒店会所等多元化高端服务于一体的综合性时尚休闲商业街区。漫步鳞次栉比的街巷店铺和幽深古朴的院落空间，可以发现这里是一个中国与西方文化交融、成都与世界目光交汇之地，可谓老成都的新客厅。

　　宽窄巷子川流不息、门庭若市，成为时尚的生活街区，让人们对街道有了全新的认识。法国动态城市基金会策划过一个名为"街道是我们……大家的！"的巡展，参展艺术家作品中多样性的街道生活和对街道质感的独特描绘，引发了质疑与讨论。街道可以是流畅友好的，也可以是智慧记忆的。策展人史建表述了他对城市街道的爱恨："我以一个文化上的精神分裂者的状态看待中国城市。一方面我哀戚它的历史的衰亡，一方面亢奋于它的剧变；一方面记录正在逝去的旧城，一方面欣赏那些崛起的空间；一方面无情地批评都市疾速蔓延中的问题痼疾，一方面暗自欣赏活体一般的空间演化现实。"这是一个充满张力的游戏，饱含城市空间自戕与修补的策略。

　　历史街区的干预原则可以是存续历史感和文化活力，与环境共生。林语堂曾说："最好的建筑是这样的，我们居住其中，却感觉不到自然在哪里终了，艺术在哪里开始。"在宽窄巷子历史文化街区的保护改造中，我们通过研究探寻清末民初宽窄巷子的原貌，在规划设计中对建筑和院落进行了梳理分析，弥补了一系列历史空间要素、历史空间节点和空间轮廓，恢复历史建筑的肌理特征，同时将传统文化与现代都市的过渡融入其中，保护和再现宽

图2-10 宽窄巷子全貌
概览图

窄巷子的历史环境。在满足旅游休闲功能的同时，不断丰富和发展街区的文化内涵，打造创新的商业模式，摸索宽窄巷子历史文化街区循序渐进、有机更新的有效途径。

历史文化街区的消费符号化要素包含了文化现象与拼贴重组，是一个符码再造的过程。艺术生产和文化消费的逻辑里有一个链接节点的要素，那就是符码拼贴。符号代码的拼贴将碎片式的要素和片段整合到一起，包含了编码和解码、交融和汇编的过程，在这里充满了意义悬浮与象征诠释。可以说，人类文明的全部内容在某种程度上皆来自符号系统的组成。拼贴是艺术处理和传播中的常见手法，现代社会各种信息的符码拼贴进一步促成了多元文化的复杂性和离散性。宽窄巷子街区在文化符号表达上融入了大量拼贴、仿象的元素，有助于将核心价值观和艺术理念历史性地展现给人们。

宽窄巷子的情景展示充满生机，通过仿象与拼贴，仿佛再现了古时锦官城的市井繁盛、物产丰富、欢声笑语。巷道上，遛鸟的达官贵人闲步街头；文人们作画吟诗，把酒言欢；更有闲暇者品茶会友，身旁的孩童正兴高采烈地缠着街边吹糖人的师傅制作糖画。有户人家，天井里织锦女正在晾晒濯洗后绚丽的蜀锦，堂屋内宾客用四川方言津津有味地摆着龙门阵；儿子的婚房已按老成都习俗布置得喜庆体面；么女则在闺房仔细地做着女红，似乎忘了窗外绿意丛隐中的蝉鸣；少年仔安居于书房挥毫泼墨，春诵夏弦，时间缓慢而宁静地流淌。

图2-11 宽窄巷子街景

在工业化大规模发展、大众文化密集进驻社会生活之后，后现代脱离了逻辑的去中心化，碎片式的拼贴使艺术的严肃性消失了。英国结构主义和符号学研究者霍克斯（Hawkes T.）指出："所谓拼贴即使用一种与我们日常生活不同的逻辑，将丰富的物质世界的细节琐事详尽地加以整理、分类，并将之安排到结构之中，使得这些结构能够与自然秩序和社会秩序相类似并相呼应，从而能令人满意地'解释'世界，同时也使其能够生存。"拼贴不仅能很好地解释外界事物，还被认为是赋予新意义的关键。在宽窄巷子的历史街区生态中，拼贴是跨语境亚文化生成的重要手段。不仅如此，文化艺术被符号拼接为物质产品，还是可消费的。当建筑表达出了艺术作品的旨趣和商业性价值时，审美意义也表现在意境的生成和优美型审美价值的生产等方面。美感的表达和规范模式的运用，似乎遵循着在不断修正中调整并体系化的规律。

穿越时空，将古今生活融通，赋予当代人一种感知、探究和体验古代生活的实践机会，街道因此在历史拼贴中生成可供纪念的图腾。唐代诗人陆龟蒙《奉和袭美酒中十咏·酒垆》一诗曰："锦里多佳人，当垆自沽酒。高低过反坫，大小随圆瓿。数钱红烛下，涤器春江口。若得奉君欢，十千求一斗。"原真生活体验馆为人们提供了一种幻想成真的可能：步入天井，观看精彩娴熟的四川长嘴壶工夫茶艺表演；走进堂屋，听正宗的四川方言龙门阵；来到房间，参观真实的家具陈设并感受传统的家具文化特色；进到婚房，通过其布置体会独有的地方礼俗；探秘闺房，透过展呈和介绍了解地道

的市井风情。而移步换景，悠闲地逛逛幽幽古巷，感受休闲之城生活优越、安定美满、其乐融融之貌（图2-12）。

戏台上演绎着时尚风格的川剧变脸以及现代的皮影戏；台下亲朋好友相聚品茗，老人小孩共享天伦；伴着鸟鸣花香，漫步在法式小洋楼外，中外新人与相伴一生的另一半甜蜜地在此拍照留影，留下珍贵回忆，吸引路人驻足见证，华丽盛大的异域风情婚礼揭示着古老的新生，赋予沉睡的街道更多活力和希望；幸福浪漫的氛围感染着每个人，听着哪里传来的老式黑胶唱片抒情悠扬的歌声，不知思绪又飞到了何处……

徜徉宽窄巷子，这里是如此不可思议，呈现时尚之都同步国际高速发展之貌，人们身着特色潮流服饰，激情与欢乐挥洒在空气中。光影、动静、钢构砖瓦、科技传统……这里的一切元素都那么冲突，却在强烈碰撞中迸发出美艳而惊人的魅力。外形低调的老宅装置了最先进完善的系统设备，居住在此的人们使用着最前沿的数码产品；作为时尚及文化发布高地，世界顶级品牌及著名人士纷纷选择在此进行活动推广；装扮亮丽的都会女子结束工作后匆匆赶来，只为享受入夜后形式新颖的主题派对，夜色渐浓、更入佳境，奢华和诱惑正在上演。

由形象组成的建筑符号经过编码解码，生成符号化象征意义，再现历史场景，与现代社会并置，形成一种强大的社会生产力，也是重要的景观消费。这标志着符码拼贴的消费化正在持续有力地发生着，而后果是难以预料

图2-12 宽巷子德门仁里入口

63

① [法] 让·波德里亚.消费社会.刘成富，全志钢译.南京大学出版社，2001.225.

注：这段话在2008年本书新版的第198页，被改译为："在消费的特定模式中，再没有先验性，甚至没有商品崇拜的先验性，有的只是对符号秩序的内在。就像没有本体论的纵横四等分，而只有能指与所指之间的逻辑关系一样，再也没有存在与其神圣或魔鬼的复制品（其影子、灵魂、理想）之间的本体论纵横四等分，而只有符号的逻辑计算和符号系统中的吸收……"即认为消费的主体，是符号的秩序。

的。让·波德里亚认为消费社会的特点是自身视角与思考缺席，先验性、合目的性及目标都将不复存在，因为"在消费的普遍化过程中，再也没有灵魂、影子、复制品、镜像。再也没有存在之矛盾，也没有存在和表象的或然判断。只有符号的发送和接受，而个体的存在在符号的这种组合和计算之中被取消了"①。推导可知，符号秩序占领了人们审美消费的核心地位，结论是本质蕴涵被异化了。

真正打动人心的，不应只是表面风光的形式，而更是永生的光荣梦想。流光魅影里阳光般温暖的幻象和理想不灭，久久萦绕在几代人的记忆里。宽窄巷子历史文化街区选择各巷子中最具代表性的场景，合理规划路线，用人物表现动态情景，展示丰富的生活形态。宽巷子代表"昨天"，展示"历史成都"；窄巷子代表"今天"，展示"幸福成都"；井巷子代表"明天"，展示"时尚成都"。

通过多样的表现手法，"展现不同时期的生活形态"。宽巷子回味古代成都"闲"生活，窄巷子"品"城市幸福一刻，井巷子感受成都时尚前沿。在这里"保存历史，面向未来"，既是感受历史的宽窄巷子，又是呈现未来的宽窄巷子；历史与生活有机交织，带来的是接地气的真实与和谐，浮华易消逝，经典永留存。

中篇

筑 梦

Part II

Dream

第三章

宽窄规划：

宽窄巷子历史文化保护区建设纪实

稷黍介福君都营·万邦之屏博亦宁

　　宽窄巷子历史文化保护街区由宽巷子、窄巷子和井巷子三条平行排列的城市老式街道，及其之间45个清末民初的四合院落组成。宽窄巷子历史文化街区保护规划建设经历了一个漫长的过程，早在20世纪80年代就被列入《成都历史文化名城保护规划》。为做好宽窄巷子历史文化街区的保护工作，建设单位聘请清华大学建筑学院、北京清华安地建筑设计顾问有限责任公司作为历史文化保护区规划、建筑、景观全方位设计的专业机构。清华团队成立了项目工作组，负责相关工作。从规划设计到2008年开街，历时5年；再到工程全部竣工，办理完各种相关手续，又持续了3年；整个项目耗时8年，终于磨成一剑。整个设计团队前后有调查组、研究组、测绘组、规划组、建筑组、景观组、现场服务组及主持协调组共八个团队，近50人参与了项目的相关设计工作。通过这个项目，培养了一批对历史文化保护区感兴趣、舍得投入的技术骨干，他们逐渐成为这个领域有所建树的规划设计人才。

因缘楔子·锐思之源

规划背景与调查研究（2003年之前）

　　成都宽窄巷子历史文化保护区是成都历史文化保护区中最具有城市特色与民居风格、充分展示二千余年城市格局变化与三百多年来建筑风格演变，充分保留成都市民现实生活情调的区域。20世纪80年代起，成都市政府就对片区进行了保护规划，在此后的历次城市总体规划修编和历史文化名城的专项规划中都对宽窄巷子历史文化街区的保护提出了明确要求。2003年正式组建少城建设管理有限公司，负责片区的保护修复工程，并由西南交通大学建筑学院编制了保护规划。

一、成都城市建设的发展历程

　　解放后第一个五年计划期间，成都由消费性城市向工业城市过渡，被列为全国重点建设城市。当时实行计划经济体制，完全靠国家按计划投资，城市规划必须符合国家计划，因而城市性质也直接反映计划项目。国家定点建设了一批以机械加工和精密仪器为主的大中型工业企业。1953年开始编制城市总体规划，1956年经国务院批准，成都的城市性质定为"省会精密仪器、机械制造及轻工业城市"。

　　1958年开始的"大跃进"时期，拆除了大城历时数百年的古城墙，迅速盖起了一座座新的工厂和居住区，但成都千年古都风貌犹存，显现出现代文明与历史文化、新与旧相映成趣的城市景观。1959年对城市总体规划进行了调整，扩大了城市规模，开辟了近郊工业点，强调了城市布局的理想化。至

1963年，连续三年的自然灾害，使得1959年的规划显得不够现实，随即又进行了规划的调整，强调勤俭建国的方针，压缩城市规模，不再增加工业项目。这两次城市总体规划的调整都是当时社会经济背景的产物，缺乏一定的科学性和合理性。但这两次的调整都未涉及城市性质的调整，1956年国务院批准的城市性质一直沿用到1980年。

基本沿用苏联模式，强调形式，追求气势，城市布局以旧城为基础，向四周紧凑发展，道路网采用环形加放射的布置形式，特别是保留皇城与少城的路网，保留两江环抱和偏心主轴的传统格局，强调功能分区，围绕第一个五年计划，重点突出工业布局，这些措施奠定了今后成都市城市发展的基本框架。

20世纪60年代初期，"大跃进"的狂热迅速冷却下来，进入了三年调整时期，成都市进行了第三次总体规划调整。修订后的总体规划确定的人口规模是110万人，用地43平方公里。这期间，城市规划工作和建设秩序恢复，社会经济明显好转。但好景不常，随即又受"先生产、后生活"，"不搞集中的城市"，搞"干打垒"低标准等错误政策的干扰，取消了城市规划工作，成都城市建设自然停滞。

1966年开始的"文化大革命"，使成都城市建设秩序完全被打乱。"文革"期间拆毁了皇城城墙及城内古建筑群，填埋了皇城御河和少城的金水河。1968年，仅存的明代蜀王府城墙（"皇城"）及城内明清两代的古建筑群全部被拆毁，开始修建万岁展览馆与毛主席雕像。1970年，修筑防空工事填埋了皇城御河，使这段经过整理和绿化的水面全部消失。1972年填埋了横贯城区的金水河，严重破坏了成都的排水，城区水系与绿化系统遭受毁灭性破坏。与此同时，大量历史文化和艺术价值甚高的文物古迹、民居建筑、园林古木也遭到破坏和侵占，古城风貌大为失色。

成都这座古城，两千多年来久负盛名，是西南最大的政治文化和商贸大都会。但在高度集中统一的计划经济体制下，特别是经过十年"文化大革命"的浩劫，城市的文化教育、商业贸易都萎缩了，过去繁华的商业街区也都变得冷清萧条，缺乏生机了。

1978年，在结束了"十年动乱"后，成都进入了一个新的历史时期，宛如"喧然名都会"。1982年2月，经国务院批准，成都被列为首批国家历史文化名城。1983年，成都面临经济体制改革的新形势，及时编制了新的城市总体规划，增加了名城保护规划的内容。新的规划确定的城市性质是"四川省省会，是我国历史文化名城之一，又是重要的科学文化中心"。同时规划人口发展规模到2000年时为145万人，城市用地由60平方公里扩大到81平方公里。与

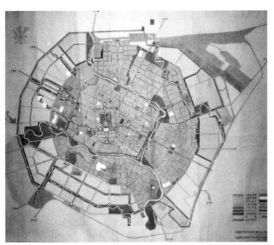

图3-1 1956年总体规划

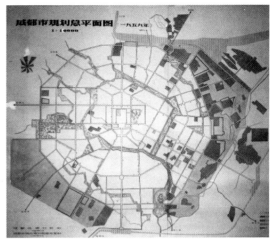

图3-2 1959年总体规划

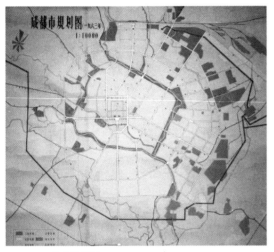

图3-3 1963年总体规划

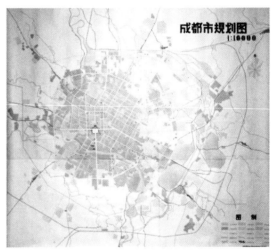

图3-4 1973年总体规划

前几次不同的是，规划新增加了对名城的保护规划内容，明确指出要突出"两江环抱"的环境特色，保护大城、皇城、少城三套路网的传统格局，要保护有重要历史价值、整体完整、具有地方特征的民居院落和古建筑。

1986年，由于改革开放实行"对外开放，对内搞活"的经济发展方针，成都市商业活跃，再现了昔日"万商之渊"的盛况，成了川西地区贸易流通的中心，在过去商业区的大街小巷，许多关闭了三十多年的商业店铺又重新开张，不少临街的住房也开成了店铺。一些街巷还形成了专业性商品的批发和零售市场。政府严格选择进入市区建设的项目，优先安排了13个科研和大专院校。在新建城市东西干道（蜀都大道）时，注意不破坏传统的道路网格局，划定了皇城、少城和大城等重要的历史文化环境保护区，以充分体现成都"是重要的科学文化中心"、"国家历史文化名城"的性质。旅游业发达、城市流动人口剧烈增加、外地驻成都的商贸办事机构增多，导致交通紧张，市区人口密度增大，市政、生活、文化设施不足，这是1983年规划所未能估计到的。有鉴于此，成都市于1987年进行了总体规划的调整和内容补充，提出新的城市规模、人口发展、用地布局的调整规划，并且重点作出名城保护规划，第一次明确指出了要保护代表古城风貌的寺院民居街巷，即大慈寺、文殊院、满城老街巷等。

具体调整的规划内容包括：

1.人口规模：1990年年底为151万人，2000年为187万人，流动人口20万人以上。

2.用地规模：1990年为80平方公里，2000年为116平方公里。新增加用地36平方公里，主要有4个生活居住区、2个文教科研区、1个工业开发区。

用地布局：总的原则是避免以旧城为中心，均衡式地向外延扩展，采取沿市区主要放射道路处扩展新区，保持有农田或公共绿化用地间隔其间。成都一直是一个单中心结构的、集中式的平原城市，全市的商业活动基本上集中在旧城中心不到半平方公里范围内的几条街上。调整后的商业用地布局力求打破封闭式的单中心城市结构，采取多中心的布局形式。按照城区六个大区的划分，分设了六个副中心。现有商业密集区逐步实行步行化。

3.名城保护：在原规划的基础上，进一步明确按"系、线、片、点"进行保护。"系"的保护指历史遗存下来的三套路网格局、两江水系；"线"指传统商业街巷（如春熙路、染坊街、科甲巷）；"片"指代表古城风貌的寺院民居街巷（如大慈寺、文殊院、满城老街巷）；"点"指划定为各级文物保护单位的建筑群。

1988年至1990年，在历史名城保护的基础上，为再现昨日辉煌，成都市又编制了宽窄巷子历史片区的详细规划。这也是第一次对确定为重要历史性地段的宽窄巷子、大慈寺、文殊院三个历史街区编制了详细规划。自1982年成都被首批公布为国家历史文化名城以后，历次城市总体规划中都注意把城市历史文化环境的保护纳入规划。但由于这一时期的经济发展，并没有有效地控制历史片区的改造，少城中修建了大量的居民住宅。这一轮总体规划修编时，关于名城保护规划部分除继续加强"二江环抱"、"三城相重"的传统格局和环境特色的保护外，还提出了"三片一带五十五个节点"的保护体系与展现框架。历史文化保护区的保护范围也充分划定，并纳入整个城市保护体系之中。

中心城区的"三片历史文化风景区"：草堂—浣花溪历史文化风景区、

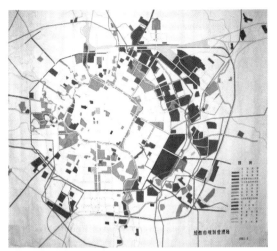

图3-5 1986年总体规划

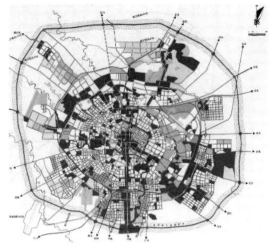

图3-6 1996年总体规划

永陵历史文化风景区、北郊自然—历史风景区。"一带"指以府南河为纽带的"环古城垣历史文化风光带"。"五十五个节点"指城市中轴线道路串联的12个重要节点、8个重要的古城节点和35个中心城市的各级文物保护单位。

这次名城保护规划较过去的规划不仅丰富了保护的内容，而且突出了成都"先秦古都"、古蜀文化中心的历史文化内涵。20世纪90年代初经济发展的迅猛势头使得城市规划相对滞后，大规模城市改造、城市中心区的建设，特别是府南河的改造，使成都市城市面貌焕然一新，但历史风貌也再度遭到破坏。

1996年，为适应成都市跨世纪发展需要，实现建设一个具有良好生态环境、富有历史文化和地方特色的现代化大都市的目标，结合成都地方的相关政策与法规，成都市新编制了跨世纪的城市总体规划和历史文化名城保护规划。这一轮总体规划确定的成都城市性质是：四川省省会，全国历史文化名城，我国西部重要的旅游中心城市，西南地区的金融商贸、科技文化、信息中心和交通、通信枢纽。

4.中心城市的发展规模：

近期（至2000年）：人口220~240万人，用地154~168平方公里。

中期（至2010年）：人口260~280万人，用地195~210平方公里。

远期（至2020年）：人口300~320万人，用地240~256平方公里。

5.城市的功能布局和空间结构：

成都城市的总体布局分为以金融、商贸、信息服务等第三产业为主的中心城市（外环路以内），以第二产业为主的都市区城市群（近郊的8个区、县），以区域经济发展为主的远郊区（6个远郊县市）三个空间层次圈层式结构。中心城市又由中心区（一环路以内）、主城区（一环路至三环路）和环城区（7个片区）三部分组成。到2010年城市建成区面积由115.8平方公里扩展到195平方公里。

本次规划从保护中心城市环境，保护沃土良田，保护城市地下水资源出发，确定城市发展的方向是南部下风、下游地区和东部的丘陵、台地地区。根据总体规划的近期建设规划，已完成府南河综合整治工程、人民南路中心广场拓宽。在20世纪末还将完成双流机场扩建工程，完成铁路西环线、达成铁路、宝成复线和成昆电气化改造工程、市政基础设施工程自来水六厂四期工程，完成成都热电厂扩建等。为了实施城市向东向南发展的战略，20世纪末还将要完成人民南路南延线、老成渝路、成龙公路（成都至龙泉区）、成洛路（成都至洛带）等4条干道的建设，总长度为65.3公里。此外，三环路（51公里）和环城高速公路（85公里）计划在21世纪初完成。

1996年，环绕成都古城、长29公里的府南河经过5年的建设改造完成，不仅实现了防洪、环保、绿化、道路管网和安居的五大综合整治目标，而且以其丰富的历史文化内涵，成为人们乐于驻足留步的休闲环境。该项工程荣获全球人居领域最高规格联合国1998年人居奖。展望未来的新规划更严格地控制了历史片区的风貌保护要求，精心构想明天，但是经过改革开放、经济发展、房地产市场的火热，历史街区正在被一点一滴地蚕食。少城地区也仅剩下宽窄巷子还留有些许历史的印记。

二、成都历史文化保护体系

1. 成都历史文化遗产保护体系

成都的历史文化底蕴丰富。自秦以来，二千四百多年城址没有发生变化。遗憾的是近几百年来战乱不断，历史遗存大量被毁，古城风貌基本丧失殆尽。新中国成立以来，政府和人民进行了长期不懈的保护整治，但是其间又经历了众多风波，保护工作未尽如人意。2003年在新的成都市总体规划和历史名城保护规划的指导下，建立起一整套历史文化遗产的保护体系，特别是对于历史文化保护区和历史建筑制定了科学细致的保护规划，政府部门也采取措施启动历史文化区的保护与更新工作和历史建筑的详细普查。成都市历史文化保护区的发展为成都历史文化名城内涵的扩展增添了新的内容。

成都市历史悠远，文化传承清晰，但在历史过程中遭受过三次惨痛的经历：第一次是明末张献忠焚城，城区内所有建筑变为废墟；第二次是"文化大革命"，拆除皇城、拆毁城墙、填塞护城河，城市中心区古城风貌惨遭破坏；第三次是改革开放后轰轰烈烈的城市改造运动，城市面貌焕然一新，但历史风貌殆尽。

经过几十年来政府、专家不懈努力，成都市历史文化名城仍然存在着较大的问题：首先是古城的物质空间形态遭到严重破坏；其次是历史文化名城保护涉及规划、城建、文物、环保、宗教等众多部门，缺乏有效管理机制；保护中法律意识淡漠，利益大于法理、人治大于法治的现象仍普遍存在；在保护中缺乏科学认知，追求商业利益、缺乏对历史文化的深入研究。

近些年来，成都市加大对历史文化名城保护的力度。1998年成都城市总体规划确定了宽窄巷子、大慈寺、文殊院三个历史文化保护区，以及具有保护价值、有特色的传统建筑和构筑物47处。2003年修编的城市总体规划中，增加了水井坊、华西医大历史文化保护区，拓展了城区内的保护范围。

然而仅仅就事论事的保护不足以肩负历史文化名城的重担，必须建立一整套完整的保护体系，使之在各个环节都有保护对策，与之相对应的政府职能部门才能够"有的放矢"地开展保护工作（图3-7）。

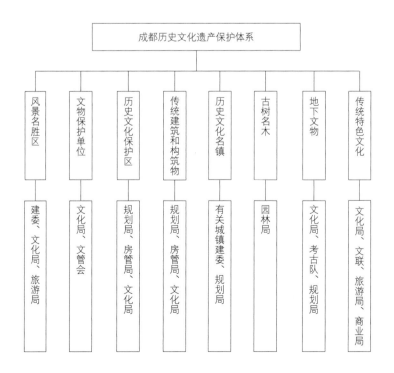

图3-7 成都历史文化遗产保护体系框图

成都历史文化遗产保护体系包括：

（1）风景名胜区

成都市域范围内有国家级风景名胜区2处（都江堰—青城山风景名胜区、大邑西岭雪山风景名胜区）；省级风景名胜区5处（邛崃市天台山、彭州市九峰山、崇州市九龙沟、蒲江县朝阳湖、金堂县云顶石城风景名胜区）；市级风景名胜区2处（龙泉驿花果山、黄龙溪风景名胜区）。9处风景名胜区各具特色，各具规模，环形相连，都包含重要的风景名胜内容，构成市域范围内的风景名胜区群体。中心城区范围内规划了3处依托古迹名胜并具有较大规模的历史文化风景区（浣花溪历史文化风景区、十陵历史文化风景区、北郊风景区）。

（2）文物古迹（文物保护单位）

成都市现有全国重点文物保护单位17处，省级文物保护单位30处，市级文物保护单位72处。

（3）历史文化名城镇

成都市域范围内现有国家级历史文化名城2个（成都、都江堰），省级历史文化名城3个（新都、邛崃、崇州），省级历史文化名镇5个（黄龙溪、新繁、城厢、安仁、洛带）。

（4）历史文化保护区（历史地段）

除市域范围内的10个历史文化名城名镇均含有一定数量的历史地段（保护区）外，其他许多城镇与乡村中也保存有大量极富历史和文化价值的传统街区，尤其在远离中心城市的一些古镇。中心城市在原有三片历史文化保护区（文殊院、大慈寺、宽窄巷子历史文化保护区）的基础上又陆续增加了四川大学、华西医科大学近现代历史文化保护片区、水井坊历史文化片区。

（5）传统建筑和构筑物

除了已经定级的各文物保护单位外，市域的城镇和乡村中均散布着一些有较高历史价值的建筑物和构筑物，包括近现代的重要建筑。经普查，成都市城区内现有价值较高但未定为保护单位的传统建筑物、构筑物41处，主要为民居建筑，2001年由市政府公布其中22处为优秀历史建筑。

（6）古树名木

成都市历史悠久，亚热带气候适合多种植物生长，市域范围和中心城市保存有大量的古树名木。据普查，中心城区现有挂牌古树1462株，品种主要有银杏、楠木、香樟、红豆木等，树龄300年以上39株，200年以上43株。成都市历史上是一座著名的花卉园林城市，其中尤其以海棠、梅花、芙蓉著称。

（7）地下文物

成都市二千年多来不易城址，城区及近郊古遗址、古墓葬数量很多，均属文物分布区域。结合近年来文物考古部门掌握的古遗址古墓葬分布规律，划分了地下文物重点保护区。市区范围内包括旧城重点文物区、西郊重点文物区、凤凰山重点文物区、天回山—磨盘山重点文物区、青龙重点文物区、马鞍重点文物区、东郊重点文物区、琉璃厂—祝王山重点文物区、南郊重点文物区、石羊重点文物区。

（8）传统特色文化（非物质文化遗产）

成都市现存的传统特色文化包含以下四方面内容：工艺美术（蜀锦、漆器与金银工艺品、竹丝瓷胎等）、文学艺术（川剧、歌舞、绘画、四川方言文学、曲艺等）、风味饮食（川菜、小吃、风味店铺等）、传统民俗（成都花会、灯会、桃花会、放水节、牡丹会、夜市和赛歌会等）。其中，正式申报为国家级非物质文化遗产的5项：川剧、蜀锦织造技艺、蜀绣、成都漆艺、都江堰放水节。

2. 成都历史文化街区

成都市在总体规划和历史名城保护规划中，按照保护等级、历史沿革、建筑类型等因素，将市区内历史街区划分为五类（图3-8）。

（1）历史文化保护区

大慈寺历史文化保护区：大慈寺始建于唐代，古称"震旦第一丛林"。大慈寺片区是成都历史上有名的商业繁华地带，而今又因地处春熙路商圈，具有极佳的地理优势。其周边街巷具有传统的空间尺度和丰富的历史建筑肌理。

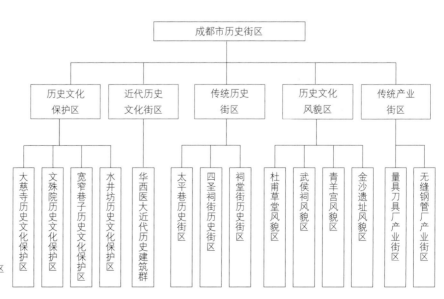

图3-8 成都历史文化街区组成框图

文殊院历史文化保护区：文殊院初建于隋，迄今已有一千三百多年历史，受佛教文化的影响，香客络绎不绝。这一片区是包含寺庙、园林、传统商业和民居的混合体。

宽窄巷子历史文化保护区：是体现成都少城（满城）民居特色的居住区，是清代满城独特街巷空间格局的代表，北方兵营式建筑与川西民居相结合的产物，且为目前成都地区保存较为完好的民居建筑群。

水井坊历史文化保护区：街区由于发掘出具有七百多年历史的"水井坊"烧酒坊遗址而闻名，是至今全国乃至世界发现的最古老、保存最完整的古代酿酒作坊。其周边传统建筑基本保持原有格局与风貌。

（2）近代历史文化街区

华西医科大学近代历史建筑群，是成都市近代建筑保护体系中最完整的一组，体现了中西合璧的建筑风格。

（3）传统历史街区

太平巷片区：明清时期由于船运发达而形成的临河繁华区域，具有一定的历史文化价值，片区街巷空间还保留原有的空间形式，建筑物的情况普遍较差。

四圣祠街片区：现存民国时期教会建筑较多，如原教会医院中的神学院、制剂室、部分民居等分布较为集中，建筑质量和艺术价值也较高。由于缺乏应有的保护，建筑间缺乏历史风貌的衔接，历史整体感缺失。

祠堂街片区：位于市中心主要干道围合成的三角地中，主要为民国时期的历史建筑，且保存较好。由于临近人民公园，保护前景较为乐观。

（4）历史文化风貌区

杜甫草堂风貌区：杜甫草堂是成都市区主要历史文化与旅游景点，与周边的浣花溪公园、琴台路、送仙桥古玩市场形成草堂旅游经济圈。

武侯祠风貌区：武侯祠作为纪念三国时期蜀国诸葛亮的祠堂，是成都市最为重要的旅游景点。现在武侯区正在进行该片区的整体改造，以推动以武侯祠为核心的"蜀汉—三国文化旅游城"经济圈的形成。

青羊宫风貌区：青羊宫为西南地区规模最大、也是成都市内年代最久远的道教宫殿。由于紧邻一环路，地理位置优越，毗邻文化公园、百花潭公园、琴台路，已经形成了融历史文化、游园休闲、餐饮娱乐于一体的经济商圈。

金沙遗址风貌区：金沙遗址的发现是继三星堆之后的又一重大历史突破，将改写成都的历史，并使成都历史考古发掘形成完整的体系。随着金沙遗址的名声远扬，该片区计划建成为集旅游、休闲、展览、居住于一体的文化片区。

（5）传统产业街区

量具刀具厂产业街区：20世纪50年代工业建设时期最为庞大的工厂之一，有大批带有苏式风格的办公和工业建筑，建筑质量较好。

无缝钢管厂产业街区：从新中国成立初期到目前最现代化钢铁产业的痕迹保存完整，厂区内大量超长度与跨度的大型厂房，极为少见。攀钢集团收购成都无缝钢管厂之后，将厂区迁至青白江，而这一片区将会改造成为居住、休闲、商业、创意产业新区。

三、宽窄巷子历史文化保护区规划建设历程

2002年4月开始，由成都市规划局和西南交通大学建筑文化与传统建筑研究中心共同组织开展"成都市历史文化保护区研究及利用"的课题；2003年先后组织了三大保区保护规划的编制工作：清华大学建筑学院编制的文殊院历史文化保护区规划、新加坡山鼎建筑师事务所编制的大慈寺历史文化保护区保护规划、西南交通大学建筑学院编制的宽窄巷子历史文化保护区保护规划。

2003年新的城市总体规划修编，在历史文化名城保护规划中更加严格和详细地指出保护历史文化街区，并对历史文化保护区的保护范围、数量、方

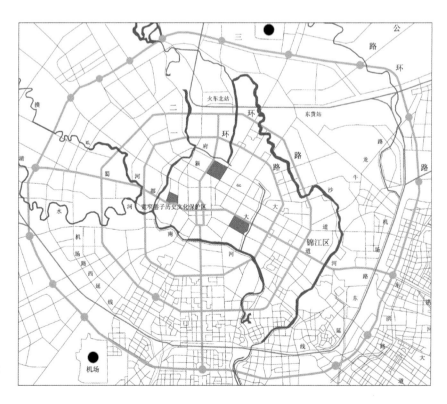

图3-9 成都市三大历史文化保护区位置图

法、措施有了更进一步的规定。在此基础上，大慈寺、文殊院、宽窄巷子三大历史文化保护区的保护规划相继编制，水井坊、太平巷等历史街区的保护工作也全面展开。

为了更好地进行成都市历史文化保护区的保护与更新工作，分别由成都市统建办、各区政府开展工作。2003年初，由成都市政府牵头，成都投资集团和青羊区政府共同出资组建成都少城建设管理有限公司负责宽窄巷子历史文化保护区的具体实施工作。经过对多家规划设计单位的考察，成都少城公司确定由清华大学建筑学院、北京清华安地建筑设计顾问有限责任公司进行宽窄巷子历史文化保护区的修建性详细规划和建筑改造设计。

2012年7月11日上午，刘晓健（原成都市青羊区政府副区长/现少城公司总经理）在井巷子26附1的办公室里接受了我们的采访。他回顾了整个项目的开始："宽窄巷子这个项目是2003年开始启动的，我们少城公司是2003年6月份组建的，当时成都市政府为了宽窄巷子的街区保护性政策和开展工作，就由青羊区政府和青羊区的一家国有公司联合参与股份制组成了少城公司。实际上国有公司占80%的股份，青羊区占20%的股份。少城公司应该说是一个国有性质的，不管是市政府的公司或青羊区的公司，都是国有权属的。当时成立了少城公司之后，就要开始实施保护工作了，最先是做了规划，之前由成都市规划局委托西南交通大学做了一个宽窄巷子的保护性规划，这个规划相当于一个控规，要粗糙一些。后来我们公司成立之后，跟西南交大的季富政老师联系，季老师是一位很有名的老专家，跟刘伯英老师他们都是很熟悉的。我们跟季老师打了多次交道，后来季老师成为少城公司宽窄巷子这个项目的专家组成员之一。西南交大做的这个控规我们感觉到宽窄巷子必须保护，它作为成都三大历史文化保护区之一，是早在20世纪80年代就确立了的。这三个保护片区除了宽窄巷子还包括文殊院和大慈寺片区，而实际上大慈寺当时已经拆得面目全非了。时任建设部副部长的仇保兴来成都以后，他是批评了成都的，大慈寺已经被拆得差不多了，然后文殊院片区也拆得差不多了，就唯独宽窄巷子还保留着；所以就严格要求我们按照历史文化街区的保护来做好这个事情。"

刘晓健谈到了同清华安地公司合作的机缘："少城公司成立之后，基本上把全国最主要的几个设计大院都考察了，跟清华也做了接触，通过这一圈了解和比较之后，最后我们选择了清华安地，由刘伯英老师和黄靖他们具体来负责操作的。我们为什么选择了清华安地呢？因为我们感觉清华的几位同志一方面确实在保护的理念上很全面，对核心的问题把握得很准确，他们不是纯粹的只达到简单保护的目的，而是既要完善地保护又要合理地利用，很好地把二者结合起来，这点非常符合当时我们对宽窄巷子的定位。因为宽窄巷子最早我们在介入的时候实际上已经成了成都市的一个破旧的贫民窟，是一枚定时大炸弹，一下雨就淹了。而它又是成都市三大历史文化保护街区的最后留存的一片，可以说是'绝版'，是城市化改造中仅存的'遗珠'，也是当时保留得最完整的。"

徐军（原成都少城建设管理有限公司副总经理）也简要介绍了宽窄巷子项目的由龙去脉："最早是20世纪80年代，成都被国务院认定为历史文化名城之后，1988年就编制出了宽窄巷子历史文化街区的保护规划。这个规划出来之后，实际上对历史街区也好，文物也好，历史建筑保护也好，保护的概念是明确了的。另外这一区域长期以来有大量居民在此居住，随着城市的发展和周边经济的活跃，宽窄巷子居住地人口越来越多，越来越杂，对于保护来说就越来越困难，保护首先要面对居民搬迁等很复杂的问题，保护工作一直没有启动。到了2002年、2003年的时候，当时成都市委市政府把这个历史街区文化保护作为一个重要的事情提到了议事时程上。同时纳入保护的是三个片区，一个是宽窄巷子片区，一个是文殊院片区，还有一个是大慈寺片区，水井坊是后来才搞的。那么三个片区保护任务，在2002年、2003年的时候，就分别被交给了三个国有公司来承担。一个是城建办，一个是锦江区政府，一个是当时的少城公司。少城公司是由成都建投跟当时的青羊区政府共同组建的，作为项目业主来承担整个宽窄巷子的保护、建设以及今后的经营管理，这是当时的一个历史背景。清华安地经手之后就开始进行摸底、调查、测绘、研究、编制规划，进行建筑设计。从2003年开始，刘伯英老师带领清华团队在这个项目上投入了大量精力，配合我们的建设，一步一步地实施，直到开街，这是一个漫长的过程。"

宽窄巷子历史文化街区规划建设大事记

2003年10月，少城公司正式委托清华大学建筑学院、北京清华安地建筑设计顾问有限责任公司全面进行保护区保护与修复工程的规划与建筑设计。自2003年起，保护工程就成为成都市的重点项目，政府的目标是将保护区建设成"老成都名片，新城市客厅"，利用保护区的保护与修复，向世界展示成都市深厚的历史文化内涵与现代成都的精神风貌。

设计主要工作内容

- 现场调查与保护规划的补充（2003.10~2003.12）
- 概念规划、修建性详细规划（2003.12~2004.4）
- 传统院落保护建筑测绘（2004.6~2004.8）
- 招商规划与建筑设计（2004.5~2004.6）

- 样板区建筑方案设计（2004.6~2004.8）
- 总体建筑方案设计（2004.8~2004.10）
- 传统建筑施工图设计（2004.12~2005.12）
- 新建建筑初步设计（2005.8~2005.12）
- 农贸市场改造方案设计（2004.12~2005.1）
- 东广场方案与施工图设计（2005.2~2005.5）
- 景观方案与施工图设计（2007.6~2008.2）
- 现场修改设计等多项工作（2007.3~2008.10）
- 商业规划配合（2007.5~2007.8）
- 各院落商家室内装修配合调整（2007.8~2008.10）
- 抗震加固设计（2008.10~2009.10）
- 土地与规划审批、工程验收（2010~2011）

宽窄巷子历史文化保护项目的进程

- 2003年初，成都少城建设管理有限公司成立，专门负责宽窄历史文化保护区的保护与更新工作。

- 2003年4月，由西南交通大学建筑学院编制《成都宽窄巷子历史文化保护区保护规划》。成都市规划局和保护区专家委员会提出修改意见。

- 2003年10月由清华大学建筑学院、北京清华安地建筑设计顾问有限责任公司开始对保护规划进行修改，并作实施修建性规划设计。

- 2003年12月，宽窄巷子搬迁工作开始，由于受到媒体关注，居民反响较为强烈，舆论压力造成动迁工作进展缓慢。

- 2004年5月，实施规划经成都市规划委员会评审通过。

- 2004年6月，对宽窄巷子历史建筑进行全面测绘，共计41个院落。

- 2004年8月，完成建筑方案设计，同时对实施规划进行部分修正。

- 2004年10月，宽窄巷子样板区宽巷子16号、窄巷子1号开始落架重修；同期宽巷子东广场与长顺上街农贸市场改造开始。

- 2005年春节后，动迁工作再度展开，进展较快；同时确定部分居民以不搬迁形式参与历史街区保护与更新工作，实施规划再次作出调整。

- 2005年8月，一期工程保护院落的维修与重建全面展开。

- 2006年春节，样板院落对外开放，获得专家、媒体、居民一致好评。

- 2006年4月，宽窄巷子历史文化保护区设计项目通过初步设计审查与消防专项审查，进入建设项目程序。

- 2006年5月，宽窄巷子东广场和农贸市场立面改造全面完工。

- 2006年8月，动迁工作基本结束，预计2006年年底一期保护与改造院落完成，二期工程展开。

- 2007年3月，文旅集团主管宽窄巷子项目，景观设计工作启动。
- 2007年5月，招商工作全面展开。
- 2007年12月，景观设计施工图完成，景观施工开始。
- 2008年2月，招商工作基本结束，建筑设计修改配合完成。
- 2008年3月，入住商家开始全面装修施工。
- 2008年5月12日，汶川大地震未对宽窄巷子造成影响，为保证安全，进行结构安全鉴定与加固设计。
- 2008年6月14日，宽窄巷子部分竣工，举行盛大开街仪式。
- 2008年10月1日，黄金周期间，游客过百万。
- 2009年完成宽窄巷子结构加固施工。
- 2010~2011年完成所有院落全部工程竣工手续。

典藏范本·创新复兴
全景式保护建设进程（2003~2008年）

　　2003年，成都市宽窄巷子历史文化片区主体改造工程确立，这不是简单粗放的重造，而是精细巧妙的复兴建设。该区域将在保护老成都原真建筑的基础上，形成以旅游、休闲为主、具有鲜明地域特色和浓郁巴蜀文化氛围的复合型文化商业街，并最终打造成具有"老成都名片，新都市客厅"内涵的"天府少城"。2004年宽窄巷子进入工程施工阶段。2005年，成都市对近现代历史建筑与工业遗产进行全面普查，历史文化遗产的保护趋于科学化、全面化。2006年10月，保护修复的文殊院历史文化保护区竣工开街，对宽窄巷子起到示范作用，确立了宽窄巷子以院落为单位、循序渐进、分步实施、有机更新的实施模式。2008年6月，宽窄巷子历史文化保护区保护修复工程竣工。

　　在整个项目建设过程中，制定了"策划为魂，保护为本，落架重修，修旧如旧"的保护原则，修复了传统院落45个，建筑面积3万多平方米，建成地下停车场11000多平方米。现有餐饮、酒吧、旅店、茶馆、零售、健身等多种业态。2008年6月14日(第三个中国文化遗产日)整体改造后的宽窄巷子正式开放，成为"5·12"地震后成都旅游业复苏的标志。

　　在保护老成都原真建筑风貌的基础上，宽窄巷子被打造成为一个秉承成都少城、满城、胡同、四合院历史文化精髓，汇集成都原真生活、餐饮服务、休闲娱乐、精品零售、创意设计、时尚婚庆、艺术中心和高档酒店会所等多元化高端服务的综合性时尚休闲商业街区，是老成都中的一个体现中西文化交融的"新客厅"。

一、独茧抽丝——宽窄巷子保护规划设计的原则和措施

1. 总则

宽窄巷子历史文化保护区的保护范围由三部分组成：以宽巷子、窄巷子、井巷子组成的片区为核心保护区；金河路以北、泡桐树街以南、长顺上街以西、下同仁路西侧50~100米用地范围以东为建设控制区；整个少城地区，北至羊市街、南至少城公园（人民公园）、东至顺城街、西至西郊河应为风貌协调区。

（1）明确重点保护内容

"保护什么"是保护规划面临的首要问题，世界各国对这一问题的认识在广度和深度上都有一个逐步深化的过程。我们认为，宽窄巷子历史文化保护区的保护，不能仅仅停留在一地一物，而要深入成都的历史、少城的演变、街巷的发展、建筑的更新。

首先应尽力发掘少城文化内涵，以宽窄巷子片区带动整个少城历史风貌的恢复与展现。这其中包括少城道路格局的保护，将军衙门、少城城墙和城门的意向性展示，以及西郊河改造与金水河的恢复等。

其次应保护宽窄巷子历史街区与周边文物保护单位和传统文化片区的整体风貌和协调发展，城市轮廓线的确立，河湖水系的建立，建筑群体特征的有效识别（建筑形象、建筑高度、屋顶平面等），古树名木园林景观等。

第三是保护街巷、院落形成的历史空间结构和肌理。包括宽巷子、窄巷子、井巷子、支矶石街、长顺下街、下同仁路等街巷的格局与风貌，传统院落空间的格局与风貌，传统的屋顶肌理等。

第四是保护传统院落和有价值的建筑、构筑物或局部（门头、雕饰、木构件、石刻等）。包括保护较好的木结构建筑、砖木结构洋楼、临街巷的木门头、砖门头，保存较好的木雕饰，如撑栱、挂落、垂瓜、门饰、窗饰，保存较好的石雕，如门墩、柱础、碑刻、拴马桩等。

最后应保护其他历史遗迹和历史文化内涵（历史事件、历史人物等），包括古城墙（现存控制区成都军区后勤部院内）、古井（井巷子西侧）等遗迹，与民国时期重要人物蒋介石、刘文辉、邓锡侯、潘文华等历史人物历史事件相关的建筑载体。

（2）确立保护规划的原则

原则包括以下五点：

一是严格保护历史遗存的原则：尽量保存历史遗存的原物，保护历史信息的真实载体。历史遗留的原物是包含着大量历史信息的，它的特别珍贵之

处在于它可以不断地被研究、被解读、不断有所发现。

二是重点保护历史风貌的原则：重点突出整体风貌特色的保护，重点保护外观，保护构成街巷外观的各个因素。

三是保护与合理使用相结合的原则：在保存历史风貌的前提下，坚持降低人口密度，改善基础设施，提高绿化率，控制建筑密度，优化街区环境，最大限度地合理使用历史建筑，丰富其使用功能，从而增加社区的可持续发展能力和保持活力。

四是居民参与原则：在街区保护与更新中应通过政策引导、住房制度改革、搬迁制度改革等措施，在政府资金、社会资金的扶植下，调动一部分有条件的居民的参与积极性，真正让传统风貌的保护成为居民的自觉行动。

五是有机生长与可持续发展原则：有重点、有目标，"微循环式"，分期分批，坚持不懈。

2. 措施

根据之前所做的宽窄巷子历史文化保护区现状调查及通过讨论与思考确立的保护规划原则，从规划至建筑，各个层面确定了具体的保护措施。

（1）调整用地功能

宽窄巷子历史文化保护区属于整个成都市历史文化名城保护的一部分，从用地布局和使用功能上应考虑到整个城市的发展，应该为弘扬城市历史、展示城市文化、增添城市活力作贡献。不应局限于简单的城市居住功能，让这片保护区成为少数富人拥有的居住区。

所以保护规划首要确立的是：调整不合理的功能结构与用地布局，核心保护区规划为以文化、商业、旅游、餐饮、休闲、居住为主的多功能复合型区域，迁出工厂、部队单位、行政单位，疏散居住人口，增加绿化用地和停车设施，改善核心保护区的生活条件。

刘晓健认为，对宽窄巷子的定位一定得有前瞻性，保护以后要做历史文化商业还是仍然做居住，实际上当时我们是有争论的。既然给成都留下了这最后一片，它传统的历史资源和文化资源就必须让整个成都市的老百姓都来享受，以至于外来的游客来成都游玩也可以到宽窄巷子感受一下，那么定位就应该是把它做成一个历史文化商业，成为旅游文化经典，而不能只是恢复成纯居住。假如搞成居住，不外乎是开发成住宅，把这个地方建成二三十个豪宅，最后的结果可能就是老百姓对这里敬而远之。虽然宽窄巷子是个历史文化片区，但变成了豪宅区，那它就不会像今天的宽窄巷子一样对市民开放，在成都市乃至全国以及世界上的影响都很大。所以当时我们就把它定位

图3-10 宽窄巷子历史文化保护区实施规划鸟瞰

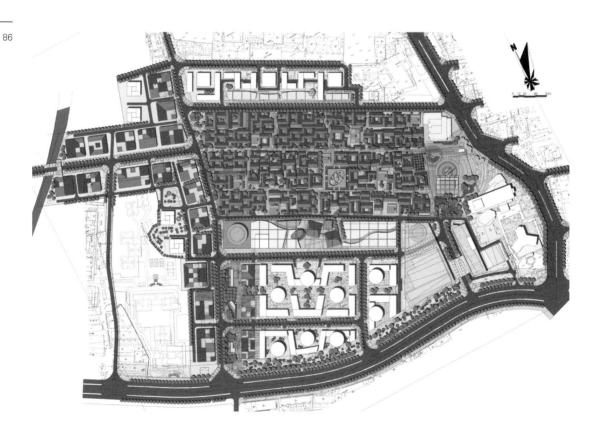

图3-11 宽窄巷子历史文化保护区实施规划总平面图
资料来源:《成都宽窄巷子历史文化保护区实施规划》

为历史保护文化旅游休闲娱乐的一个片区。

（2）改善交通环境

要让宽窄巷子历史文化保护区得以更新并具备现代城市功能，交通是不可回避的重要因素，尤其是整个控制范围内的机动车及人行交通组织，如何做到既保护传统街巷的空间环境与历史景观风貌，又合理地解决现代城市交通发展需求，将关系到整个街区的活力及未来的可持续发展。

具体措施包括如下：

交通系统上，限制过境交通的穿越，将核心保护区内的宽巷子、窄巷子改为步行街，同时采用多种交通规划方式以解决出行、到达和车辆停放的问题，并确保不破坏原有的历史风貌特征和街巷空间尺度；其次对于道路宽度、坡度、转弯半径、道路边缘与建筑物的间距、消防车通道的设置等在参照国家标准的基础上，依据历史文化保护区的现状与环境要求，作适当降低标准，采取其他补救措施，满足消防要求。

交通方式上，尊重原有的交通方式与特征，尽力维持原有的道路格局、街巷空间尺度，采用传统形式铺砌路面，并对保护区内的道路交通设施进行改善；另外也兼顾旅游交通的发展。

最后在道路实施方面，考虑远近期相结合的方式，远期目标达到理想状态，近期则具备足够的可操作性。如果有些措施在近期确实无法实施，则通过加强交通管理的方式予以弥补。

（3）确立保护模式

确立街巷—院落—建筑—构件四位一体的保护模式，重点体现原真性、整体性、恢复性及经济性特征。

原真性：悉心保护目前保存较好的民居院落，包括其平面格局、立面形式、结构特征、细部装饰、绿化景观及周围环境，使特定时期的原真历史文化特点能够得到延续。

整体性：保护的手段必须符合当地的历史文化、风俗习惯、居民情感等，应与整体城市历史风貌相协调。

恢复性：历史街区的保护、更新过程中，一些辅助的街巷公共设施、铺装、装饰都应以恢复历史风貌为原则，其尺度、质感、材料、色彩、形式都必须具有地域传统特色。

经济性：通过对保护区用地性质的转换，提升区域价值，激活城市活力，实现历史文化的可持续发展。

此外，宽窄巷子的保护更新还遵循重点保护、合理保留、普遍改善、局部改造的分级保护措施。

确立保护的各项技术措施：

保护：保存现状院落格局与建筑物，真实反映历史遗存。对较完整民居院落采取保护的方式，对个别构件加以维修，剔除近年新加建部分。该方式适用于一类全部、二类大部分院落。

维修：原有院落主体格局不变，在保护原有院落格局与建筑风貌、整治外部环境的同时，重点对建筑内部加以调整改造，强化建筑结构并修缮破损的建筑构件。该方式适用于二类部分以及三类、五类院落。

复原：保护规划设定的一、二、三类院落中已损毁的建筑，根据传统院落的格局进行复原，要保证格局、体量、形式、风貌的一致性与连续性。

更新：现存质量极差的建筑、影响历史风貌的现代建筑，应采取拆除重建、更新设计的措施。新建建筑在布局方式、建筑体量、立面风貌、材料质感、色彩形式等方面应与原有建筑取得协调呼应。该方式适用于四类、六类院落。

迁建：可将市区内其他地方质量较好、尺度合适的传统民居院落迁移至此。其原则是首先不破坏迁移地的历史环境风貌，其次是与迁至地的整体环境协调。

（4）恢复及改造绿化景观

更大范围景观营造的目的，是通过打造宽窄巷子优美的绿化景观，再现古少城郁郁葱葱、花草繁茂的景象，能够使人联想到"花重锦官城"的意境，形成有层次的景观系统。主要措施包括：

首先是保护古树、珍贵树种及有特色的灌木花草，扩大街区与庭院的绿化覆盖率，调整绿化空间结构，形成街区—街巷—庭院、地面—地上—墙外多个层次的绿化景观。

进行绿化系统规划，建立包括公园—街道—绿地—庭院在内的分层次绿化系统；保护沿街现状品质较好的行道树，并通过补种、移植等手段，完善现有绿化。

结合保护区整体规划，设置东广场、西广场。

沿西郊河、金河路、下同仁路规划绿化景观带；在街巷的重要节点处增设"微型"绿地，改善街巷内部环境；整合庭院内的小型绿化空间，突出传统四合院的绿化特性。

（5）全面升级市政设施

历史街区的街巷一般比较狭窄，市政设施很不完善，既影响了历史街区的环境与声誉，又给居民生活造成极大的不便，所以如何充分协调保护与更新改造、发展城市活力与改善居民生活的关系就成为保护规划的重点。为解决现代化市政工程设施与历史街区风貌保护的矛盾，进行市政工程规划时遵循如下原则：

市政工程设施要服从保护历史街区的风貌要求；

历史街区的保护中，要本着"方便居民生活，有利旅游提升，提高环境质量，促进持续发展"的规划思想考虑技术要求；

结合街巷特点，因地制宜，寻找最有利的技术途径，节省投资和运行费用；

技术安全可靠，维护管理方便，提高规划的可操作性，便于专业部门实施。

在具体的设计中，根据保护区规划中的竖向设计，并结合长顺上街、下同仁路市政主管道标高，综合考虑设计宽窄巷子市政管线。一方面，由于宽窄巷子局部街巷宽度不足，按照保护的要求是不允许拓宽的，所以管线间距应按照相关规范采取标准的下限，或者采用综合管沟的办法，并尽量采用新材料、新技术和新的施工工艺，以确保历史建筑的安全。另一方面，鉴于保护区现状街巷两侧多为传统院落的特点，宽窄巷子管线采用枝状布置，尽量减少接口，减少井盖；同时在保护规划中提出"院落空间市政管线室内设计法"，这一方法的使用既适应了院落空间用地狭小不好开挖的现状，同时又能满足规范要求。

（6）消防安全的技术实现

历史街区与历史建筑的火灾隐患巨大，而且一旦失火，后果又特别严重，所以在规划中消防安全设计是整个技术设计的要点。同时也必须在技术保障的前提下，建立良好的消防协作机制，警民携手，这样才能共同保护好历史文化遗产。具体来说将通过以下六个方面来实现消防安全：

①街区内火灾隐患较多，须从各方面完善消防设施，彻底贯彻以防为主的防火意识。

历史街区存在火灾隐患的原因是多方面的。诸如传统街区街巷狭窄，窄巷子最窄处不足4米，经常有机动车随便停放于巷子中，阻塞消防通路；重点保护区多为木结构建筑，没有任何防火措施；近年来改善居民条件，加装了强电、弱电等线路，布线十分杂乱，且都直接装于木板壁上；另外随着人口增多，私搭乱建严重，庭院与通道大多数被占用，如遇火灾将无法疏散；而当地的居民严重缺乏防火意识，建筑内堆积大量易燃物品；老龄居民也偏多，遇险情后不易逃生，且大多不会使用简易灭火装置等。所以改善建筑结构、加强现代化防火技术措施、降低保护区人口密度、贯彻以防为主的消防意识等措施都是行之有效的方法。

②消防分区的设置

宽窄巷子街巷长度约为四百米，历史演变过程中并没有南北向的通道，只是有几处院落分别在两条巷子上开设大门，本户居民可以南北穿行。核心保护区整片建筑群鳞次栉比，极富传统韵味。为达到既不破坏传统屋面的连续感，又有效保证防火的要求，应在适当位置作防火分隔处理，实现分区、分段消防。

保护规划在保持传统街巷风貌的前提下，在宽巷子与支矶石街之间、宽巷子与窄巷子之间、窄巷子与井巷子之间各设置三至四条通道，将传统低层建筑群划分为14个消防分区，每个消防分区沿街巷长度控制在100米左右。相邻分区的院墙及建筑物，采用符合规范要求的防火措施保证消防安全。

③街巷公共区域与庭院私密区域的室内外消火栓的设置

核心保护区均为院落形式，建筑多为传统穿斗木结构，防火要求较高。整个保护区设有室外消火栓系统，院落建筑设室内消火栓系统。

室外消火栓系统与室外给水系统共用同一供水管网，水源来自市政自来水。室外消火栓布置充分考虑相邻建筑的协调兼顾，水量、水压均由室外管网保证。室外消防用水由宽窄巷子的市政管线提供，按照建筑设计防火规范，保护区内各院落间距较小，水量需按成组布置考虑。其消防水量按相邻较大的两个院落计算，消防水量为25L/s。100米左右布置一个室外消火栓。

④建筑与室内装饰的消防措施

室内消火栓用水均引自街巷的市政给水管道，消防水量10L/s。保证院落内任意一点有两只水枪的充实水柱同时到达。院落内消火栓考虑到人员比较密集的可能性，疏散较困难，为便于非专业人员防火自救及火灾初期控制，消火栓增设了消防水喉设备，均采用落地式自带室内消火栓、消防卷盘和灭火器的消火栓箱。每个消火栓处放置磷酸铵盐干粉灭火器（MF4）两具。每个消火栓保护半径25米。

⑤火灾报警的综合控制

为预防木结构建筑物的火灾危害，保护人身和财产的安全，立足火灾的早期发现和扑救，采用下列防火措施。在院落所有房间（厢房、正厅、过厅、敞厅、正房、辅助用房、门房、店铺、堂屋）设置感烟探测器。在厨房设置感温探测器和天然气泄漏可燃气体报警探测器。在过廊、公共场所的适当部位设置手动报警按钮（含消防对讲电话插孔）和设置声光讯响器。燃气表房设置天然气泄漏可燃气体报警器。当发生火灾时，探测器动作信号延时确认或有人打碎报警按钮后，在区域火灾报警控制器上，便发出火灾报警信号并触发警铃，同时显示着火区域，并将火警信号送至消防监控室的集中火灾报警控制器上，触发警铃，监控人员从以上信号得知发生火灾的位置，及时采取相应措施，指挥疏散与灭火，把火灾事故控制在最小的范围。

⑥消防保障措施

消防支队设立专门的历史保护街区监控系统，为适应街巷狭窄的特点，专门引进小型消防车常驻现场，随时准备进行火灾扑救；保护区居民、商家与管理部门成立安全小组，负责日常火灾安全宣传与监督。开展消防演习，提高警惕。

二、积基树本——宽窄巷子规划设计方案

1. 概念规划方案

在充分的调查研究与理论学习基础上，2003年10月至12月陆续完成三个概念规划方案。"协调"、"介入"、"对比"为三个方案的不同主题思想，经向相关专家、领导汇报得到了充分的认可。

2. 实施规划方案

在概念规划的基础上，2003年12月至2004年1月，又完成了实施规划的三个方案，正式作为规划成果提交。方案延续原有概念规划的三个主题思想并加以强化和完善。经向成都市领导、专家、主管部门、实施单位汇报，获得高度评价并一致认为第二种设计思路比较符合实施理念，建议作为修建性详细规划的基础。

3. 修建性详细规划

2004年2月至4月，完成了修建性详细规划，并于4月29日经成都市规划局专家评审会汇报，获得通过。后又向建设部领导汇报并得到认可。5月经成都市规划委员会审批正式通过并公示。

4. 招商规划

2004年5月，为配合成都市政府与少城公司国内外招商计划，进行总体招商规划与商业策划，重点涉及宽窄巷子传统院落区、井巷子时尚商业区、28中综合商业区、金河路市中心区等重要地段。

图3-12 规划方案一模型

图3-13 规划方案二模型

图3-14 规划方案三模型

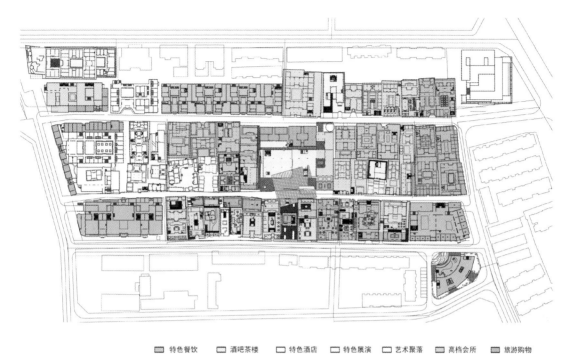

特色餐饮 酒吧茶楼 特色酒店 特色展演 艺术聚落 高档会所 旅游购物

图3-15 业态规划图

三、观往知来——宽窄巷子规划设计大家谈

经历了规划方案、商业策划与规划，以及消防和交通等一系列专项规划设计，宽窄巷子历史文化保护区的建设落到了实处。设计方案在建设实施过程中及时得到反馈。由于建设与实施过程非常复杂，而且时间漫长，因此项目实施过程中的效果评述和反思，对项目的最终完成至关重要。

1. 举步维艰·锲而不舍——晓健说推进

浮光流影歌声长，宽窄巷子历史文化街区保护建设的最终目的是改善人居环境，营造更宜居的生活家园，提升片区吸引力和文化软实力。实施过程中必须严格区分"危房"与"旧房"，明晰产权，建立长效机制，同时拥有广泛的居民参与并完善市政基础设施配套建设等。

对此，刘晓健感触颇深："我们保护的原则和理念，清华和少城反复讨论过，应该是一种动态性的保护，把传统和现实结合起来，有一个历史的外壳，旧瓶装新酒，整个历史文化街区的建筑风貌得根据这种原则来保护，这个地方肯定不做居住，那就得把一些现代的生活的方式引进来，加上当今的元素和传统的元素融合起来，使得历史文化街区更有生命力。这种动态保护的理念与原则还贯穿到整个保护的过程中，一方面必须动态地来实现保护，另一方面保护和利用得结合起来。在这个过程中我们有几处院落做出来之后，我跟刘老师还有黄靖都讨论过后觉得不合适，修好了又拆掉了，为什么呢？因为现在的使用功能和空间尺度跟以前相比有很大不同，完全按照原样修在使用上是有问题的。最终的结果是整个格局基本保持了的，但比如一些部分，尤其是建筑的开间、进深和高度，我们结合功能需求是调整了的。我们总结了四态，就是形态、业态、生态还有文态，要结合得非常好，才能把宽窄巷子做成精品，必须是四态合一才能实现。我们跟清华安地一起规划，按照保护原则来循序渐进地推动这个事情。"

对宽窄巷子的保护没有先例，清华刘伯英老师制定的保护分级是原创性的研究。关于这段过程，刘晓健回忆："由于没有先例，本来我们全国各地找，认为做得比较好的都去走了一遍，包括杭州的清河坊街，那是仇部长当时在杭州当市长的时候主持完成的，我们去看了，那边主要是统一的图纸，模式化拼起来的，于是我们就得琢磨这边该怎么来做。刘老师将保护分为六个等级，依次分类有一类保护、二类保护等，作为一、二、三类保护我们都是严格保护，四类以及五、六类，特别是最后那两类，主要是现代建筑，并且是那种很低质的建筑。在这个地方风貌也不相配，好好的街区突然冒出来五六层的简易楼房，或者贴着白瓷砖和安着铝合金窗户之类的房子，你说说咋个得行。一、二、三类就好得多，一类建筑基本上格局、构架各方面都比较好，二类会稍微逊色一点，三类就是大的构架还不错，四类建筑是只有一些门窗可以用，等等，还有很多细致的界定和梳理，这是当时清华安地做的很独特的贡献，由此可见我们前期工作的确做得比较扎实。"

同时，搬迁也是个大问题。只要谈到宽窄巷子的保护改造就必然涉及搬迁环节。实际上在2003年启动项目的时候，当时的想法是基本上不留原住民，采取异地安置，要让街区更新。整个宽窄巷子900多户人家。搬迁应该说是经历了一个过程，一开始的动迁老百姓是非常支持的，因为在这个地方说得直接点，那种生活是"水深火热"的，夏天时稍微下个中雨，还不是大雨，院子就全淹了，根本就没有排水，都是原来的那种土道，雨水污水没有分流，缺少排水明沟，进不了城市的管网。此外还有电线的老化等诸多问题。所以老百姓是很愿意搬的，特别是一些住在这里的老人也愿意搬。大概在2004年春节过后，就开始搬迁工程，2003年11月份就取得了许可证，动迁会也召开了，老百姓都来参加动迁会。请专业的评估公司来评估整个宽窄巷子里老百姓要搬迁的院子的价值，计算每家多少钱，都是老百姓在动迁会上亲自把成都市十几个这样的房地产评估公司写在乒乓球上，进行抽签，抽到谁就让那家来评估，并不是指定来做的。所以是阳光搬迁、政策搬迁，一切都公开透明，通过这次搬迁能让老百姓得到更好的人居环境。实际上几个安置点都非常漂亮，可以说都是花园小区，都在三环路以内。

后面大概搬迁做到400户左右的时候，出现问题了。刘晓健回忆："从2004年启动，过了春节到6月份，仅仅三四个月时间我们就做了400户，进度很快的，但此时有几户是真正的有钱人，他们不想走。比如成都市最富的仁和春天的老总，宽居到现在还留着，他们这些人不愿意搬就在中间做了些不好的示范，当时也做了评估，宽居大概是5000块钱左右一个平方米，这在2003年是非常高的，2003年老百姓的房子在很好的位置才1630元，那时候北京的楼市均价也才2000元左右。这些人不想走，说他的装修每一块砖都是意大利空运过来的，在2003年他说装修价值有一两千万，有些老百姓就跟着他们了，加上2004年下半年到2005年房地产开始抬头，那么2003年评估的价格在老百姓这里就产生问题了，这是一些因素。反过来说，假如不按当初的政策，前期搬走的那四五百户又会有意见了，2003年到2004年初给他们的这套房子或者货币中介，比2005年每平方米少了1000元，老百姓就觉得我们先走的，怎么后搬的人还拿得更多了，那心里面就会不平衡了，这些对我们都是一种考验。实际上走了400户以后，再加上2004年国庆节前后，整个成都市的新闻媒体都有老百姓上访、搞事、要钱，各种采访报道，刘老师也知道的，当时的工作完全陷入僵局。从《四川日报》开始，《成都晚报》、《成都商报》、国家媒体都在曝光宽窄巷子，说搬迁不公平，毁坏历史建筑，老百姓沸沸扬扬，一时间少城公司仿佛成了历史的罪人一样，那个日子真是难过。"要不要拆，拆了之后怎么建，建成什么样，这些问题一环套一环，都十分紧迫。

2004年夏，在负责宽窄巷子改造工程的会议室里，摆放着宽窄巷子历史文化街区保护性改造的设计模型。清华安地团队认真规划，圈出保护区域。模型中，宽窄巷子将需要保留的建筑标识为青灰色，而把将要拆除重新修建的区域标识为白色。其中青色的部分占85%，这些老建筑都将保留下来。2004年规划时，宽窄巷属于新中国成立前的老建筑，占整个片区的比例不到50%，而将保留的老建筑，又占这50%里面的85%左右。这样算下来，属于保护范围的老建筑，占整个片区建筑的40%左右。

在具体的实施过程中，片区内的房屋和历史遗存共分成6类，其中，属于保护范围的有三类。第一类是有历史内涵、信息，建筑保存较好的老建筑，这类基本不动，这部分建筑在整个片区中所占比例大约是15%。第二类是有一定损害的古建筑，这部分的比例占整个片区的16%~20%，这部分老建筑将视具体情况进行修缮。第三类是损害较大的古建筑，这部分建筑在以前经过多次维修和改造，年代很难界定其是属于新中国成立前还是新中国成立后，这部分的比例在7%~8%。第四、五、六类建筑则将全部拆除。这部分建筑主要是在近二三十年或20世纪60年代以后至今，住户自己搭建的临时建筑。

在模型制作完毕前，成都市规划局对巷子定位为"以文化功能为主的高档服务区，通过保护区的建设和先期环境的改善，有效提升地段的文化、环境品位，进而提升地段的价值"。2008年5月，宽窄巷子45个完整院落式建筑的改造基本完成。一个月后，宽窄巷子改造正式完工。仅在2009年底，宽窄巷子共接待游客700万人次，实现1.1亿元的消费产值。2005年4月，宽巷子1号，这个曾经的农贸市场，变成了宽窄巷子第一个样板间。在巷子中生活了半辈子的原住民们望着小青瓦、花格窗、雕梁画栋，想象着宽窄巷子的未来。在那段时间，巷子东入口处已开始栽植一排桢楠树，并设置绿色篱笆，区域的步行道开始铺设青石板和黑色花岗石，上面还将镶嵌上取材于老成都故事和有关宽窄巷子的典故、传说中的浅浮雕，而在宽窄巷子几处老宅的房梁上，曾用青石雕花刻出的八仙过海神话，已被岁月的雨滴打得模糊了。

不仅是建筑，还有人。走还是留？走的话去哪里，留的话怎么做，涉及经济利益的纠葛、民众情感的选择，如何最大限度地保持平衡，原住居民的安置问题等，这是历史文化街区改造中必须面对的两难困境。刘晓健介绍道："大概九个月，从2004年国庆期间到2005年六七月份，每周一户的速度，完全僵持了。那时候房价还在噌噌地往上涨，雪上加霜，越涨对我们越是个难题。2005年6月份，成都的葛红林市长亲自开会，把少城和青羊区政府请过去，再次明确少城公司负责保护性建设，要拉出一个分步骤、分阶段的实施方案，因为已经进入僵持局面了，并且得重新启动，是非常困难的。市政府此时已经不能按当初的目标了，要求把已经搬迁了的院落尽快保护好，否则在这里人又走了，外来人员趁虚而入乱搭乱建，甚至有一些外来的吸毒的闲杂人员在此捣乱，所以市里要求尽快分阶段分步骤执行保护方案，我们就在2005年6月份报给了政府，政府也正式同意了这个方案。当时我们提出了一个观点，就是先易后难。因为前期腾走的400多户，其中有些是整个院落的住户都搬走，那院子就空出来了，有些是一个院可能原来有十户，搬走了八户还剩两户。根据先易后难的方针，把整个院落走空的立即落架保护，另外对部分搬走的院落进行集中清理，打攻坚战。争取动用一切力量达到半年的时间完成31个院落。全部是45个院落，半年做到是很艰巨的。"

刘晓健说："当时情况很复杂，我们认为哪怕最后只做到31个院落后完全推进不了了，至少也保护了这31个院落，大的气候是形成了，不外乎就还有原住民在里面，那也是可以的，就非要留着那也没办法。按照这个原则，然后由青羊区政府牵头，组织有资质的公司来全面做这个搬迁工作，少城公司更多地负责建设，青羊区政府负责搬迁。这样2005年、2006年又重新启动了，按这个思路，实际上少城公司始终和青羊区政府站在一起，目标是一致的。我是当时青羊区分管这块建设的副区长，青羊区政府参股占20%，2003年我因为岁数关系在政府退居二线，而这正好是政府的一个重要的历史文化保护项目，就把我派到这里来任总经理，来做这个事情。后来青羊区搬迁也挂了一个负责搬迁的副区长，我是少城公司老总，跟青羊区政府是一起来做这件事。在这种情况下，又在2005年以后，到2007年、2008年，我们完成了接近800户的搬迁量，腾出了45个院落，基本全部拆出来了。"

"为什么900多户只走了800多户？这里有几栋民宅楼最早是准备拆了重来的，包括清华团队的设计方案中也是这么安排的，因为这些建筑是在20世纪80年代末、90年代初修建的，结果只拆了8户。刘晓健等人现在使用的办公楼也是以前人家的住房，另外就是前边还有一个六层楼房，再加上宽巷子里的那个豪宅，有吉祥如意的牌匾有私家车库，仁和春天老板的那栋建筑，这些没有动。就这样，整整拆到了2007年，太艰巨了，花了四年的时间，最后只要出来一个院落就马上落架重修，直到2008年开街。"

刘晓健总结道："我觉得宽窄巷子在大的方面，前期定位、策划和规划很关键，很重要，我们算是找对了清华安地。后来我们文旅集团再做'宽窄水乡'，集团主要领导苗总专门跟我说还要把刘老师给请过来，宽窄巷子做得那么好，不需要找别的来设计，就还请清华来做就行了。清华把这个项目当做一个研究性的项目，这一点绝非一般人能做到的。清华这方面从研究到施工过程，和整个后期的过程，我们一直是配合得非常好。"

2. 有理有据·科学态度——伯英论保护

2007年12月29日第十届全国人民代表大会常务委员会第三十一次会议对《中华人民共和国文物保护法》进行了第二次修正，明确"历史文化街区是指经省、自治区、直辖市人民政府核定公布的保存文物特别丰富、历史建筑集中成片、能够较完整和真实地体现传统格局和历史风貌，并有一定规模的区域"。历史文化街区是历史文化名城保护的重点，它的保护不是简单的规划问题，而是一个综合的社会实践。

从历史发展来看，《雅典宪章》、《威尼斯宪章》、《内罗毕宪章》、《马丘比丘宪章》和《华盛顿宪章》体现了人们对历史建筑保护的一个认识过程。1933年的《雅典宪章》强调对有历史价值的古建筑的保护；对历史建筑遗产的保护是从单体开始，在欧洲最主要体现为教堂、宫殿，但实际上这种保护光注重建筑本身，没注重环境，周边出现很多不协调的建筑，这种建筑的保护脱离了原先生存的肌体，成为福尔马林式的保护。1964年的《威尼斯宪章》强调保护的不仅是孤立的建筑本身，还有见证了文明、发展和重大事件的城市或乡村环境；1976年联合国教科文组织第十九届会议上通过的《内罗毕宪章》提出城市历史地段和历史街区的概念；1977年通过的《马丘比丘宪章》提出要保护活的、有生命力的历史街区，继续发挥历史建筑经济作用；1987年的《华盛顿宪章》则更强调城市历史文化保护的整体性。

这种观念上的变化，其原因是很复杂的。《雅典宪章》提倡现代主义城市规划理论，就是城市功能分区理论，城市主要就是解决四大功能：人的居住、工作、休憩和交通。如何通过道路把居住区、商业区和工业区连接起来就是功能城市的目标，这种城市规划理论被很多城市采用，对历史文化的关注显然是不够的。第二次世界大战后，解决市民的居住问题是欧洲国家很多城市的主要任务，城市重建需要清理战争废墟、修建新的住房，各国都拆除了很多老房子和旧街道，这是破坏城市历史街区，或者说破坏城市传统的高峰期。为了适应战后城市发展的需要，现代主义的建筑理论成为主流，快速的、工业化的、批量化的城市住宅大量出现。而当这种"拆城"运动达到一定程度的时候，人们开始反思，认识到城市文化丧失了，城市"魂不附体"了。保护历史建筑、保护历史街区、保护文化传统逐渐成为历史的必然，社会需求是这种变化的主要原因。

中国城市化进程与其他国家不同，各个城市发展水平也不尽相同。像北京，20世纪80年代末、90年代初旧城改造凶得不得了，建立交桥、修住宅区，对旧房子旧街道的破坏比"文革"时还多。"文革"时主要是拆城墙、填护城河，对老百姓的房子破坏并不大，因为那个时候对城市建设的投资就很少。现在北京已经过了这个阶段，但是很多二线、三线城市还处于北京八九十年代的状况，城市中的危旧房改造是重要的民生工程。在这个棚户区改造的过程中，每天还有大量有价值的历史建筑被拆毁，所以我国历史街区的保护正处于一个非常危急的时候，是不容乐观的。上海新天地、成都宽窄巷子、南京1912等历史街区项目完成后，受到各地政府和开发商的广泛关注，在住宅开发受到政府房价抑制发展不乐观的背景下，历史街区保护更新得到前所未有的重视，似乎掀起了一股热潮。

历史街区的振兴经历长期探索，国内方兴未艾的改造热浪持续袭来。大体上，历史街区主要有三种类型，即传统的居住街区、商业街区和工业街区。传统居住街区性质的历史街区数量最多，北京划定的25片历史保护街区都属于传统居住街区；成都的宽窄巷子也属于传统居住街区性质的历史街区。传统商业街区比较典型的是北京琉璃厂、上海豫园、南京夫子庙，这些都是国内最早的一批商业性质的历史街区；北京前门大街是最新完成的传统商业街区改造项目。传统工业街区主要以滨水码头工业区，比如伦敦的布莱德利、利物浦的阿尔伯特、美国的巴尔的摩内港，以及传统产业集中的区域，以德国鲁尔最为典型。随着交通方式的改变，公路、航空运输的出现使得老码头慢慢衰败，围绕着老码头的一些厂房、仓库丧失了原先的功能，开始了改造和再利用。历史街区的各种类型并不都是孤立的，一个历史街区可能有不同的功能混合在一起。

有重点的引导会使街区有一个明确的发展目标，重点突出，弥补市场的缺失，内容和形式更加丰富。在国内，居住区的改造主要通过使原有比较私密的居住功能，向比较公共的商业和旅游功能转化，比如北京的南锣鼓巷。如果没有商业性和体验性，游客很难了解到这个街区，但是商业化的度是应该得到控制的。

爱尔兰都柏林的庙街（Temple Bar）也是一个历史街区，其中也有很多酒吧、餐厅和演出的场所，但也有很多旅馆、住宅和博物馆，甚至还有一些专门针对儿童的艺术展览，内容非常丰富。为什么南锣鼓巷都是餐厅、酒吧？这就是政府引导性不够，完全依赖市场造成的，市场没有责任也没有义务去承担公益的事情，而经济利益的驱动则导致了南锣鼓巷今天的局面。公益性文化机构的设置需要政府来做，该市场做的按照市场规律去操作。

居住功能对于原先就是传统居住区的历史街区来说非常重要，应该保留一些住宅，即使没有住宅也要有一些客栈，在街区里有一些居住的人，居住在那儿才能有切身的体验。而且这种居住最好是院落式的，原生态的，而不是标准客房式的。除了让人在吃喝玩乐中体验这个城市，还应该让人平心静气地阅读这个城市，在朝思夜想中梦见这个城市。

日本北海道的小樽市就是以这种模式运作的。小樽市是岩井俊二的《情书》故事的发生地。它的历史并不长，不到100年，原来是一个渔业码头，面向日本海，码头上有很多仓库和从事渔业加工用的车间。但是那里的房子很有特色，都是石头房子。基石是比较硬的花岗岩，墙壁则是一种当地人称的"软石"，透气性、保温性都比较好，里面是木屋架结构。当地的手工业有两项很出名，一个是八音盒制品，一个是玻璃烧制。现在这些库房都被保留下来，改造成了玻璃器皿的制作和展示工坊，还有八音盒的博物馆。小樽的寿司很有名，很多库房被改作寿司店。

小樽的改造时间是20世纪90年代。而在之前的六七十年代也是日本大量进行城市建设的时期。小樽的主要历史街区就是一条街道和一条小樽运河。最初，这些并没有考虑留下来。从城市开发角度来说，政府打算把小樽运河埋掉修成公路，两边建设住宅，但是当地居民包括学者提出反对意见，认为这样做就破坏了当地的历史传统。当地居民认为：本身我们这里就是渔业加工的港口，现在这个产业已经衰落了，再没有什么能让别人到我们小樽来了。如果这些仓库能留下，至少还能够作为我们城市文化的载体，把它利用好还能成为吸引人来小樽旅游的资源。社区邀请了东京大学的教授来对小樽进行研究和规划，让更多的人认识到小樽那些老建筑的价值，并对以后的使用提出建议，为城市发展寻找出路。充分理解政府修路是为了让小樽得到发展；如果不修路，保留那些老房子，通过改造再利用，是否可以成为小樽发展更好的途径。这种为政府积极想办法的做法，有利于缓和原住民和政府之间的矛盾，政府也比较容易接受。

在这种模式中，政府与街区中的原住民的关系十分微妙。刘伯英老师说：在国外，居民共同体或者社区在街区改造和与政府关系的协调中起着很重要的作用。台湾也曾经出现过这样的案例。台北士林纸厂，工厂倒闭面临搬迁，按照城市规划，厂区将成为城市开发建设用地。职工代表在厂区命运问题上发出了不同的声音：我们在这里工作一辈子，凭什么资本家就把这里变成了高楼大厦，我们就被遣散？工人要求保留他们曾经工作的场所作为纪念，提出了建博物馆的主张。于是，工人通过投票评选出最能代表企业历史文化的车间厂房、设备机床，包括烟囱，通过推举的职工代表与政府去谈。最后士林纸厂没有变成高楼大厦，而是通过设计师的创意设计，成为城市中一个时尚的文化消费场所。

刘伯英老师带着团队在成都水井坊历史街区项目的初始阶段，也曾提出在国内实验的想法：以每个院为单位集体表决、推举出一个代表，形成利益共同体，来选择院落未来的归宿：是打算常驻自行改造，还是卖给开发商，或者拿房产入股，由开发商投资改造，双方合作经营。多种模式运作起来就比较活，居民有个选择的空间，他们不是被动的被搬迁者，而是可以参与街区改造运营的积极参与者，甚至是未来利益的享有者，有点街区自治、自我组织的意思。这样就会缓解原住民与街区改造的对立局面，变被动为主动。

相比于国外的微循环模式，国内的运动式改造模式有存在的特殊性。国外房屋和土地都是私有产权，所以如果居民拒绝改造，政府是没有办法的。政府要得到一张文化名片，需要把更多钱补贴到老百姓身上，让老百姓得到更多的经济利益；政府还要投资建设公益项目，带动和引导街区的发展方向。国内历史街区改造大多是运动式、短期行为。在初始阶段，历史街区改造往往是政府的"政绩工程",或者"面子工程";之后走向城市经营的道路,政府直接或通过国有控股企业投资,而资金往往来自银行贷款,巨额的利息和对收益的迫切需求,需要尽快从街区商铺的出租中获得收益。在相当多的城市,需要改造的历史街区往往也是危旧房改造的重点区域,涉及民生工程,地方政府需要承担的政治和社会压力很大。这几个方面的原因导致国内实施历史街区改造只能是运动式的,而非国外循序渐进、微循环的;是自上而下,而非自下而上的。这就是中国历史街区改造的特殊性。

而在观念上,国内的历史街区改造还需要借鉴很多经验。国内按照规定,各级重点文物保护单位由各级文物部门管理,优秀近现代建筑、历史建筑、历史街区由建设部门管理。近年来,历史街区也受到文物部门的重视。我们国家出台了《历史文化名城保护规范》,包括对历史文化街区的规定。但是僵化地按照规范去理解历史街区,我们的手脚可能会被约束住。比如说,规范要求在历史文化街区中只能原拆原建。那么人们会问:难道里面原来是个混凝土的房子,就还要重建一个混凝土的房子吗?反过来看国外,比如都柏林的庙街里面有19 世纪的房子,也有20世纪的房子,有的是在现代主义早期设计的简约风格的房子,也有90年代这些比较靠后的知名设计师设计的房子。它采取的方式并不是像我们规范要求的那样,风格风貌要统一、一致,它的方式是灵活的,比如允许采取对比的方式。从体量、体形上考虑新老建筑之间的关系后,在立面、构图上可以采取不同的做法。小樽也是一样,除了老房子,它有几组新房子,蛋糕店、巧克力店做的是非常现代的,用玻璃、金属来做,感觉非常跳跃。你说不和谐就是不和谐,但是它体现了一个时代特征,体现了小樽的未来。

城市街区改造不是一个表面房屋改造的问题。比如宽窄巷子,如果还是保留它当年的样子,只是从物理上进行房屋修复,里面没有符合今天城市需要的功能,那它对城市来说就发挥不出像今天这样的作用。人们到宽窄巷子去是有体验的需求的,如果院落中还是原来的居民,他们还是做着原来的事儿,外人就不可能来。

从物理上保留,那些老房子只能起到城市文化背景的作用,没法儿起到促进城市文化发展的作用。北京的南锣鼓巷、什刹海、前门大街多多少少都对北京的文化发展起到了促进的作用,因为它们都实现了功能的转变。什刹海如果没有酒吧,人们只能看看北京四合院,胡同游一下一走了之,没法儿坐下来,看看什刹海,体验这种环境中的生活。通过新功能的植入,历史街区才能实现与时俱进,与现代城市接轨,变成城市不可或缺的生活场所。历史街区就是通过这种创新发展,才有条件成为城市的文化名片,成为创造城市吸引力重要的文化资源。

宽窄巷子从一开始的设计、规划、构想方面是想打造成类似澳洲的岩石区、巴黎马海区那样循序渐进的街区，慢慢一点点地发展成为集文化、休闲、艺术、信息，同时又有一定的商业气息和历史传承的美好街区，但这样需要很漫长的时期来演化，若是按那种方式来做没有十年过程是很难达到效果的。况且中国很多建筑是木构的，像日本那样去修的话不可能。土地是国家的，带来的问题很可能是这边修好那边坏了，过两年这边的房子又不行了，规模效应很难形成。

历史街区也是一个发展的概念，不是一个三百年前的时间定格。现在从历史中走来，未来从现在开始创造。你现在不创造就没有未来。宽窄巷子能够吸引人，就是因为它保护了老的东西，也有新的创意。宽窄巷子从开始就是创新的、经过精心设计的。清代建立满城时，创造了"鱼脊骨"式的规划格局，长顺上街、三十三条胡同，构成了满城的主要特色；将军衙门、四合院、川西民居，构成了满城肌理建筑的风格。宽窄巷子在一开始就是一种城市规划和建筑设计的创新。在之后的发展过程中，特别是民国初年，满人败落，把房子卖给川大的教授，这些教授多有留洋背景，于是就有了很多西式门头和小洋楼的设计，这个过程又是一个创新，是在开放的心态下积极的创造。所以说，历史街区的复兴需要创新性思维，当然这种创意并不是没边的，应该在继承传统的基础上有所发展，对于未来这也是可以抓住的接力棒。

今天，我们再来看历史街区改造，仅仅从街区物质环境的保护，解决历史文化、经济社会综合问题来认识，已经远远不够了。历史街区改造发展到今天，应该从一个更高、更开阔的视野来看待。原来都说中国变成了世界工厂，欧洲的制造业转移，全都搬到中国，但是现在随着人力成本提高，制造业又从中国向印尼、越南这些国家转移。现在所有的城市都在提一个同样的问题：今后的发展方向是什么？国家提出产业转型，很多城市也提出要把文化创意产业发展成为支柱产业。另一个大的变化就是传播媒介和交流方式的改变，网络、手机的普遍应用，靠知识、智力来赚取附加值的内容产业、创意产业受到重视的程度越来越高。整个大的社会背景就是社会正处在从工业化社会向后工业化社会转型的节骨眼儿上。

城市从功能城市向文化城市发展，很多城市希望打造新的城市名片。所以说，历史街区是创造城市吸引力的一种重要资源。我们拿什么去创造城市吸引力？GDP、产业发展已经成为传统的发展目标，而现在，文化名片成为城市发展新的追求。经济竞争力是硬实力，城市的文化品位、文化特色打造的文化竞争力是软实力和巧实力。这张文化名片打造好了，就会吸引世人的关注；有了可以吸引关注的热点，就会吸引那些有品位的人来落户，随之而来的就是投资，无论是投产业、旅游还是城市建设，都是因为城市吸引力的增加而带来的效益。因此我们今天说的历史街区改造，是为城市打造一张文化名片，引领城市的新生活、新境界，是通过创意创造城市吸引力。

3. 梦醒时分·实事求是——大家谈困难

如同国内其他的历史街区一样，宽窄巷子历史文化保护区保护工作开展存在很大的现实困难，如不能够全面解决，那么保护只是空谈，更新将流于形式，还有可能造成新的破坏。

（1）现状不得不改

①传统风貌完全丧失

满城范围内，有众多行政机关办公、住宅、学校等现代建筑，特别是大量20世纪七八十年代修建的普通住宅楼。除了街道格局之外，已经没有了其他传统民居，宽窄巷子已成唯一。随着城市中心区大体量现代建筑的建设向历史街区迫近，非传统形式的砖混建筑已经占到核心保护区总面积的三分之一，而且风格与传统民居没有任何关系，做法拙劣的仿古建筑也严重破坏了保护区的风貌。

②现状环境杂乱不堪

宽窄巷子所在的核心保护区虽然是成都市内传统民居风貌保存最好的地段，但也仅仅是针对传统院落空间格局、建筑形式与尺度而言。由于政府缺乏资金投入维护与统一规划管理，建筑质量得不到改善，大量危旧房屋出现；居住人口增加与外来人员涌入，私搭乱建现象严重，仅有的历史建筑被包围其中，或被任意改建，传统风貌破坏严重；街区的传统建筑大多是清末民初的木结构或砖木结构形式，年久失修，破损严重；由于人口过于密集，搭建简易房屋低矮潮湿、阴暗漏雨，环境质量极差。

③基础设施严重不足

历史保护区内用地以居住为主，缺乏必要的配套设施，与城市中心区的功能要求不符。市政基础设施严重不足，院内低洼、排水不畅，电线随意拉接，存在极大的火灾隐患，危机四伏。

这一点在我们采访刘晓健时也得到了证实。他说："这个地方以前就是个保护区，而保护的结果就是这里居住的居民没有受到城市化进程的影响，改革开放这么多年，整个市政基础设施的配套，宽窄巷子都没有享受到，人们还在几十年前的条件下生活，因为它是个历史文化保护区，很多城市的相关功能配套都没有进来，不通燃气，老百姓烧的是蜂窝煤，都21世纪了。

2003年的时候宽窄巷子的原住民烧火还是蜂窝煤，用的是没有下水道和冲水设备的旱厕，只能倒马桶，几乎每一个院落都是这样的。年轻人都待不住了，都纷纷离开了，最后没走留下来的都是老人，守着自己的老房子。也有把房子出租给外来的人，违章的私搭乱建严重，在整个街区院落状况都是很糟糕的。可以说宽窄巷子到今天已经到了不改不行的地步，否则我们建设无视民生，就是对老百姓不负责任。"

（2）社会舆论关注过高

以前的宽窄巷子一直是在宁静中度过的，除了附近的居民，成都市很少有人知道，更别说到过这里。2003年，无疑是人们认识宽窄巷子的关键一年，在网络上搜索"宽窄巷子"，搜索到的相关信息全是2003年以后的。只有一个原因，因为2003年宽窄巷子历史文化保护区开始了保护与更新工作，特别是2003年11月，居民动迁开始。

由于宽窄巷子保护工作是高调开展，透明度较高，了解宽窄巷子的成都市民又以文化、艺术、旅游、媒体的相关人士居多，这些高层次同时拥有话语权的人们，开始对保护工作品头论足。2004年，台湾作家龙应台的宽窄巷子之行，将舆论关注推向高潮。

> 著名作家龙应台越洋致信老成都："希望宽窄两巷子能保持原汁原味，你继续吟诗饮茶，过快乐的日子……"这封来自美国的特殊信件曾在宽窄巷子老街坊们的手中传来传去。原来这是龙应台从美国写给与自己有一面之缘的宽窄巷子"义务解说员"宋仲文的一封私人信件，字里行间流露着龙应台对宽窄巷子老街坊的眷恋和对宽窄巷子改造的关切之情。
>
> "真没想到龙应台先生会写信来，一定是宽窄巷子、是成都千年文化底蕴感染了她。"宽巷子27号附5号的老街坊宋仲文激动地展示了他收到的龙应台的来信，信纸上用繁体字写着："宋先生：拜读阁下名诗及春联十分敬佩，希望宽窄两巷子能保持原汁原味，不要拆迁，你继续吟诗饮茶，过快乐的日子……"随信，龙应台还寄来了给老宋照的相片和送给老宋的一张美国邮局庆祝中国猴年发行的猴年生肖票。指着相片，老宋一脸笑容："这是上月龙应台先生来宽窄巷子时，亲自给我照的"。
>
> "与龙应台先生见面是上月28日的11点左右。"老宋至今对那一刻记忆犹新。老宋说，那天龙应台先生来宽窄巷子感受成都的文化脉络，作为宽窄巷子义务解说员的他，也义务地为龙应台作解说。老宋说，当时龙应台和他一起喝着盖碗茶，谈宽窄巷子的文化、谈对宽窄巷子改造的想法，甚是欢快。离开时，龙应台还给他照了一张生活照，而他也送给龙应台一

首自己写的诗歌。

"虽然我们/相隔千万里/但光的信息/把我们连在一起……"临走时，老宋说，他将尽快给龙应台先生回信，向龙先生介绍宽窄巷子的改造情况，并附上他自己写的这一首名为"致龙应台先生"的诗。

在搬迁进行时，一度出现了一些"标语"和"涂鸦诗作"，比如2004年10月22出现在宽窄巷子的两副对联：

观古奇观
怪老外三圣乡情宽窄巷
奇国人败家子拆古宅院

古径通幽
谁人能得此情缘
深居老宅最相安

因此，尽管2003年至2006年宽窄巷子保护工程一直是成都市的重点工程，但就因为社会关注度过高，动迁工作进展缓慢，所有工作都小心翼翼地在舆论监督下开展。

徐军回忆道："最艰难的挑战是两个阶段，集中起来是由一个环节发生的。历史街区在做的过程中一直是争议很多，大家对它不理解，里面涉及一些不同的人、不同的角度，以及具体的利益。争议很大，反对声也很多，包括从当地来讲，有媒体还有一些政协委员，都发出了各种各样不同的声音，居民搬迁户里也有这样那样的声音，从更远的地方则是当年中央电视台给了很强的关注，央视在2006年的时候有过一次报道，在《午间新闻30分》栏目，时间还很长，大概有一两分钟的报道，这个报道不太正面，可以说是负面的。"

虽然没有具体参与搬迁这块工作，但鞠经理依然记得这件事："当时是由于搬迁引起的，落架了一个老的院子，可能就是落架动作比较大，就引起搬迁的停滞。有一年半的时间没有搬迁一户，是2005、2006年的时候，基本上是没有建设，受到了影响。"

徐军介绍道："央视当时一个姓梁的记者还来这采访过，那时候我们就面临着非常大的压力，甚至还有'停'的声音，做不做都是个问题，怎么做来让大家更多地去理解，能够消除这种质疑，这实际上是当时非常难的一个事情。而且在这期间不光是媒体，还包括政府的一些职能部门，都觉得当时的做法是不对的，或者说就是有一种质疑。当然对此的解决方法也非常复杂，因为一方面毕竟是我们要面对各方压力，做好我们的工作，跟各界来反映，另外也确实需要各级职能部门包括政府理解和支持。这是一直以来比较关键的环节，最后等于是坚持下来了。坚持的原因肯定首先是政府的支持，当时我们在对这个街区分析的基础上，结合当时的现状，做了一个比较切实可行的方案，得到了政府的支持，否则根本不可能推动。后来政府也下决心，觉得这么一个局面，作为业主都有信心，于是就加大扶持来推进这个事。"

刘晓健也谈到了这一点：2006年中央电视台午间新闻30分做过一次完全是负面的报道，当时我们是在清华做了测绘之后进行落架重修，宽窄巷子的木构建筑在成都这样潮湿的地方要不了一百年就会坏，虫蛀、腐朽，没有超过三百年的。它不像上海新天地是石库门那种建筑，石头材质保存得久。我们在落架的过程中，就有住户没弄清楚状况举报上去了，说少城公司要拆毁历史文化建筑，他不晓得其实我们是按照落架重修的规范和一步步维修的工艺来操作，是要恢复这里的风貌。央视报道之后市政府高度重视，我们成都市委市政府专门成立了一个专家调查组，就为这件事展开调查，首先看有没有按照规划执行，结果都符合程序。这次调查建设部由派驻成都的规划督察员卫家坦负责，刘老师他们都认识的。最后经过详细的调查之后，对我们这儿有一个高度的评价，充分肯定了我们的工作，才把央视报道的负面影响给平息下来。首先我们严格按照规委通过的两个规划执行，规划已经定好了接下来工作的纲，并且规划是具有法律效力的，我们做这个事完全合乎法规。后来具体的设计，包括每个院落，都是按照规划来的，原来是45个院，现在宽窄巷子由于招商形成了53个院，由于存在产权分割的情况，有些院子一个分成了两个，在这个过程中可以看到没有一个院落是相同的，这点很吸引人，院落都具有自身的个性和独立性，但统一风格又结合了当时南北特色，清代八旗子弟在此建立兵营，形成兵丁胡同，带来了一些北方胡同的特色，比如石灰岩的东西，以及南方这边川西民居、四川建筑的特色都融合了进来，整个宽窄巷子是将这二者结合得非常好的街区。

历史的进程必然会产生一种力量，推动时代车轮前行。改造也可以向着好的方向发展。从大局到细节，怀瑾握瑜，运筹帷幄，期间各种斟酌与考虑费尽思量。安藤忠雄曾经发出过这样的感慨："建筑家，就是整日为自己脑海中描绘的理想空间与不那么美妙的现实之间，不断往复、烦恼、思考的人。"宽窄巷子历史文化保护区绝非易事，需要谨慎面对，涅而不缁；开弓没有回头箭，必须面对各种舆论压力，破解方方面面的难题。这时候爱惜羽毛、独善其身是行不通的，懦弱无为更是不堪一击，要想干，只能努力推进、因时而动、顺势而为。

（3）动迁难度太大

宽窄巷子核心保护区居住人口十分复杂。在调查中发现，居民的贫富差距极大。有仁和春天百货的老板，也有吃低保的老职工，甚至"五保户"，还有大量外来租住者。一间10平方米的房子有3户，8口人，动迁的难度和成本可想而知！虽然大部分居民盼望政府能够改善居住环境，愿意搬迁至现代化的居民区，但也有少数富商，居住面积达1400平方米，根本就搬不动。当然还有一些对宽窄巷子有感情的文人、艺术家、经商者，由于种种感情因素，不愿搬迁。

产权多样更使动迁工作难度加剧。除了占一半面积的私产房之外，部队军产、单位办公、机关单位宿舍等产权单位的动迁安置困难重重。最终各种产权都有钉子户，没有迁走，有些人或单位按照宽窄巷子的整体规划，自己实施了更新改造，搭了宽窄巷子的车，从中获利。

（4）法律法规难题

历史街区的保护规划与历史建筑的保护更新设计，面临主要问题是法律法规上的空白。

我国建筑保护制度的基础是《文物保护法》以及各地方的相应规章制度，直到2003年的《城市紫线管理办法》、2005年的《历史文化名城保护规划规范》，才有了较为具体的专门法规。纵观这些法律、法规、规范，对保护强调得多，而对利用涉及得很少，这就对历史街区和历史建筑保护的具体实施造成较大难度。一提到保护就有一个思维定势，或者思想惯性，就是把保护与利用对立起来，不允许近现代建筑遗产在保护中利用。其结果是在保护与经济利益发生冲突时，保护成为经济车轮下的牺牲品。如果采取适当灵活的办法，在利用中保护，这些历史建筑就会比较容易地保留下来，给城市带来惊喜。

消防审批是历史街区保护规划中比较难解决的，历史文化街区的格局很难满足消防的疏散，以及常规的消防车火灾扑救的要求。因此要保护街区的格局、风貌、材料、做法，都需要设计者和审批者共同努力，以智慧寻找解决问题的办法。

历史建筑的修复过程中也涉及执行国家有关规范比较难的问题，如木结构规范、抗震规范、保温节能规范、防火规范等，这些都无形中成为历史文化保护区与历史建筑保护不可逾越的难题。

（5）商家装修与汶川地震对工程的影响

修缮和建设工程基本完成后，由于前期手续滞后，工程还没有等到验收，马上就要投入使用。随着每个院落的完工，招商和装修工程紧随其后。商家在装修过程中为了更好地满足使用功能的要求，对房屋进行了一定改建。有些改建和装修很"精彩"，但也留下了结构和消防的隐患和风险。更为复杂的是，在装修接近尾声、准备开业之际，发生了5.12汶川地震，虽然地震本身没有对街区建筑造成破坏，但灾后结构安全标准的提高，再一次给项目增加了难度，结果就是我们不得已，做了第二次施工图。

清华安地历史与文化建筑研究所所长弓箭介绍道："商家入驻后开始装修，安地负责审查控制，施工图之后就是审查阶段，在2008年、2009年，我们又做了二次修缮施工方案。是因为装修完了之后没有竣工验收，同时因为震后结构安全性的问题，成都市在大地震之后抗震等级提高了，需要重新做建筑结构加固工程。一方面是对现场商家装修完的房屋做了再次的测绘，要根据原先的施工图，同时结合装修的图纸重新作调整，这就形成了最终竣工整改施工图。等于是以装修现状和条件为基础，又做了全面的测绘，结合我们之前做的施工图，不符合规范的一律要求整改，同时制定安全性上需要加固的措施，结构和防火等各专业都需要对现状做梳理。建筑方面则是从建筑规范和空间使用上重新做了整改设计，整改的商家还是挺多的，这个过程也很复杂，但实际上方案做出来后实施上没有完全贯穿始终。首先结构上就很困难，因为地震后对木结构的加固主要是所有的柔性连接，专业术语就是'铰接'，所有的穿枋之间交接的节点都需要增设钢节点来加固，仅此项工程就特别浩大。最终是跟四川省建筑科学研究院沟通，他们属于四川省在木结构这方面相对权威的部门，负责做安全方面的鉴定。2009年1月我们给了甲方两版图纸，结构上的鉴定基本都是和四川建科院合作的。这两版图一版是小改，在重点的薄弱部位做结构加固，另一版大改，就是满足新的抗震规范，全部加固，但是大改的代价就非常之大了，带来的问题就是可能所有的商家基本都得停业，落到现在的实施最后就选用小改方案，在不影响营业的情况下，先把关键节点做好。"

建筑方面还面临一个问题就是改建。商家的目的就是增加使用面积，满足使用功能，但结果大大偏离了施工图设计，形成了新的"私搭乱建"，在产权上也是不合法的；在安全出口、消防通道等方面与规范有很大矛盾，不得已，根据甲方的要求，给它们做了一次整改设计。特别是对不符合消防安全和疏散要求的部分，必须要满足规范要求，保证使用安全。甲方勒令商家整改，给了一个期限完成这项工作。一部分改动较小的商家，可以先开业，在非营业时间里整改，在甲方要求的时间内完成。改动比较大或有严重问题的，先改后开业，绝不允许建筑"带病上岗"、"违规经营"。

　　"建筑装修的过程是一些商户找了装修设计团队，也有一些是找我们
设计的，所有的装修设计都要经过我们的审查、签字，最终出具装修验收
单。"弓箭说道："开街前就这么一家家验收过去，相当于每一家的装修方
案都经过我们审查，我们都提过建议。比如窄巷子琉璃会的门头审了不下
五六回，当时琉璃会做了个泰式的门头，特别不符合街区的整体风格，我们
最重要的就是要控制风貌，尤其是在公共空间和半公共空间中，而商家自己
内部的空间相对来讲我们会放松要求，让商家可以有发挥的余地，但街巷空
间是一定要控制住的，要符合我们的保护原则和风貌控制要求，我们在整个
项目建设进程中一直坚持和贯穿。"

（6）风貌控制的方法和程度

　　宽巷子两边老院子集中，有大量的木门头，窄巷子两边偏民国风格的砖
门头比较多，井巷子的建筑风格就比较混杂了。所以在小洋楼这个中间部位，
通过两层高的体量和"鹤立鸡群"的独栋布局，民国时期西式风格建筑的标志
性，在周边广场的烘托下，成为串联三条巷子的纽带和核心，成为视觉焦点，
也是空间和心理节奏停顿的地方，是室外商业活动和文化活动的场所。

　　我们不希望整个街区"一丝不苟"全部恢复成传统的风格，那样就会
显得过于老旧，我们希望在划定的三四类、四五类等级的院落中，做一些不
同程度的新的尝试，有一些创新的形式，采用钢结构新的结构形式，用一些
玻璃等新的材料。结果就是现在对宽窄巷子的另一种评价，认为宽窄巷子太
新了，不是"原真"的了。这跟历史文化保护区风貌控制的方法和程度有
关。有些老专家提出来一点都不能动，要按照历史原样保护，定格在清末民
初的时间点上，与今天没有任何关系。实际上对历史街区最安全的做法就是
不动它，彻底保护起来，顶多局部修一修，这肯定不会出错；缺点是这个地
区可能不一定会活，会火，至少不会很快地火起来；也许慢慢地继续衰败下
去甚至消亡。这种做法是无奈之举，业界对这种消极的保护也有批评和质疑
之声。也有一些专家学者认为：在不影响传统风貌整体的前提下，应该适当
加入一些现代的特征，以及未来的建筑元素，甚至植入一些对比的色彩……
在不同的设计者和专家眼里，对文化街区保护的方法和保护的尺度是有差别
的，甚至存在比较大的争议。

　　宽窄巷子历史风貌的保护，商家的装修和街道的陈设也发挥了非常大的
作用，当然是在设定好的一个"壳"之下实现的，这个壳就是我们的整体保
护要求。举个例子，如果给的是文殊坊、大慈寺的壳，那商户和业态就会是
另外的样子，比如小商品、旅游纪念品的壳，每个业主单独一栋房子的壳，
那每家商户只管自己的一个小间，也不会按院落单元和实施范围去作努力。

宽窄巷子有统一的方向，以院落为单元有机整合，实施单位的判定从规划到建筑之间都是最重要的一环。

如何做好木结构的传统民居建筑？它跟现行规范之间有哪些冲突？如何跟现行的规范搭接？这些问题的解决，我们经历了一个漫长和不断尝试的过程，挑战巨大，调整多次，有一些是失败以后重新再来的。

施工过程中的现场服务，我们要面临材料选择、与施工单位合作等问题。第一批院落就有8~10家施工队同时在做，每个院落的做法和标准都不一样，目的是发挥工匠们的智慧和技艺，总结提炼，最后选定了两种方式。一个是三块砖的方式，它代表着四川民居中相对官式的做法；另一种是宽2、德门仁里这样的，属于比较原真性的民居做法。这两种成为最终推广的方式，满足了街区风貌控制的基本要求。项目还涉及周边的整治，宽巷子入口广场、小洋楼广场、下同仁路的沿街绿化和景观，让宽窄巷子与周边环境更加融合，关系更密切，所以说宽窄巷子是非常系统的一个庞大工程。

宽窄巷子之后，类似的项目越来越多，最深刻的体会就是这种项目不能单纯只做建筑，一定要做整个空间和整个场景。在规划、建筑、景观和装修，以及未来入驻的业态的策划等方面，都必须是一个打包的一体化的运作过程，这才能够为它可能的成功奠定基础。这种项目有很强的地域性，城市和区域对项目是否成功影响很大。在成都做宽窄巷子能成功，这是成都的生活方式和城市文化背景决定的；但如果放到别的某个地方可能就不一定成功。宽窄巷子之后有很多人来找我们谈合作，想搬一个宽窄巷子到他们那地方，这种照搬照抄一定不会成功。宽窄巷子没有可复制性，完全就是一个孤本。因地制宜，踏踏实实的调查研究，精心策划，系统规划，个性设计，才是成功之道。

弓箭说："宽窄巷子建筑修缮采取了新旧结合的方式，然后能看到一些原真性的生活，最重要的是有原汁原味的原生态的非物质文化的生活特征，宽窄巷子里面的功能基本置换掉了，重庆的磁器口保留了非常多原住民，有一个限定的比例要求，得达到50%左右，宽窄巷子的商业行为会更为突出，原住民没这么高的比例。但从现实的角度来说，政府和业主希望走这样的模式，最早的时候我们是希望保留原住民的，从学术的角度想保留尽可能多的原住民，同时提出一部分业态特征的变化。" 谢祥德介绍道："羊角家基本保留着原始的样貌，不像别家院落都重新改造装修过，这些是原住民，比如北京的南锣鼓巷大多还是原住户，自己开店或在此居住，这类历史文化保护街区有原住户其实也是一种要素，是很重要的，对旅游人群比如外地人来了解本地文化也是一种途径。这种状况下一般我们也不会去拆它。"

①参见三联生活周刊副刊专题《宽窄巷子里的微观成都》

黄靖认为："在房屋产权公有化的现实下，和国外历史街区中自有产权的自主更新亦无可比性。吴良镛先生在讲北京四合院改造时，首先提出的就是疏散人口，人口密度太大会造成不堪负荷。但是疏散人口要疏散给谁，这就需要一个转换方式。在没有原住民的情况下，原本一户人家的院子住了10户，让哪9户出去？如果把居民全迁走，盖成豪宅给一个人来住也面临社会压力。既然做不到恢复给一户人家就做成公共的，转换成商业就是一种现实缓解办法，变成谁都可以使用，市民也能体会到其中的历史，这对于一个建筑来说是给了它生命再造的机会。"①大慈寺后来就是又得拆掉，太古集团来了之后认为跟要经营的商业完全不匹配，那就只能重新做。水井坊也是一样，情况更加复杂，2007年开始做，到2012年，都四五年了还是进展缓慢，原住房已经完全被推平了，但因为很多利益纠葛让项目陷入被动僵局。

中国的历史街区改造往往难以摆脱搬迁户和政府对立的困境，一方面是搬迁户坚决不搬，誓做钉子户，索要高额赔偿；另一方面是政府强拆，通过低成本拆迁高价卖地获得高额回报。中国的历史街区改造多数是自上而下，政府和专家为老百姓做主；而国外的历史街区改造，社区居民、媒体和专业研究机构发挥了很大作用，通常是自下而上地推动街区改造的进程。

对宽窄巷子来说，它有政府介入，而且是强有力的执行力，短期就可以见到很大的效益，那就必然面临居民大规模迁走的情况，如果不迁走让里面缓慢地微循环是见不到成效的，政府改造到一半可能就不愿意再投入了，那这事就没法操作下去。弓箭补充道：所以最后宽窄巷子进行了功能置换，以及建筑方面的很多设计，我们也是逐渐地沟通、交流、妥协，这个过程是很纠结的。我们从学术观点上来说，出发点容易比较理想，但经常会遭受到残酷现实的打击。为了做下去只能不停地迁就，这里面从设计和业主方面来说，最早有很多版建筑方案，一开始有很多大胆的构想，规划上会选择折中主义，做出来就是中间混搭风格，后来在各方舆论和媒体以及专家的介入之后，最终就会实施成一个最保守的方案。这是一个保守的壳，装修方和业主方进入之后，实际上进行了二次创造，又让它焕发出新的活力，这个活力源于未来使用者难以控制，使用者是希望与时俱进的。所以现在大家能看到的宽窄巷子，原来的风貌基本把控住了，但是里面有非常多的新的建筑形式、业态和功能。另一个有意义的经验就是不能一步到位，从设计到工程施工，再到装修，在没有商家进驻的情况下，不能一步做到理想状态，否则就容易用力过猛，就没有退路。我们要为商家进驻后，结合经营内容，结合文化理念的二度装修创作留有一定的余地。

历史残片以什么形态在现在城市里存留？黄靖认为，民居和其他建筑最大的不同就是聚落形态，其组合方式不同就会产生不同的感受，走在其中，建筑的改变你未必能感受到，但尺度、肌理等空间改变你一定能觉察到。现在很多人说宽窄巷子像老巷子，就是因为当时没有改变巷子的宽度，宽巷子6~8米，窄巷子4~6米，没有改变它的界面——凸凸凹凹的空间关系；没有改变它40多个院落的格局。在怀旧型旅游资源蕴含巨大商业价值的现实下，宽窄巷子改造找到了公众心理、城市运营、历史保护之间的契合点。

民俗学家袁庭栋说，宽窄巷子是北方胡同文化融入成都文化的孤本，是一个符号。但拔地而起的高端茶馆和饭店也让袁庭栋担心。他认为，餐饮业大多经营周期有限，或三年或五年，而且，高端业态过于集中可能导致精英化，对区域民俗造成冲击。同样，在宽窄巷子改造完成后的今天，关于它的争论仍然没有停止过，就像它记录的那段纷繁的历史一样，需要靠岁月的磨砺才能找到最后的答案。

在那木尔羊角眼中，这个全新的样板房，真真切切是在一个农贸市场上建立起来的。此后的三年中，类似的建筑一间间地在那木尔羊角眼前拔地而起，直到有一天，三元一碗的老川茶在他眼前消失，变成了一块内有WIFI的店招，对他来说这是一个新的矛盾：如果让游客来体验一个原生态的老街，他是愿意在一个满地菜叶的菜市场里疾走，还是愿意在这后来的古建筑中散步呢？

业界和外界对宽窄巷子的保护问题，一直争论不休。究竟该怎样保护？目前关于如何保护主要有两种认识。一种是被动保护，即让原住居民自己保护，保持其原状，让其自生自灭；另一种是积极的开发性保护，进行市场化保护运作，为其注入造血功能，达到可持续性保护的目的。对此，西南交大建筑学院教授、乡土建筑学者季富政认为，被动保护是一种任其自生自灭的做法，所保护的东西最后将成为一堆建筑垃圾，只有走开发性保护的道路，才能使其发扬光大，达到保护目的。季教授自认为是一个典型的守旧派，他说，成都市民必须要清醒地认识到，宽窄巷子其实并没有多少"古董"存在。宽窄巷子的建筑是瓦木结构，其历史跨度只有120~130年，上可追溯到同治、咸丰年间，但这种建筑已很少了，最近的建筑是1997年修建的。中国建筑都是木结构，易朽，所以古建筑到了一定时间都要进行修缮，方法都是"落架重修"，把该换的换了，不能动其实是一种无知的说法。季富政对宽窄巷子片区的评价是：潮湿、上下水无法排泄、道路比房屋高，原先都是泥巴路，人居环境恶化。他认为，应该保护的是精华，即"空间尺度、城市肌理、原生民居、古建筑的风格风貌、平面布局"，而不是朽木、泥巴路、破碎的瓦片。

新加坡总规划师、被誉为"新加坡规划之父"的刘太格先生，也曾来蓉考察过宽窄巷子，他对成都市在宽窄巷子历史文化保护区的保护、改造、规划设计等方面所做的工作给予了充分的肯定和高度评价，并认同在建筑保护方面所采用的"落架重修"等施工方法。刘先生认为，成都的规划方案不错，注意了个别建筑与整体风格的协调。新的现代建筑在核心区是可行的，但新旧建筑应有区别。要保护整个保护区的风貌，就应该保持现有道路的原有形态，保留原建筑的尺度，特别是高度，至于具体的用材不一定要和过去一样，关键是空间的感觉是否和过去的一致。刘太格说，在新加坡有一种历史建筑的保护法叫"信封保持法"，即建筑的原有尺度不变，具体建筑用材、内部装修都可以非常现代。要保留40%的老院落，最好还是用以前的施工工艺和建筑材料，可以落架重修，新加坡也在落架重修，甚至可以在原有建筑构件中加入钢筋，但外面还是古的。

对于宽窄巷子的改造，厦门大学教授易中天认为：改造不一定是保持其原有形态不变，现在的改造方案更符合宽窄巷子的实际，是一条新的改造之路。宽窄巷子就是宽窄巷子，不是上海新天地，也不是云南丽江，应该走自己的路。他指出，一般认为保护历史建筑就是要维持原状，但是真正的原状是什么？是不是现在还用马桶？是不是不能用现代的设施来洗澡？原来的宽窄巷子是"单个无精品，整体有风貌"，所以保护宽窄巷子只要保持建筑尺度、肌理、质感，其他的都可以改变。黄鹤楼在唐朝就有，但后来被烧毁，明清时重修，又被烧毁，难道人们会认为现在的黄鹤楼是假古董？其实，建筑本身没有真假之分。[1]

①参见李麦："一个真实的宽窄巷子"，《成都日报》，2004年11月10日。

传古承今 · 活力新生
老成都底片，新都市客厅（2008年以后）

一、街区活化——震后开街的时代节点与里程碑意义

　　宽窄巷子是老成都"千年少城"城市格局和百年原真建筑的最后遗存，经过恢复性、保护性建设，宽窄巷子历史文化保护街区于2008年6月14日成功开街，成为成都"5·12"大地震后旅游业复苏的标志性事件，及时向海内外传递出"安全的成都"和"成都依然美丽"的时代最强音。经过六年的发展，宽窄巷子用繁荣的文化、商业、经济景象证明了自己的实力。它当之无愧地成为了嵌入式原真空间、不可复制的生活样板，从当初汇聚各方力量艰难重建，到如今的城市会客厅、成都新名片，宽窄巷子继承着成都的文化基因和历史指纹，是"最成都"的活化石。

　　弓箭所长回想起宽窄巷子的建设里程，可谓是摸着石头过河。宽窄巷子项目的整个过程是从2003年开始做规划，2004年主要做建筑的初步方案，然后是招商方案和一些单体的研究性方案，2005年主要是做了头一批的宽巷子前段的施工图和大部分的初步设计，然后在2006年左右基本上做完所有的初步设计，配合当地的对接公司做了一部分井巷子钢管结构的施工图，2006年、2007年进入建设阶段，2005至2007这三年经过了很多波折，包括搬迁困难、各种建设过程中的检查、学术上的质疑和反复论证等，还有建设厅的巡视员前来督查，各种媒体的舆论压力，甚至一度出现过叫停之声，总之方方面面的问题，搬迁工作和建设工程都是伴随着这些困扰陆陆续续在进行。

　　实际上后来还是赞扬的多，原住民也得到了一定程度的保留。鞠经理回忆

道："宽巷子35号并不是钉子户，因为原来三十五号是规划局的宿舍，都是规划局退休的老领导居住的，当时只搬迁了一户，七户都没有走，现在还在。"宽巷子路面曾经一直在翻修，鞠经理说："当时也不是反复修，因为当时宽巷子只有七八米宽，当时施工的时候还有没搬迁完的居民，必须有能走动的空间，不能都封起来了，所以当时采取了半幅施工，八米的就先施工一半，因为它的管线很多，包括雨水、排水、给水、电力都埋下去了，那里根本就布不下，所以有的管线就是随弯就弯，哪里能放就走哪。包括宽巷子还有一条军缆，因为前面就是三十八分部，军缆需要穿过去。所以那个缆线不能动也不能碰，施工难度还是不小。当时挖的沟槽基本上都是挨着院子的门和墙，靠得很近。"

　　宽窄巷子开始保护建设的时候，在成都已经有了两个不太成功的案例，像文殊坊、大慈寺，对学术界来说在风貌保护上没有延续原有的尺度和肌理，但是商业空间短期内是受到欢迎的。这三个项目的定位要求均有所不同。大慈寺整个院落的尺度可能过大，也因为风貌关系并不能代表川西民居的特色，所以宽窄巷子保持原有的街巷尺度和空间院落的形态是比较关键的。宽窄巷子着眼于去做自身的开发和发展，原来希望完完全全靠自己来承载未来的资金操作状况其实是很难的。宽窄巷子这个项目历程非常漫长，周边价值提升等内容都被别的业主和政府相关部门给收走了，所以宽窄巷子无法依靠周边，只能背负自己谋发展。况且宽窄巷子的做法与别的项目还不太一样，刘伯英老师也提到过这点，因为是政府部门介入，又是历史文化街区，它的土地产权是不能卖的。那么就把资产打包给银行去融资，2011年10月银行有一个最终截止日，在此之前必须拿到所有的产权和相关文件提交给银行，有了合法的产权单位证明才能完成放款手续。融资额度大概在十四五亿，这是文旅集团后续资产的发展要求，有一部分的钱款是提前支付的，政府相关部门走借贷程序支给文旅，现在的评估价值应该更值钱了，比原来的投入翻了很多——在2008年开街之后就又做了这些工作。

　　徐军说："锦里原来就是挨在武侯祠边上的一块空地，生造出来的，依托武侯祠形成典型的旅游业态，捆绑消费。武侯祠围墙以里都是保护范围，围墙外可以改建，锦里的尺度跟武侯祠的尺度还是保持一致的，不会太突兀，没什么破坏性。"在成都待了一段时间的人都能感受到，成都是历史文化名城，但实际上成都被保护下来的风味已经流变了，是不是成都在整个保护过程中动得也比较多？对此徐军是这么理解的："其实全国都一样，这是伴随着城市更新和城市化进程发生的，是城市建设发展必然经历的，包括北京还有其他地方，可能都有这个问题。"

　　鞠经理负责院落土建这部分，最早的建设是从2004年年底启动两个样板房建设，大规模建设是从2007年开始的。他说："我觉得成功的主要原因是商业定位这块，建筑本身也是一个成功的因素，从成都的三大历史文化保护区来说，建筑修得应该是最好的一个，包括建筑的形态，每个院落的不同这方面，包括风格啊这些东西，都是和大慈寺和文殊坊是有区别的。也不是因为旧的多一些，实际上宽窄巷子里头主要是院落的格局，空间的关系比较好。"

在宽窄巷子保护建设的整个过程中，人也是很重要的元素，所有参与者、亲历者的感受就是一份珍贵的口述历史，属于非物质文化遗产的范畴。徐军认为："郭总、刘区，包括刘伯英老师等肯定都有感想，我对宽窄巷子的感情比较复杂，毕竟这么多年付出了很多心血，围绕着它做了很多事情，像黄靖、古红缨后来都倾注了很多，还有林霄、肖红叶等，这是个集体智慧的结晶，清华安地做了大量前期的方案和后续的工作，施工图这块肖红叶也配合着在做。"这些人在做宽窄巷子的时候倾注了东方的思想，有点老庄的意味，离形去知，心斋坐忘，在喧闹的都市中给人一种别样的空间，可以获得宁静的体验和心灵的沉淀。宽窄巷子也有很多传统的中式的元素，不浮躁不夸张，属于低调的精致，营造出细腻的质感。

徐军总结道："做的时候没考虑那么深，但做出来效果确实不错，可以说是出乎意料，当初更多地去思考专业的问题，比如工艺、建筑方面，还是比较追求完美的一个心态，希望做得好一些，所以最后没想到会很不错。直接操作时面临很多问题需要解决，包括工期上的困难等，这些是必须负责的硬问题，各个环节都得衔接上，不能影响了后面的方方面面。"

应该以历史保护为前提，这得到了大家的共识，从项目范围到各个院落的边界认定上，经过了一个非常曲折的过程。关于这个过程弓箭说："一开始我们做的是44个院子和一个地下车库，这样一共是45个任务。车库的部分牵扯到历史文化街区中院落保护是否要落架重修，以及未来交通的状况，存在一个取舍的问题。此处历史街区核心保护区实际上主要就是宽巷子、窄巷子，虽然巷子里的院落以木结构和砖木结构为主，但从中国式历史建筑保护以及文物保护的角度来看，基本上都是可以落架重修的，作为一种有效的保护方式。作为街区中老的院落，实际上现状条件是非常差的，那么这么低的现实质量该如何去保护它？很可能稍微修复一下这个房子就倒塌了，在现场时有非常多这样的情况，一些构件年久失修已经损毁垮掉，要么就是因潮湿而深度腐烂，还有就是旁边的树不断长大攀援，植物生长过程中就把墙体拉裂了，原来有一些老房子是穿斗，四川民居中斗起来就可以，很多房子的结构选材从安全性上来说，最早的民居和现实的规范有很大的矛盾和出入之处。"

黄靖也指出，宽窄巷子里的四川居民属于穿斗式建筑，"穿"是梁柱连接的形式，"斗"实际就是"逗"，指简单随意的连接。在对宽窄巷子建筑测绘过程中，他也发现这种随意性：木料尺寸不一致，同一建筑柱径大小不同，檩条粗细不齐，栏板尺寸不一、穿枋位置各异。再加上后来的历次重建改建，有很强的随意性，有些柱子就像麻秆一样细，房梁一根不够粗，可以拿两根捆在一起，房子很容易歪歪扭扭的。不过，门头是四川居民的一大特点，从剖面上看像一个小房子，跟老北京的垂花门相似，出檐比较大，下面有门墩。"四川人为什么叫摆龙门阵，就是饭后没事拿把椅子坐在自己门口，吹穿堂风聊天。"既然房屋形态无规律可循，他们就把门的二三十种样式全保留下来。[1]

①参见三联生活周刊副刊专题《宽窄巷子里的微观成都》

宽窄巷子的做法在保护方式上最终是要保护好整体的风貌，那么在这种保护过程中就必然面临一个功能置换的环节，很重要的问题是已经由居住的形态改为商业或别的功能形态，新的商业业态和植入对原有的结构和空间就造成非常大的冲击，原有的房子不做落架就无法进入任何新的功能，还会带来一个很严重的后果，就是这个房子可能就垮了。于是清华安地就开始认定核心保护区范围之内，哪些是最重要的院落，哪些是可以局部拆掉、局部保留的院落，还有哪些是重新修建的。弓箭认为，当时按照院落分为六类保护标准，从大的片区来分析，井巷子有不多的几个，在小洋楼下头，因为井巷子从历史形成来说比较晚，所以里面可保护的院落偏少，同时为了解决井巷子交通的状况，这是街区中最大的一个矛盾所在，未来的交通该怎么解决，当时就得做出取舍。最初是设想在外围解决停车库、停车场的问题，但是外围周边实际上是不属于未来我们要操作的主体范畴，已经被政府机构给抄牌挂出去，可能都划走拿掉了。作为历史街区外围监控区，已经被分割完了。而且宽窄巷子跟新天地的做法不同，新天地是拿到核心地块来做保护，周边作为自己的开发，很多的配套、服务是为核心区域打造的，依靠核心区慢慢发展和运营，带动周边土地不断升值。

经历了种种思考与摸索，最终宽窄巷子历史文化街区升级打造成功。下面一组数字和日期记录了宽窄巷子开街的盛况，而这时间点也恰好体现了震后四川人民和成都市民重建家园的决心。

2008年6月14日，宽窄巷子举办了开街仪式和一系列体验活动。

六月六日至六月八日 "守望家园"

面向社会征集传统文化或旅游爱好者作为"家园守望者"，走进文化遗产地与景区，守望我们的精神家园。

六月十一日、十二日　"走进宽窄巷子"

"端午特别活动——走进宽窄巷子"。

宽窄巷子即将于6月14日修复竣工并对公众开放，我们于端午之时，去探访即将面世的宽窄巷子，探访宽窄巷子的记忆和新妆。

六月十三日、十六日至二十一日　"老成都大讲堂"

成都文化专家和名人袁庭栋、谭继和、朱成、庄裕光、樊建川、张昌余、罗小刚等，讲述老成都寻常百姓的不寻常故事。

六月十二日至二十八日　"永恒与瞬间——文化遗产影像志"

成都文化遗产与文化旅游影像展，将展出成都最具代表性的文化遗产资源和文化旅游资源照片、老成都影像、在此次"5·12汶川大地震"中受到破坏甚至消失了的文化自然遗产，以及羌族建筑文化图片。

六月十四日至十五日　"爱无价，心无价——宽窄巷子义卖活动"

成都知名书画家作品义卖，环保购物袋义卖。

六月十四日上午"宽窄开讲——回到成都"

几位与成都渊源深厚的文化名人张贤亮、流沙河、魏明伦等，在宽窄巷子的老院落中，回到成都。

六月十四日下午"守望家园——宽窄巷子历史文化保护区修复竣工并对公众开放仪式"

仪式包括守望家园仪式、文旅卡首发仪式，成都深度旅游线路授旗仪式及宽窄巷子竣工仪式等。

六月十四日下午"天姿国乐"女子乐坊演出

六月十四日晚"行走在震后的四川旅游线上"

　　《中国国家地理》邀请知名媒体及专家莅临成都，宣布"行走在震后四川旅游线上"活动启动，以受邀专家座谈的形式，以地震对四川尤其成都平原自然人文资源有可能产生的影响为题，从科学和专业的角度展开讨论，提出"行走在震后的四川旅游线上——自然人文资源重建规划倡议书"。

六月十五日上午"彩狮闹宽窄"

　　宽窄巷子对公众开放闹街仪式。

六月十五日下午"当代艺术街头秀"

　　街头画家、小型乐队、街头魔术、小丑、活体雕塑的表演，在街面上构成丰富多彩的当代艺术氛围。

六月十五日下午"宽窄巷子建筑对话"

　　由成都市人民政府主办，邀请清华安地公司的主要设计人和各界专家刘伯英、高文安、何伟嘉、张杰、张敏、业祖润、李庚、林楠、黄靖等人在宽巷子25号举行"守望家园，宽窄开讲——建筑与人文"对话。国内著名规划专家和建筑设计师齐聚一堂，探讨传统街区保护、宽窄巷子的建筑美学和魅力。

六月十五日晚 《"城的传承，心的新生"——成都精神家园对话》

　　国内知名媒体策划人，如新周刊、三联生活周刊、21世纪经济报道、成都明日·快一周主编等共同对话成都精神家园。

　　开街后的反响热烈，吸引了众多市民前来。人们在6.14开街日那天共襄盛举，穿唐装的老爷子说着四川方言，艺术家和羊角热情寒暄，男女老幼精心打扮，甚至有些一开始反对宽窄巷子项目建设的人也笑容满面地来到了现场，可以说，他们从最初的质疑者变成了积极参与的"演员"，一起装扮着美丽的宽窄巷子。老街坊邻居汇聚一堂，场面温情，很多人油然而生的自豪感溢于言表，这里变得更好了。

再现老成都生活，开放前一天就来了5万人次，《成都日报》对宽窄巷子的开街体验做了报道：

> 一碗清茶、一曲悠扬的琴声……昨日，开放前一天，"宽窄巷子市民体验日"就吸引了近5万人次前来。今日，宽窄巷子将正式对公众开放，将有更多老成都故事等着市民去聆听。
>
> "这里承载了太多老成都的记忆。"昨日下午4时许，50多岁的王先生和几位朋友沿着青石故道，步入了位于宽巷子16号的花间小院。小院中间是天井，两侧是厢房，推开木门，进入房中——悠扬的音乐萦绕耳边，浓浓的咖啡香扑鼻而来，古典的木制家具映入眼帘……"这里安静祥和，看书、上网、聊天皆可，是个周末休闲度假的好去处。"正在一旁喝着自己亲手调制咖啡的王先生说道。
>
> 到下午6点左右，前来宽窄巷子提前体验的市民越来越多，随处可见到处留影的市民。记者发现，昨日前来的大多是一些中老年人，"我家就住在附近，一直对宽窄巷子有很深感情，听说今天可以提前来参观，我就先睹为快，现在宽窄巷子保留了以前的味道，非常的好。"刚吃完晚饭出来散步的文女士说道。

宽窄巷子的发展与评价也经历了一个过程，同时引发了广泛的社会影响、媒体与各界反应。开街当天中央电视台国际频道、四川卫视、成都电视台3和5频道、搜狐网现场直播了开街仪式；中央电视台新闻联播、香港凤凰卫视、东方卫视、新华社、中新社、《人民日报海外版》、《光明日报》、《21世纪经济报道》、《三联生活周刊》、《新周刊》以及省市媒体等近一百家媒体报道或转载了宽窄巷子的开街新闻。尤其是处于汶川大地震发生后的敏感时期，开街仪式契合了中华民族自强不息的精神。

例如，在成都市民中颇具影响力的《华西都市报》，及时做出了题为"震后重生宽窄巷子横空出世"的报道。

> 2008年5月28日，这个让中国人为之痛彻心扉的日子，大自然的一个

小动作却造成无数人民的生命就此终结，平静的生活突然之间出现断裂。对于生者，生活总要继续，必须克服巨大的悲痛和压力擦干眼泪继续上路，他们还能像以前那样心平气和的悠闲吗？还能像以前那样继续徜徉在自己的节奏中？这些问题在2008年6月14日有了答案，成都宽窄巷子历史文化街区正式对外开放，这象征着四川人民克服了种种困难重新站了起来！

地震来临之时，正是宽窄巷子景观施工进行得如火如荼的阶段，地震使得平时喧闹的施工场地暂时安静了下来，随即短时间之后又重新恢复了工作，汶川重生、成都重生、四川重生。

这是什么意义上的重生？

成都文旅推出的第一个有广泛影响力的项目是宽窄巷子，现在宽窄巷子已经成为外地人游成都必去的地方之一了。宽窄巷子到底好在哪里？成都文化旅游发展集团有限公司[①]董事长尹建华认为：成都文旅的理念中，文化创意是第一位的，要以创意来推动旅游的发展，推进旅游产品的研发。这个理念，在打造宽窄

①关于文旅：成都文化旅游发展集团有限公司（以下简称"文旅集团"）成立于2007年3月30日，是按照成都市委、市政府"发展大旅游、形成大产业、组建大集团"的思路，为深化文化旅游体制改革，提升成都文化旅游产业管理水平和竞争实力，推动文化旅游产业的发展而组建的。文旅集团是经市委、市政府批准，市国资委直接管理的按照现代企业制度要求建立的自主经营、独立核算的国有独资重点骨干企业，注册资金5亿元人民币。作为全市文化与旅游产业的投融资和运营平台，受市政府委托，文旅集团履行以下主要职能：承担文化与旅游资源的优化配置与拓展开发；承担文化与旅游营销任务；承担重大文化与旅游基础设施的建设与运营；探索国有文化与旅游资源所有权和经营权分离模式，推进成都市文化旅游资源的集约化和规模化经营，努力实现国有资产的保值增值。截至2009年4月，资产规模达42亿元人民币。2009年5月，按照市委、市政府的部署，成都体育产业发展公司整体划入，文旅集团成为成都市文化、旅游、体育产业综合投融资和运营平台。

目前，集团下属全资、控股、参股、委托经营分子机构共有16家：成都文旅资产运营管理有限公司、成都市兴文投资发展有限公司、成都文旅营销管理有限公司、成都文旅大熊猫文化产业发展有限公司、成都西岭雪山旅游开发有限公司、成都少城建设管理有限公司、成都万邦东西方文化旅游建设有限公司、成都文旅灯会办公室、成都文锦建设投资有限公司、成都文兴旅游发展有限公司、四川三岔湖建设开发有限公司、成都文旅平乐古镇开发建设有限公司、成都文旅天地吉祥大剧院有限责任公司、成都文旅西来古镇开发建设有限责任公司、成都安仁文博旅游开发公司、成都体育产业有限公司。

文旅集团成立以来，实施"一手抓资源，一手抓市场"战略，到目前已经开发、整合和储备了大量优质资源，并创新开展了丰富的市场营销活动。打造系列文化、旅游项目：西岭雪山灾后重建和景区基础设施提档升级及经营设施项目全力推进；大熊猫生态园三期完成并交付使用，四期项目正在抓紧前期筹备工作；天府古镇系列项目，先期开发的安仁世界级博物馆小镇、平乐古镇、西来古镇全面铺开；三岔湖项目按计划推进；都江堰龙池项目及西区项目、金沙艺术剧院旅游实景剧场及杂技剧院项目均稳步推进；抓紧实施宽窄巷子历史文化保护区二期项目计划；与锦江区合作打造的水井坊历史文化保护街区已经启动。形成游线产品，城市营销初见成效：举办"冬日暖阳 成都年"活动，有效整合成都及周边各主要景区及重要节庆活动，拉动文化旅游消费，有效提升城市形象；全球发行熊猫卡，带动成都旅游全面复苏；开展网络（各大网站及熊猫故乡网）营销，联合google全球推广等新颖方式营销成都旅游；熊猫品牌知名度不断提高，全力打造熊猫故乡网；与迪斯尼合作发行《熊猫回家路》，全球播映成都城市形象宣传片，继续在台湾、香港成功举办熊猫节。各项资产高效运营，国有资产保值增值：文旅集团打造的宽窄巷子历史文化保护区成为成都重要景区，截至2009年5月底，累计接待游客867万人次；成都市灯会连续实现收入、观灯人数大幅增长；"成都年"品牌逐步成熟；"天地吉祥"走出成都，其主题曲《天地吉祥》成为成都第一个受邀参加春晚的完整节目，并获得全国观众最喜爱节目奖，现已展开全国巡演。

图3-17 宽窄巷街区新地图

巷子中得到了很好的体现。宽窄巷子的推出，是成都文旅文化创意的一个具体体现。"2007年成都文旅成立之初，宽窄巷子就是第一个重点项目。我和我的团队提出'宽窄巷子，最成都'的形象定位，按照'情景式院落消费业态组合'的商业定位，推行'文态、形态、业态'三态合一的理念，打造具成都传统文化与国际都市风尚高度融合的文化商业社区。在这里，你能看到老成都，也能体会到新成都，能看到中国风情，也有很多国际元素。"

为什么选在汶川大地震一个月后推出宽窄巷子这个项目？尹建华回答道：当时，四川一些旅游景区遭受震损，四川旅游陷入前所未有的低谷。作为一个旅游企业，作为一个旅游项目，要在这个时候为成都、四川旅游造势呐喊。再加上当时建设得已经差不多了，所以就选在了这个时候开街。

2008年6月14日，第二届中国文化遗产日，宽窄巷子正式向公众开放，成为震后成都旅游复苏的标志性事件。

开街后尹建华的压力很大。开街似乎很简单，就是一个仪式一个典礼。开街后，如何更好地实现文旅集团的思路，如何聚集人气、商气，让游人、商家和文旅多赢，成为必须面对的问题。开街庆典仪式过后，冒着细雨，尹建华走在宽窄巷子里，站在熙熙攘攘的人群中，心里其实满是忐忑："宽窄巷子，到底能不能被市民和游客接受，我心里其实是没有很足的底气。"新开的宽窄巷子人气很旺，商家反映也不错。但到当年10月底，这里开始陷入低谷，来的游客不够多，商家的生意也不够好了。尹建华说："宽窄巷子的定位没有错，关键是要有信心，要坚持。为此，我们并没有简单对这里的商业业态进行调整，而是进一步提升服务，坚持以活动带动人气，创办创意集市，吸引年轻人来这里，体会老成都背景下的新东西；我们组织跨年音乐会、创办文化沙龙，等等。与此同时，我们还对商家进行适当补贴，靠着这些招数，宽窄巷子度过了最艰难的时期，一步步成为成都市地标性建筑，成为外地人来成都后必去的地方之一。"

二、有机更新——宽窄巷子动态保护模式

城市更新是一个城市发展到一定阶段必须要经历的过程。城市是一个动态系统，城市的经济、社会、环境、空间形态处于不断的发展之中。城市的动态既受制于城市外部经济、社会环境的变化，又受到城市内部增长衰退的影响。城市更新是上述经济、社会、环境和空间形态动态发展的直观表现，也是城市政府对这些动态发展在不同时间、地点形成的发展机遇和挑战所采取的政策行动。在城市保护更新中，历史文化街区的保护更新是重要内容。

1. 成都市历史文化保护区保护模式分析

成都大慈寺、文殊院、宽窄巷子三个历史文化保护区的改造都是由具有政府背景的公司运作、以动迁居民为前提的保护改造模式，虽然前期规划方案努力做到系统完善，但由于搬迁矛盾带来的巨大经济与社会问题，使得实际改造工作很容易就会偏离保护的主线，因过度商业化和建筑形制上的异化让人无法寻觅到历史的痕迹。走在基本改造完成的文殊院历史文化保护区的街巷中，空间感受与传统街区的差别很大，让人感到一丝陌生；以居民自建为主的太平巷街区改造模式由于不动迁居民，避免了搬迁带来的巨大经济成本压力，多种资金来源运作模式调动了居民的积极性，让社会投身保护与改造中，取得了一定效果。但是由于缺乏政府机构的监管约束，居民过多"自主"带来的随意性，使得改造工作进入"无序"与"无期"的怪圈。而宽窄巷子由于进展速度缓慢，操作过程中根据实际情况不断调整和修正，规划与建筑设计始终围绕保护的主旨，所以街巷空间与院落格局未有改变，传统建筑也在有序更新。

总的来说，成都现有历史街区的保护与利用越来越被政府和民众关注，人们越来越意识到历史街区改造对城市复兴的巨大推动力。面对巨大的潜在经济利益，无论是居民还是政府，更不用说开发商，都不会无动于衷，都会想方设法争取利益最大化。结果使得历史街区的文化价值的保留与经济价值的创生之间简单对冲，产生了巨大矛盾，文化价值被强大的经济利益所掩盖，不能够充分体现。更有甚者，打着"保护"的幌子进行"破坏性"建设。如何实现保护与利用兼顾，局部利益与共同利益并重，在保护中适宜性

利用，通过利用促进保护，需要探索一种新的模式。

宽窄巷子历史文化保护区的保护工作在进行的数年中，不断尝试、摸索、创新、修正，逐渐找到一条适宜之路，这就是"循序渐进、有机更新、动态保护"。

2. "有机更新"的动态保护模式
（1）宽窄巷子历史文化保护区保护模式的转变过程

宽窄巷子历史文化保护区最初同大慈寺、文殊院保护区的运作模式相似，都是以动迁居民为保护与更新的实施模式，"一户不留，一个不剩"最好。与其他街区的境遇一样，在项目进行的初期，遇到了巨大的困难和社会舆论压力。所不同的是，宽窄巷子的建设单位与设计单位及时总结经验，吸取教训，因地制宜和因时制宜，及时调整策略，保证了保护与更新工作有序进行。

第一，是将全体居民动迁改为部分居民动迁，部分居民以不动迁方式参与保护改造。愿意当"钉子户"的就留下来，有效地避免了政府与居民之间的矛盾。这部分不动迁的居民，以社会名流、文化工作者、艺术家等居多，他们知识水平高，居住时间长，对宽窄巷子的历史渊源、发展脉络有一定的了解；对传统建筑与文化遗产有较强的保护意识，同时又具备一定的经济实力。这些"钉子户"留下来，按照统一的规划设计方案，自行参与历史街区的保护与更新工作；能修的就修，能原样保留的就不动，使得历史街区的原真性得到最充分的保留。

第二，建设单位以收购的形式获得历史街区内的部分单位产权，使保护工作取得重要进展。特别是成都军区下属的被服厂、成都市文联的办公楼、国土局宿舍等，这些单位产权的建筑占地大，建筑形象差，又不同于私产房的政策灵活。顺利解决产权转让，成为历史街区更新进程的关键所在。

第三，变强制动迁为优惠动迁。吸收大慈寺的搬迁教训，采用合理、人性化、优惠的动迁政策，尤其对人口多、房屋小、生活困难的居民辅以更加优惠的动迁政策，解决他们的后顾之忧。宽窄巷子的搬迁补偿与住房安置，让居民"心安理得"和"心满意足"。

第四，变大规模改造为小范围更新。以院落为更新单元，几个院落一组进行保护与改造，不改动宽窄巷子的街巷空间格局和院墙立面。所以保护工程进行了三年，宽窄巷子依然生机勃勃。

最后，加强社会舆论引导，变舆论压力为动力。组织政府领导、保护专家、设计人员、媒体记者与居民代表座谈，了解居民的思想，介绍保护与更新的思路，使得各方在透明的状态下开展对话，避免产生误解而带来负面效应。

（2）宽窄巷子历史文化保护区设计思路的转变

宽窄巷子历史文化保护区的设计工作历时三年，整个设计过程一直处于动态变化中，一方面是实施过程的具体变化，包括动迁模式改变、时间进度的放缓等客观原因；另一方面，我们在设计进程中思想观念的转化与对历史文化遗产的理解加深，也促使我们不断修正自己的设计。分析这三年的设计过程，我们大致可以划分成三个阶段：

第一阶段，规划设计阶段。通过三种规划方案的比较，选取最为合理的方案作为实施方案；在确定规划方案的同时，也确定了宽窄巷子保护更新的模式、原则等大的方向。

第二阶段，建筑设计阶段。把保护的理念落实到建筑、景观设计和细部装饰等方面，在材料、做法等关键技术环节，严格贯彻保护的原则。

第三阶段，施工阶段。样板区的部分院落的修建，使我们充分检验设计成果，发现不足、总结经验；调整规划，鼓励不动迁居民保留原有建筑，有必要的进行新的设计。设计工作频繁改动，虽然工作量加大，但是实践证明，我们的努力得到了广泛的认同。历时三年的宽窄巷子保护更新的设计工作，缓慢但有序，保证了保护工程的进度和质量，并逐渐得到社会各界的好评。

（3）"循序渐进、有机更新、动态保护"的模式总结

"循序渐进"就是要小规模，有组织按计划进行，在保护历史风貌与街区原真性的同时进行保护与更新的实施工作，尽量不影响到历史文化保护区在城市中的影响力。时间可以放长，脚步可以放慢，避免急功近利，过犹不及。

"动态保护"强调的是动态，要在整个保护工程中不断修正自己的方式、方法与认知，不能一成不变，墨守成规，随时根据社会变化调整自己的策略，以期达到最终的保护目标。

"循序渐进""动态保护"概括了在宽窄巷子保护区保护更新工作进行时的工作态度，而"有机更新"则是保护更新工作开展的核心指导思想。

吴良镛教授在《北京旧城与菊儿胡同》中指出："所谓'有机更新'即采用适当规模、合适尺度，依据改造的内容与要求，妥善处理目前与将来的关系—不断提高规划设计质量，使每一片的发展达到相对的完整性，这样集无数相对完整性之和，即能促进北京旧城的整体环境得到改善，达到有机更新的目的。"即旧城按其内在的发展规律，顺应城市肌理，在可持续发展的基础上达到城市的更新与发展。

城镇是一个有机载体（Living organism），吴良镛教授认为，城市是千百万人生活和工作的有机载体，构成城市本身组织的城市细胞总是不断地

新陈代谢。应该通过持续的城市"有机更新"走向新的"有机秩序"。"有机秩序"的取得，在于依自然之理——持续地有序发展，依旧城固有之机理——"顺理成章"。需要让历史文化街区融入现代城市生活，包含当今生活样式的植入，必须要用起来而不是封存起来。成都少城建设管理有限公司副总经理徐军认为："我觉得最大的正面意义在于，2005年的时候成都规划院院长郑小明说，历史文化街区它一定是城市的有机的组成部分，它最大的价值是展现历史，同时随着城市的更新，成为城市的一个组成，而且是能够在使用的过程中发展和保护，而不是纯粹地'福尔马林'式保护，仅仅泡起来。它实际上是要被使用，而不只是供观赏的，价值就在此体现，它成为了城市鲜活的有机组成。"

我们在进行宽窄巷子历史文化保护区保护更新设计的过程中，正是遵循了以上思想，不仅仅保护保存保护区的历史、文化信息和价值；同时也注重街区街道的活力复兴和民生改善，最终达成宽窄巷子历史文化保护街区的复兴。

3. 审时度势，几点建议

睿思如剑锋，实践出真知；学而不化，非学也。成都宽窄巷子历史文化保护区三年多保护复兴的经历，不仅使我们学习到了国内外的先进理论与方法，而且通过对国内众多保护区的考察分析，对成都市各个保护区的调研比较，在设计与实践的过程中总结出许多宝贵的经验，当然也有深刻的反思，这些势必成为我们今后在历史文化保护区和历史文化遗产保护工作中的借鉴。宽窄巷子采用了注入"细胞与灵魂"活力、挖掘历史文化内涵、以院落为基本单元的保护模式，其核心是循序渐进与动态更新。如果能够对其他从事保护工作的研究与设计者提供一些思考，将是我们最欣慰的事情。此处总结历史文化保护区实践的几点建议：

（1）历史文化保护区的保护工作要避免急功近利

历史文化保护区的保护工作一定要保持平稳的心态，避免急功近利。"循序渐进"是一个漫长的过程，其间可能会受到社会各方面因素的困扰，只有坚持"保护"思想，始终不偏离"保护"的轨迹，不能犯"贪功"、"冒进"的错误，不能搞"献礼"工程。保护是一项脚踏实地的为民工程，必须按照自身的特殊情况，遵循客观规律循序发展。

（2）历史文化保护区的保护工作必须要审时度势

历史文化保护区的保护工作极其复杂，非常专业，它还是一个社会系统工程，受历史文化、政策方针、经济条件、城市规划、舆论导向、居民利益等众多因素影响。所以开展历史文化保护区保护工作必须审时度势，利用好各方面的资源；同时，不能一成不变，僵化地固守条条框框；要根据各种因素，及时调整保护策略。

（3）历史文化保护区的保护工作要做到"有机更新"和"动态保护"

吴良镛院士在几十年实践中总结出的"有机更新"理论是指导历史文化保护区乃至历史文化遗产保护的有效理论武器。在保护过程中需贯彻以下五点方针：第一要根据历史文化保护区性质与特点保护其整体风貌；第二要保护历史街区的真实性，保持其肌理轮廓，保存历史遗迹与原貌，包括文物建筑、传统民居、其他有价值的历史建筑和构筑物；第三保护工作要采取"微循环式"的模式，循序渐进、逐步更新；第四要积极改善历史文化保护区环境状况与市政交通基础设施条件，提高居民生活质量；第五保护工作要积极鼓励"政府主导、企业运作、居民参与、属地管理"的方针。

（4）历史文化保护区的保护工作要有坚强的技术保证

历史文化街区的保护不仅要有美好的愿望，还要有坚定的决心，更要有科学合理、切实可行的技术手段做保证。在历史文化保护区的保护实践中会遇到各种各样的技术难题，这些难题因为保护区所处的历史背景、城市环境不同而千差万别。所以保护工作的技术保证非常重要，在科学、严谨、专业的设计与研究人员的努力下，解决好诸如历史沿革、文化挖掘、城市功能、交通规划、消防设计、保温节能、木结构施工等问题，保证历史文化保护区保护工作的顺利开展。

宽窄建筑：

第四章

42个『最成都』院落的奇思妙想

瞻彼隽室赫煊辉·顾盼方庭熙和盈

衔泥筑巢·水滴石穿

宽窄巷子传统院落的分类与评价

一、不落窠臼——首立以院落为单位的保护体系

中国的建筑文化，从某种意义上来说就是院落的文化。中国的传统院落是在封建社会、宗法制度及伦理道德制约下产生的建筑形式。不论皇宫、王府还是百姓住宅，中国传统建筑形式一直以院落为单位，传统院落外观规矩、中轴对称，而且形式多样，对于中国人来说，院落不仅仅是一个物质空间，还是一个场所精神的核心。

院落是历史街区传统肌理及传统社会网络的依托，在以宽窄巷子为代表的兵丁胡同，胡同之间的土地以家庭为单位划分为大概一亩见方的地块，地块周边以院墙分隔，地块内以庭院为中心修建正房、厢房和倒座房，形成传统院落。院落和院落之间灵活有机地承接转合、环环相扣，形成了稳定平和而丰富多变的空间形态。院落不仅是成都少城建筑空间的重要表现，更是少城的城市空间生长，进而形成街巷脉络的最基本要素 最终成就了少城……，形成少城的格局形态和空间肌理。因此，保护城市生长基本单元的院落空间成为了宽窄巷子历史街区保护的关键。

翻阅以前的保护规划，大多都以建筑为基本单位进行分类，虽然以建筑的质量或风貌评级可以比较完整地表达建筑单体的价值，但宽窄巷子至今保存完整的院落格局让我们无法忽视其价值。清华安地在进行了大量的研究和资料积累之后，建立了先院落后建筑的独特的评级分类体系。优先对院落进行的分类评价，较之只对建筑本身进行的分类评价，不仅能够从大格局上

把控空间，对屋顶肌理、街巷尺度的处理更加得心应手，而且从后来的效果看，对整个街区的商业定位也起到了至关重要的作用。

二、条分缕析——院落和建筑的分级与评价

1. 院落的分级原则及评级

院落是宽窄巷子历史文化保护区的基本组成单位，对院落的调查是传统民居现状调查的重要组成部分。对院落的分级将从院落格局、建筑风貌、细部装饰、庭院景观、非物质文化信息等方面进行详尽的记录描述，其中前三项是院落分级评定的必要条件，即每个院落都会从这三个方面对其评价之后得出结论，而后两项会作为补充评价内容，记录该院落的附加价值。

宽窄巷子传统院落分级遵循如下原则：

1）院落格局的完整程度如何，是否有院墙，院墙采用什么材料，有无独特院落形式与空间；

2）建筑主体结构是否保存完整，建筑风貌是否与传统风貌协调；大门门头是否完整，样式是否独具风格；是否有反映某一历史时期特征的构件（如拴马桩、牌匾、碑刻、水井等）；

3）细部装饰构件与门窗是否保持传统样式，是否具有保存价值；

4）庭院内庭院绿化是否有特色，树木或景观小品是否具有历史价值；

5）是否有特殊的历史价值，是否与历史人物的活动相关，是否有历史故事或传说等。

在此原则指导下，我们经过扎实的现状调查，将宽窄巷子核心保护区按照院落现状情况分为以下六类：

第一类：院落格局保存完整、历史价值较高，建筑风貌好，主体结构保存完整，细部装饰有特色；

第二类：院落格局较为完整，风貌与历史保护区较协调，主体建筑基本保存，有一定数量的传统装饰构件，具有一定的历史文化价值；

第三类：院落格局尚存、主体建筑年久失修，部分门窗构件损坏较为严重；

第四类：院落格局不清，建筑属于危旧房屋，私搭乱建严重，基本不能反映历史信息；

第五类：新建的仿古建筑，一定程度上考虑了与传统街区的风貌协调，但体量较大，未采用传统结构和做法；

第六类：新建的与传统风貌相悖的现代建筑。

图4-1 保护院落分类图1

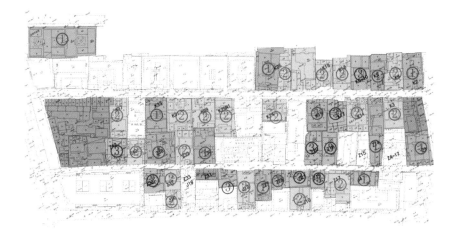

■ 一类院落 ■ 二类院落 ■ 三类院落 ■ 四类院落

图4-2 保护院落分类图2
资料来源：《宽窄巷子历史
文化保护区建筑方案设计》

院落分类评价指标：

保护区规划总用地：319342平方米（约479亩）；

重点保护区规划用地：66590平方米（约99.89亩）；

第一类院落占地面积：9912平方米（12处），占重点保护区的14.89%；

第二类院落占地面积：11292平方米（19处），占重点保护区的16.96%；

第三类院落占地面积：4714平方米（11处），占重点保护区的7.08%；

第四类院落占地面积：6795平方米（11处），占重点保护区的10.20%；

第五类院落占地面积：4527平方米（4处），占重点保护区的6.80%；

第六类院落占地面积：17790平方米（18处），占重点保护区的26.71%；

其他及道路占地面积：15356平方米，占重点保护区的17.36%。

其中传统院落（第一类至第四类）总占地面积32713平方米，占重点保护区的49.13%；新建现代结构与形式的建筑（第五类、第六类）占地面积22317平方米，占重点保护区的33.51%。

2. 建筑的分类及评价

建筑是街区传统风貌特色的具体体现，是人们活动与各种功能存在的主要载体，建筑的结构形式、色彩风格、细部处理是地区传统文化的直观反映；对具体建筑的分析评价是院落分类评价后的更深一步的要求，我们将从建筑的质量与风貌两方面具体分析，每一个建筑将以这两个方面的信息来定位。质量分级描述了该建筑物结构的坚固程度和外表的损毁程度，风貌分级则体现了该建筑物在历史、文化、传统方面的价值高低。

根据详尽的调查研究，我们把核心保护区内的建筑分为六类，相应的保护与更新措施有四种，分别是：

第一类，保护建筑与构筑物（主要是指成都画院、宽巷子、窄巷子、井巷子部分院墙、砖门头等），相应的措施主要是保护；

第二类，有价值的历史建筑（包括一、二类院落中的主要木结构建筑和部分砖木结构建筑），相应的措施是保护和重修；

第三类，一般历史建筑（包括保护院落中建筑质量较差、传统风貌较好的木结构建筑），相应措施是重修或重建；

第四类，质量和风貌都较差、无保留价值的传统木结构建筑，相应的措施是拆除后更新；

第五类，与传统风貌较为协调的新建筑（如宽居、龙堂等），相应的措施是暂保，时机成熟时再更新；

第六类，与风貌不协调的新建筑（如部分多层住宅、部队工厂等），相应的措施是拆除后更新。

此六类建筑并不包括私搭乱建的临时建筑与棚屋。另外对一些院落中有历史价值的门头、院墙、古井、古树应采取严格保护、加固、维修的措施。建筑分类评价指标分析的结果参见表2-1、表2-1、表2-3。历史建筑保护和更新采取的主要措施包括：

保护与维护： 在对保护建筑及其环境所进行的科学的调查、勘测、鉴定、登录的基础上，对质量较好的建筑进行原样保护和维护，以日常保养为主，最大程度保持历史信息的原真性。

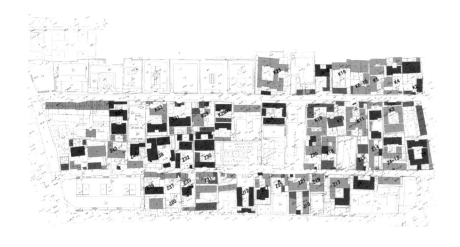

建筑质量较好
原结构保存较好
原门窗保存较多

建筑质量中
原结构保存一般
原门窗少量保存

建筑质量差
原结构破坏较多
原门窗基本缺失

图4-3　建筑质量分析图

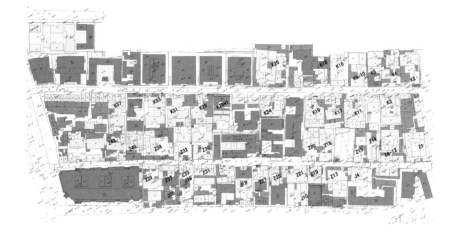

□ 木构类历史建筑　　■ 砖木类历史建筑　　■ 新建永久性建筑　　■ 临时搭构建筑

图4-4　建筑结构形式分析图

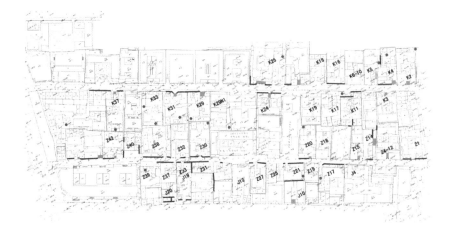

■ 老院墙　　■ 旧砖墙　　■ 现存原木构门头　　□ 现存原砖构门头　　■ 井

图4-5　门头院墙分布图

修缮与维修：对历史建筑的保护方式，包括破损维修、安全加固、现状修整、重点修复等技术措施；当建筑破损严重，维修修缮已经不能恢复建筑的原样，不能满足继续使用的要求时，采取落架大修不失为一种可行的方法。落架重修是我国传统木结构建筑维修的主要手段，是一种特殊的保护和维修方式，可以对破损严重的建筑构件进行比较多和比较大的更换，但与重建不同。我们在落架之前也进行了严格的测绘，以扎实的基础工作为前提，确保重修后的历史原貌。

恢复与重建：对历史建筑和历史环境要素进行的不改变外观特征的保护性复原活动，允许依据可靠的历史资料按照原始形态恢复或重建，建筑内部或建筑的次要部分可以稍作改变，增加一些设施，满足现代功能需要。

更新与新建：对于历史风貌有冲突的建筑物和环境要素进行的改建活动，包括整修、拆除、重建、新建等，建成后的建筑物和环境要素要符合原有历史风貌要求。

精神依存·意境栖居

宽窄巷子历史文化保护区的建筑设计

一、诘本究末——保护院落的建筑测绘

1. 建筑测绘的目的和内容

建筑测绘的目的是保留完整的基础资料，真实地记录和复原传统建筑与院落的原貌。由于历史变迁，居民更迭，许多院落传统建筑被加建、改建，传统风貌被严重破坏。真实而准确的测绘，不仅可将现阶段的建筑物完整地描绘下来，同时根据院落格局、建筑形制、装饰构件，以及对传统川西民居的研究、对居民的调查，对原有建筑形象作出比较准确的判断，作为下阶段保护、维修、加固、重修、复建、更新的主要依据。

2003年4月的规划阶段，清华大学的老师就已经走访了宽窄巷子的每一个院落，对其作了初步的记录和评价。在规划方案确立之后，清华团队及时做出了测绘院落的计划。清华大学建筑学院的师生分成两批，于2004年6~7月前来成都，分两次深入每家院落进行细致的测绘，得到了大量第一手资料。

2004年6月10日，由清华大学和安地公司的老师带队，清华大学学生一行15人，开始了为期七天的宽窄巷子的第一次测绘工作。根据之前规划调研中对院落质量的初步评价，第一次工作对巷子内的16个院落和一栋单体建筑进行翔实的测绘和记录。这16个院落分别是宽巷子2号、宽巷子3号、宽巷子4号、宽巷子16号、宽巷子25号、宽巷子29号、宽巷子29号新、宽巷子31号、宽巷子37号、窄巷子1号、窄巷子4-12号、窄巷子14号、窄巷子27号、窄巷子30号、窄巷子33号、窄巷子38号和单体建筑井巷子4号院正房。

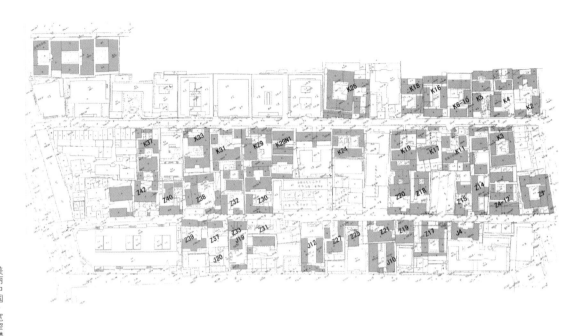

测绘院落

图4-6 测绘院落分布图
资料来源：《成都宽窄巷子历史文化保护区建筑方案设计》

　　一个月之后，宽窄巷子第二次测绘工作正式展开。清华老师连同30名清华大学的学生测绘队，进行了宽窄巷子最大规模的一次测绘活动。这次共测绘院落23个，分别是宽巷子5号、宽巷子6号、宽巷子11号、宽巷子17号、宽巷子18号、宽巷子19号、宽巷子27号、宽巷子33号、窄巷子15号、窄巷子17号、窄巷子18号、窄巷子19号、窄巷子20号、窄巷子21号、窄巷子25号、窄巷子37号、窄巷子39号、窄巷子40号、窄巷子42号、窄巷子48号、井巷子10号、井巷子12号、井巷子16号和成都画院。除了院落的测绘，第二次测绘工作还包括宽巷子南北立面、窄巷子南北立面、井巷子北立面和长顺街东立面共6条街立面，至此宽窄巷子艰巨的测绘任务基本完成。这两次测绘工作不但将一二类院落信息的悉数记录下来，还对一部分有价值的单体建筑进行了记录：如井巷子4号院的院落格局已被破坏，但正房却得以完整地保留，测绘工作便也将其纳入了工作之中，对其状况予以记录。

　　现场测绘工作由白天的测量绘图和晚上的资料整理两部分组成。现场测绘分组进行，每两位同学组成一个测绘组对目标院落进行测量、绘图和拍照工作；老师则会在现场对测绘的每个小组工作进行实时指导。结束白天的工作之后，所有的同学将手绘测稿交给老师审核，对含糊不清的内容重新标注，并将各个院落记录的照片分类整理、查遗补缺，次日再去现场进行数据补测和照片补拍。现场测绘工作结束后，便进入了紧张的测绘图绘制和资料整理的阶段。每位同学根据现场绘制的大量测稿整理并绘制为正规电子图

图4-7　第二批测绘人员合影

137

纸，交与老师审阅完成。

两次大规模的测绘工作结束之后，清华安地迅速进入方案设计阶段。虽然有了两次翔实的记录，但在设计过程中，仍旧发现了很多似是而非的角落。在对所有院落的不明之处做了统计之后，于2004年12月由两位同学对宽窄巷子进行了院落补测和照片补拍工作。

测绘工作取得了丰硕的成果，最终共测绘院落42个，完成所有建筑的电子图纸绘制；除临时建筑和明显不属于传统建筑的现代建筑外，每个院落记录了包括门头、主体建筑、附属建筑、门窗隔板、装饰构件以及老院墙、古树名木、古井石刻等景观元素，建筑测绘力求真实、准确、详细，凡因遮挡或遗失造成无法测量的部分要明显标注。街立面的测绘主要目的是分析宽窄巷子的街巷空间与传统风貌，需要准确标明门头位置、檐口高度、材质色彩等。这些成果为后面的建筑设计奠定了坚实的基础。

该片区实际有自然院落80个，住户904户。在逐户进行测绘的过程中，经过调研分析，发现真正具有保存价值的院落只有42个，其中宽窄巷子37个院落，井巷子4个院落，还包括成都画院。最终的测绘成果，也就是由这42个院落的测绘图纸组成。这一系列由清华师生共同完成的测绘，最终形成了三大本厚厚的《成都市宽窄巷子历史文化保护区古建筑测绘图》，上面清楚地记录了每个被测院落的位置、开间布局，甚至屋檐的角度、饰物等。据刘伯英老师介绍，该片区老院落的占地面积为32713平方米，占核心用地

图4-8　老院墙

49.13%；而陆续建设的建筑（无保存价值的建筑）占地22317平方米，占核心区用地33.51%。在测绘后，把所有院落按价值分为6类，其中一、二、三类值得保护，实际占地25918平方米，占老院落的79.23%。在这些数据的基础上，制定了宽窄巷子核心保护区的经济技术指标，保护区建筑面积扩大了，争取把能够抢救出来的都抢救出来，利用更新、移建，使90%的老院落尽量原汁原味，面积达23438.1平方米。

2. 院落档案的建立

一、二、三类的42个院落占全部传统民居院落的80%，完整地建立这42个院落的档案，可以真实反映历史文化保护区的现状到保护的过程。测绘档案就是宽窄巷子的第一套院落档案，包括现状照片（院落格局、建筑、门窗、构件、室内、庭院、其他等）、院落调查表（院落与建筑的描述、目前居民调查、历史传说典故等）、测绘图。随着设计和施工进度的推进，设计图、竣工图、施工洽商，以及施工过程与建成后的照片，逐步补充进来。这42套院落档案将会为今后了解宽窄巷子历史文化保护区保护和更新的工作过程，提供珍贵的资料。

院落编号	A3-2	建筑名称	宽巷子25号（K25）	
建筑年代	清	建筑结构	木	
户数/人数	19/63	建筑形式	传统	
用地面积	1381.8平方米	建筑面积	886.73平方米	
保护程度	中	建筑分类	一类	
历史价值	高			
建筑功能	居住			
位置、朝向、布局（画出平面示意图）	1. 位于宽巷子南侧，中部，坐北朝南； 2. 主院三进带东跨院两进。主院的中心庭院为第二进院落			
建筑、装饰特点（原主要建材、地坪、墙面、门窗、屋顶、大门、正房、南房、厢房等）	主院落的一进院落在南房和过堂之间，过堂和东西厢房及正房形成四合院，中心庭院是主院的中心庭院。正房以北两侧各有一间后厢房围合成小院。 跨院为二进院落。跨院由巷道向西分别通至主、次院落。 1. 主院前（南）天井，南房3间，悬山顶，明间略高于次间，穿斗木构架刷黑色：明间为传统式大门，门板刷黑色，门前两侧有八字影壁，前檐两棵明柱下各有1根花卉和"鹿回头"雕饰的木牛腿、1棵垂莲柱和1个"狮子滚绣球"梁托，门外两侧各有1红砂石门墩。临街院墙刷黑色，局部改水泥。 2. 主院前天井北侧正房5间，黑瓦，悬山顶，穿斗木构刷黑色，明间为过厅，次、稍间为住屋，明间北檐下明一卷草木雕牛腿，隔墙上半部为竹篾抹白灰，下半部为板壁。 3. 主院中天井，正房5间带内廊，悬山顶，穿斗木构刷黑色，中3间屋顶高于稍间，檐下有垂莲柱5棵，明间前檐明柱上各有1棵草龙木雕牛腿，隔墙用木板壁，稍间前檐保留原木格扇6扇；东西厢房各3间，悬山顶，穿斗木构刷黑色，隔墙用板壁，前檐墙窗下用裙板，窗上用竹篾抹白灰，前檐下有垂莲柱3棵。 4. 后天井，两侧厢房各1间，悬山顶，穿斗木构，隔墙用板壁及竹篾抹白灰。 主院前天井和中天井边缘局部保留红砂石压沿。 5. 东跨院，临街院墙刷黑色，大门位于东南角。入口之后是长巷道，直通北院墙，其西侧院墙上开门分别通往前、后天井。前（南）天井西厢为3间2层，穿斗木构刷黑色，隔墙用红板壁，前檐墙用板壁和竹篾抹白灰，楼梯位于南侧檐下。后天井，主院中天井东厢房对此开门，正房3间，东次间北部有井1口，现已封；南房与前天井正房相接，悬山顶，穿斗木构，用板壁与竹篾抹白灰			

损毁状况 （对应上格，凡有损坏处均指出）	主院院落格局保存较为完整，但在中心庭院有搭建的水泥棚。跨院搭建较为严重。 1．主院大门内两侧后建木构房；北侧过厅内加板壁和红砖墙改为住屋。 2．中天井东侧后建红砖房2间；正房明间内加红砖墙改为住屋，其后檐廊下加楼梯通往阁楼；西厢与正房之间的檐下空间加灶台改造为厨房；东厢北次间屋顶加老虎窗。 3．主院后天井两侧厢房门窗无存，墙体局部改红砖。 4．东跨院前天井正房为后建红砖房，西厢南侧为后搭木构单坡顶厨房。后天井正房东次间北部的井已封并加盖砖房。 5．天井和过厅地面大多改水泥，住屋部分改水泥。
绿化环境	前天井种植竹林和1棵小银杏；后天井老夯土墙外种植1棵枸树

改造建议	社会资料	
	家庭结构	
	成员	

一层平面图

屋顶平面图

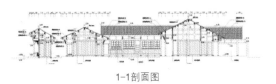

1-1剖面图

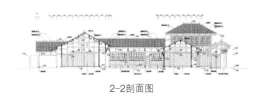

2-2剖面图

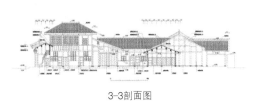

3-3剖面图

4-4剖面图

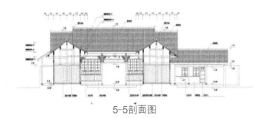

5-5剖面图

6-6剖面图

南立面图

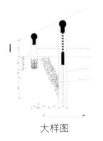

大样图

图4-9 宽巷子25号院落档案

二、归纳总结——建筑特点量化分析

在拿到了测绘图作为设计工作的第一手资料后，设计师首先对宽窄巷子的街巷、院落、建筑和装饰构件进行了统计分析，从量化数据中总结建筑和空间特征，用于今后的方案设计。

1. 街巷空间特点

宽窄巷子的街道尺度由两旁的建筑和院墙界定：宽巷子街道宽度最窄处6.9米，最宽处10.2米，集中宽度在7米；窄巷子较宽巷子略窄一些，最窄处4.2米，最宽处8米，集中宽度在5米左右；井巷子宽度多集中在6米。由此可以看出宽巷子的街道宽度略宽于窄巷子和井巷子，而与之对应，宽巷子两侧多以大院为主，不论门头还是院墙高度都比其他两条巷子高大，沿街建筑多是1~2层，建筑高度5~8米，形成的街道高宽比大致为1:1。行人走在街巷中，更多感受到的是宜人的尺度、生活化的空间。这种空间尺度，是从居住空间模式上发展起来的，临街建筑通过大门、院墙或窗花向外渗透，使街巷的人和院落中的人可以既分又合，相互对话。

2. 院落空间特点

宽窄巷子以庭院式为主要形式，基本组合单位是"院"，即由一正两厢一下房组成的"四合头"房。中国传统居住院落，以庭院空间划分院落进数。根据院的多寡，院落空间可以分为一进院、二进院、三进院、四进院等。院落的纵深发展会受到胡同间距的限制，在纵深发展达到极限时，院落会在横向复合，组成附有跨院的组合形式。对宽窄巷子院落格局尚清晰的44个院子进行统计，其中一进院落8个，二进院落29个，三进院落5个，四进院落1个；宽窄巷子以二进院落为主，二进院在宽巷子和窄巷子的分布比较均衡；一进院落主要集中于井巷子；三进院落集中在宽巷子两侧；唯一的一个四进院落是窄巷子14号，此院面窄狭长，连接了宽巷子和窄巷子。其中宽巷子25号院是宽窄巷子中唯一的带跨院的院落。

宽窄巷子院落空间特征表　　表4-1

	一进院落	二进院落	三进院落	四进院落
宽巷子	3	13	4	1
窄巷子	5	17	1	
总计	8	30	5	1

虽然宽窄巷子是北方四合院在成都的孤本，但是在院落布局上也汲取

了川西民居的特点，相对开敞和自由。以庭院式为主要形式，平面布局灵活多变，对称要求并不十分严格。四合院住宅的屋顶相连，雨天可免受雨淋之苦，夏日不致使强烈的阳光过多射入室内。而且宅出檐及悬山挑出很大，也可防止夹泥墙或木板墙、桩土墙遭雨水冲刷。天井纵深较浅，以节省用地面积。院内或屋后常有通风天井，形成良好的"穿堂风"，并用檐廊或柱廊来联系各个房间，灵巧地组成街坊。

3. 建筑特点

宽窄巷子内传统建筑以木结构和砖木结构为主，两者总建筑面积14212平方米。传统木结构建筑面积12847平方米，占90.4%，传统建筑面积的砖木结构（不含新建）建筑面积1365平方米，占总面积的9.6%。

宽窄巷子内的建筑造型上轻盈精巧，所有传统建筑都采用了坡屋顶的形式，同时，为适应炎热潮湿的气候，民宅建筑多为木穿斗结构，斜坡顶、薄封檐，开敞通透，轻巧自如。建筑的梁柱断面较小，外墙体的高勒脚、半桩台，室内加木地板架空。

所谓穿斗式木构架就是沿着房屋的进深方向立立柱，但柱的间距较密，柱直接承受檩的重量，不设架空的抬梁，而数层"穿"贯通各柱，组成一组组的构架。也就是用较小的柱与数根木拼合的穿，造成纵向整堵墙的构架，建造时先在地面上拼装成整榀屋架。然后竖立起来。密列的立柱也便于安装壁板和筑夹泥墙。穿斗式木构架具有用料经济、施工简易、维修方便的特点。庭院内地坪下沉一至两踏步，四周以红砂岩压边，屋檐一般不高，绿影婆娑，润泽可悦，使人感到温适而明快。

宽窄巷子民居的飘逸风格，表现在建筑色彩上是朴素淡雅。川西平原

图4-10 窄巷子30号（Z30）

图4-11 宽巷子11号（K11）内庭院

图4-12 窄巷子1号院结构
模型

植被较好，四季常青，而民居的建筑色彩十分朴素，多以冷色调为主。瓦为青色，墙为粉色（或灰砖色），梁柱为茶褐色，门窗多为棕色（或木料本色）。其重点装修部分是小门楼，俗称"龙门（或门道）"，但仍是以冷色调为主，常常"雕而不画"。四川民居木作做工精细，门窗格扇、罩、挂落、挑枋、撑拱、带瓜柱等施雕部位广，做工考究，美观自然，题材多样，形象生动自然，有很高的艺术价值，也体现了四川的悠久文化。

三、追古寻幽——宽窄巷子建筑设计

由于保护院落建筑设计涉及42个院落，每个院落都不尽相同，设计难度与工作量都十分巨大。为了设计管理的方便，根据院落和产权关系，利用街巷将保护区分为四个大功能区，并将院落编号。建筑设计着重在保证宽窄巷子历史文化保护区院落格局、街巷景观、建筑风貌的完整性和特色的前提下，对混乱的现状环境进行改造整治。通过设计强化原有的院落格局，延续宽窄巷子街巷的空间尺度关系，使保护区整体建筑风貌协调统一。保留"鱼脊骨"胡同形态，保留街巷—门头—庭院的空间层次，保留密集紧致的院落排列形式，保留街巷和院落中的古树古井，并在有条件情况下保留适量的原住民。

建筑根据功能组团的划分，按照功能特性进行设计，在面积规模、建筑层数、室内空间、功能布局上充分考虑经济性、灵活性、适应性。在建筑设计上考虑通用性，为今后的使用者留有功能变化的余地。

宽窄巷子历史文化保护区的保护院落的建筑设计根据建筑的分类，结合院落特征，大致有几种设计模式：第一种是全面保留，保护现有院落格局，拆除后搭建房屋，更换腐朽构架，替换与风貌相悖的门窗，保留原有的生活状态；第二类是全面保护，即完全意义上的落架重修，按照测绘资料恢复原有格局，替换腐朽的承重木料，屋顶和四壁增加隐蔽的保温节能材料，市政管线入户；第三种是部分保护部分新建，根据测绘与调研，将院落中明显被拆除或改建的部分恢复原样，对于无从考证的部分进行新建；第四种是运用新的建筑材料和结构形式，将格局已被破坏且无从考证的院落进行与传统风貌相协调的设计。

1. 抚今怀昔：宽巷子11号、窄巷子30号建筑设计

（1）宽巷子11号院方案设计

在宽巷子的东南边有一座院子，历经岁月的沧桑，老屋斑驳。院内的天井、绿意的青苔记载着老屋的繁华与落寞。

这里是宽巷子11号——恺庐，它的院落门头为宽窄巷子中最富标志性的门头之一。"恺庐"的大门由于风水的关系向西北歪斜得厉害，恰恰是这种招人眼目的方式，让它可以吸纳更多的阳光深入庭院。传说百年前此宅院主人留洋归来，颇有一番革新思想，把自家的旧门庭焕然一新。院门由特制的青砖砌成带有弧形兀起的拱形，门洞上方嵌入中式传统石匾，匾上采用大篆阳刻"恺庐"，二字写法一反当时中国人从右向左读字的规矩，可谓革新。石匾上方砌出的椭圆形图案，代表高悬"避邪镜"，意在镇退各路妖魔，永保家宅平安。

据传说，解放前夕的"恺庐"是刘文辉部下川西电台台长陈希和的私宅，蒋介石到成都时曾专门来过这里。后来解放军势如破竹，刘文辉给

解放军的电报就从恺庐发出。历史的车轮滚滚碾过，往事渐渐化为尘埃，很多的事情虽然已经无法考证，但是正是有这些久远的若即若离的故事，才让宽窄巷子里的建筑充满了传奇。而现在的"恺庐"，是宽巷子里唯一"留驻"的八旗子弟，四川音乐学院副教授那木尔羊角的居所。羊角家就在老宅右侧次间和后面小半花园，再加一个后厢房。后厢房现在是画室，除一张画案外，到处摆满了根雕、泥俑、古玩、纸张。那木尔羊角先生原来是一个画家，世居少城，夫人蒋仲云的祖爷是光绪的私学老师，年老后定居在这里。至今，羊角先生还家藏前清翰林所书字卷，纸张已经泛黄变脆而龟裂。像这种能逃过岁月劫难得以幸存的实物，在少城满蒙族后裔中，已属绝无仅有的了。

1945年，羊角出生在长顺街的一个蒙古族家庭里。羊角小时候生活的地方，主要在长顺街、同仁路、四道街等，这些地方离宽巷子都不远。"经常一不留神，就跑到这里来了。"在宽窄巷子泡久了的成都人都亲切地称呼他羊角老师。现在的羊角老师有一股豪爽气，一脸风霜。他厚发、方脸、粗犷、练达、健谈，说起少城到满城，宽巷子、窄巷子、支矶石、井巷的过去和现在，邻里与街坊，总是滔滔不绝，简直如满城百事通。羊角对宽窄巷子有着深厚的情感，在拆迁的过程中他也作为反对拆迁的中坚力量与少城公司对抗，也许出于无奈，也许出于其他原因，他以原住民的身份留在了宽窄巷子，宽窄巷子改造之后，他更加珍惜现在的"恺庐"，与当年的反对拆迁改造的态度截然不同，他以如今的宽窄巷子为荣，而今的他也成了宽窄巷子的"活地图"。

在规划设计时，宽巷子11号定级为二类院落。院落坐南朝北，是由院门、过厅、厢房、正房和后厢房组成的三进院落。前（北）天井北侧临街大门与宽巷子街道有约30°交角，其西侧开敞地内原有一口公共水井，20世纪

图4-13 宽窄巷子开街 羊角先生

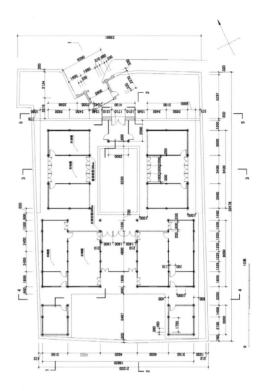

图4-14 宽巷子11号现状地形图　　　　　　　　　　　　　图4-15 宽巷子11号测绘平面图

图4-16 宽巷子改造前照片

80年代城市自来水供水后停用。临街大门为西式黑色空斗砖门头，前天井南侧为二道门。中天井南侧为朝北的正房5间，东西厢房各三间。南（后）天井两侧厢房1间，悬山顶。宽巷子11号院格局比较清晰，但院内许多地方已被改建。前天井东侧房屋改红砖墙，西侧局部被改为水泥建造的住屋，二道门门板破损严重，门窗也被更换；其东侧房屋改为水泥建造的厨房；正房前廊东半边加砖墙封闭为住屋，后檐明间加封成小阁楼。东侧两次间外墙抹水泥，西侧厢房前墙改水泥和铝合金门窗。整个院子布局灵活，虽然有多处改建，但大的格局清晰，院落进深不大但却形成三进天井，极具特色；倾斜的西式大门一直都是游客拍照留念的必须场所，流传与此的故事传说以及久居于此的宽窄巷子活地图——羊角老师，都让宽巷子11号成为了这里的一张名片。

从宽巷子11号改造前的照片我们可以看到，这个不大的三进小院相对比较低矮，这是因为在当时这里住的都是普通士兵和下级军官，旗兵的兵营是不能超过3米高的。后至民国时期，宽窄巷子的建筑普遍加高，像11号院子

图4-17 鼓凳

图4-18 11号院的老井

图4-19 改造前的恺庐

图4-20 改造后的恺庐（网络图片）

正房的墙壁不到3米高的地方，有一道明显的分界线，房子的柱子也从这个高度用短柱向上加高了1米多，正房的气势从此凸显出来。 在对宽巷子11号院的地形图和测绘平面图的对比中可以发现，测绘的过程中院落已经有了清晰的格局，例如主庭院中（二道门南侧）临时搭建的木结构房屋和正房西侧与院墙之间的缝隙，都在测绘的过程中予以还原。在对宽巷子11号的设计中，保留原有院落格局，保留正房、厢房、大门、二道门、水井等富有特色的建筑和构筑物；拆除私搭乱建的棚户，并对损毁的结构予以重修，将与传统风貌不协调的水泥墙体和门窗置换。

一个完整的历史街区不但需要老的建筑，更需要能够传承街区文化的人。对宽巷子11号的改造就是如此，不但保留了物质的空间和结构，还留下了像羊角这样会讲成都话、熟知宽窄巷子历史，并且有着和睦邻里关系的原住民。

（2）窄巷子30号院方案设计

窄巷子30号位于窄巷子南侧中段，北接宽巷子29号院子。院落坐北朝

图4-21 2004年窄巷子30号状况

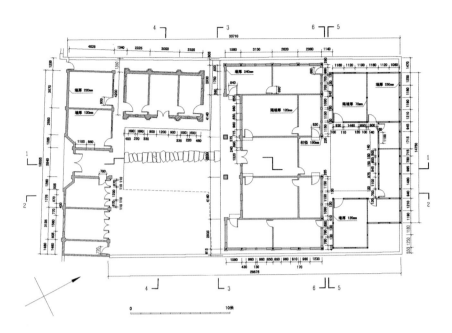

图4-22 测绘图

南，布局完整，中轴对称，是宽窄巷子保留下来的典型的两进院落。院子正门为砖木结构的八字歇山大门，是宽窄巷子内唯一的歇山顶大门。正房为砖结构，立面以青砖为主，门头为拱券式，上方为木制火焰纹窗。窗扇为黑色木格纹上下推拉式，红砂石质地窗台，异型砖铺砌的窗下墙，并有三层砖踢脚。正方明间有砖柱檐廊，柱头装饰以火炬卷草并涂白色涂料，院内门窗皆为西洋风格，窗拱门洞细部处理细致繁复，是西洋风格比较突出的一处院落。院中保留下来的罗马柱是成都市最早的罗马柱建筑之一。前院西厢房三开间，为西式砖木结构，东侧厢房位置新搭建木构两间，东厢房山墙与正房之间有古井一口。后院北房四间，木构单坡，两侧厢房各一间，围合扁长的后天井。

历史回溯到1856年，那时法国传教士洪广化就住在这里，他把四川分为成都和重庆两大教区，并以此为据点向周围各县府发展，使天主教很快遍及了成都地区。在窄巷子30号居住期间，洪广化命人将院子和建筑重新修饰，成就了窄巷子30号中西合璧的建筑风格。

窄巷子30号在院落评价体系中属于一类院落，格局规整，主体结构完整清晰，建筑特色鲜明，门窗细部精美，历史价值较高，设计方原本给予的方案是保留院落，局部修缮。但经四川省建筑科学研究院鉴定，窄巷子30号的建筑结构体系已存在严重的安全问题。经过再三权衡，方案确定将最具特色的歇山顶门头和正房的火焰柱头檐廊柱予以保留，其他部分按照测绘资料进行落架重修。对拆下的门窗、砖瓦等构件，将其分类编号，留以后用。

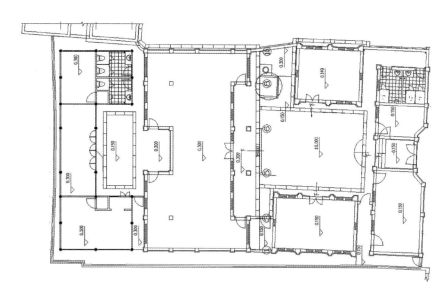

　　在具体的设计中，拆除前院两间新搭建的木构厢房，以西厢房的风格特色为依据设计恢复两间砖木结构的东厢房；加大后院北房进深，补齐院子东北角缺失的房间；对正房去除原有房间的隔断，主体结构严格按照测绘图落架重修，保留正房明间及梢间檐廊砖柱；保留前院东厢房山墙与正房间的古井和古树，增加厕所两处，分别位于倒座房和后院厢房。设计之后的窄巷子30号院格局更加完整清晰，风貌统一，取消了房间内的隔断，变小房间为大空间，在将来新业态入驻后能够灵活划分，新增的厕所解决了院落之前如厕难的问题。

　　窄巷子30号的大门作为宽窄巷子内唯一的歇山顶门头，其价值不言自明。大门砖墙上部的木构屋架已经损毁，但大门的八字砖照壁和倒座房的外墙保存完整，近年来有若干次抹灰或刷漆保护，虽有少许风化，但情况并不严重，砖缝之间粘结紧密，经专业机构鉴定，可以维持一定的使用年限。但现有的砖墙也只能承受自身荷载，对于需要更换的新木屋架的门头和倒座房，只能采用新的结构体系，严禁借用或传递到保留的砖墙体上，方案保留了大门的砖墙体，在原来倒座房墙体里重新做一个新的结构体系，并与原来的墙体进行拉结，保证门头的稳定。倒座房的屋架用新的结构进行支承，大门屋架由于平面限制采用门头横墙和新结构共同支承。施工过程采用了筏板基础的原理，既保护了原有院墙的基础，又使新结构得以施行。

　　如今的窄巷子30号经营了一家西餐厅——瓦尔登。在一片川西民居建筑

图4-24 施工现场浇筑筏板基础

图4-25 建成照片

的宽窄巷子里，这座明清时代保存下来的中西合璧的院子，仿佛一位异乡来客，如今却成为宽窄巷子中所有混搭元素中有着独特历史根基的一道风景。瓦尔登西餐厅的创始人是美籍华人，他喜欢作家梭罗笔下美丽的瓦尔登湖以及梭罗在瓦尔登湖边的生活，因此将他的西餐厅也命名为瓦尔登。青砖灰瓦的四合院，树影婆娑，恬淡闲适。浪漫的木制火焰纹窗下，古老的罗马柱之间，有沁心曼妙的音乐，还有亲切而专业的西餐顾问和靓丽的服务员。从环境到服务的每一个环节，瓦尔登都匠心独运，无不彰显中西文化的完美融合，让每一个造访者切实地享受最好的美式西餐。

图4-26 宽巷子17号大门

图4-27 宽巷子17号院正房砖柱　　图4-28 宽巷子37号院大门修缮　　图4-29 窄巷子30号院保留院墙
加固

　　除了以上的窄巷子30号大门和倒座房的外墙，宽巷子其他的院落大门和砖柱也采取了行之有效的保护措施。宽巷子37号院的大门立面和照壁保存较好，但大门框架已腐朽，采取的措施是更换大门框架结构，但必须严格遵循传统的工艺，使用传统材料，按照测绘图原样修建。宽巷子还保留了35号、31号、17号和11院子的大门及部分沿街院墙，宽巷子19号院正房的砖柱也进行了加固。窄巷子1号院墙、窄巷子38号院大门等也进行了修缮保护。在保护的过程中，我们尽可能选取巷子中最具特色并保存较好的门头、院墙和其他构件进行修缮保留，最大限度地保持宽窄巷子的原真性。

2. 查漏补缺：窄巷子38号建筑设计

窄巷子38号位于窄巷子北侧靠西方位，院落坐北朝南，是一座非典型对称格局的砖木结构院落。在民国时期，这里曾经是一个由法国传教士创办的贵族小学。后来，附近的孩子都曾在这里受教。当时，有一些传教士在宽窄巷子生活了一段时间。

文幼章是一名为和平事业作出贡献的著名人士。这位加拿大传教士在成都度过了童年时代，他曾操着一口地道的川话在少城公园（今人民公园）激情演讲，也曾在华西协和大学当过教师。他一生的诸多经历，都与成都有莫大的渊源。文幼章曾兼任张群和刘文辉的家庭英语教师，兴头之上，他可随口道出四川轿夫"天上月光光、地上水凼凼"的顺口溜，令人叫绝。

由于解放前形势动荡不安，法国传教士离开成都之后此院为一般民居，共居住6户人家。

图4-30 改造后的窄巷子38号院

窄巷子38号主院一进，侧院为两进。大门与倒座房相连，大门略高于倒座房。大门以灰砖砌筑，门洞周围五层青砖逐层内退，黑漆大门；南房东西次间南立面上部开小方窗；东厢房南次间山花向前，北侧加建附属用房；西厢房三间，明间西侧外接一间；正房两层三间，一层檐廊二层为阳台，正房西侧带耳房。主庭院内有四株泡桐树，三小一大。

窄巷子38号院落方正，建筑布局不拘一格，庭院宽阔，但存在多处新搭建的房屋。建筑的修复工作基于测绘时期对院落翔实的记录，通过图底关系对空间形态结构进行整体分析，梳理院落边界，剥离临时建筑，对有价值的建筑重点测绘并严格按图纸落架重修。窄巷子38号院的大门属于西式，大门平面倾斜与道路形成一定角度，门洞两侧内退五层叠涩，设计时保留大门立面，拆除大门西侧的新搭建房屋，更新为砖木结构房屋两间，东厢房和正房之间的空白地加建辅助用房，增加庭院的围合感，突出正房的主体地位；窄巷子38号院业态定为高端餐饮，所以在每个主要的使用房间增加独立的卫生间，方便使用；主要房间均面向主庭院，确保拥有最好的景观面，保留院内已经成材的4棵落叶乔木，使院落在垂直方向有更丰富的古意和归属感；在正房二层用餐的人可通过垂直的树木感受到一层的院落空间传递的空间纵深感，提升观赏价值，扩大景观参

图4-31 改造前的窄巷子38号院

与面。林语堂说：宅中有园，园里有屋，屋中有院，院中有树，树上有天，天上有月……这是中国式的院落梦想，这也是古老的宽窄巷子给人营造的触手可及的院落情景。窄巷子38号院子里有四棵泡桐树，春天淡紫色的泡桐花开满树枝。法国传教士曾经在此创办小学，附近的孩子曾在这里受教，由于解放前形势动荡不安，法国传教士离开了成都。如今这里是四川著名的诗人兼美食评论家石光华先生经营的私房川菜馆"上席"。

石光华把川菜比喻成音乐，"油亮亮的回锅肉与辣滋滋的水煮肉片要算

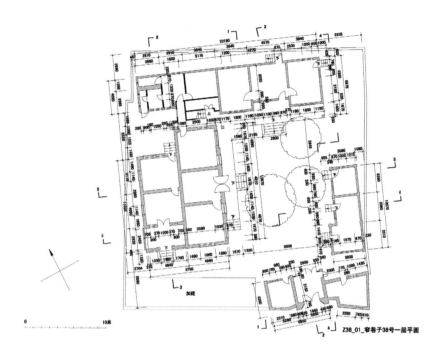

图4-32 窄巷子38号院测绘
平面

图4-33 窄巷子38号院设计
平面

是人人都爱听的流行音乐，而百菜百味，一味一格的川菜还有很多高境界的
菜品，它们是人们难得享受的古典乐，窄巷子中的上席正是要重新弹奏川菜
的古典乐章。"

　　宽窄巷子中以传统民居建筑为主，没有文物建筑，因此，采取像窄巷
子38号院这样落架重修的更新方式是可行的。宽窄巷子确立以院落为保护单

图4-34 窄巷子38号院建成
照片

元，也就是说通过保护各个院落，达到保护整体街区风貌的目的，而不是具体特别保护某个建筑。历史是活的，不是凝固不变的，记录历史的建筑也是动态的，是不断演进的，所以它的历史风貌是相对的，也是动态的。宽窄巷子内以川西木构和砖木结合的建筑为主，建筑或自然毁损，或毁于战火，即使官式建筑也会经常维修不断，甚或重建，作为民居的传统建筑更是如此。所以对宽窄巷子建筑的保护不能狭隘地理解为对建筑的原状保护，而是保护其相对的现状。建筑破旧了，存在安全隐患，无法满足现代的使用功能，通过落架重修的方法可以使其得以利用，达到历史建筑保护的目的。虽然对窄巷子38号这样的砖木结构建筑采取了落架重修，但建造工艺和材料，以及结构形式，都完全按照传统建筑的做法和方式，一丝不苟，自然建成后的风貌也是地道的和传统的，从某种程度上说是"原真的"。我们在历史文化保护区风貌保护的同时，也对传统川西民居建筑的建造技艺进行了收集、整理和传承。

3. 吐故纳新：窄巷子31号院和井巷子14~18号院建筑设计

窄巷子31号院和井巷子14~18号院，位于窄巷子和井巷子之间的西段，两个院子南北相接，但又有各自的边界。从改造前的现状看，该院落的格局也已经被破坏，院内搭建了各种形式的临时房屋，建筑风格混杂，质量很差，房屋结构倾斜，屋顶的盖瓦掉落，院内居民的人身安全得不到保障，居住条件极其恶劣。

在设计这两个院落时，根据宽窄巷子兵丁胡同一户一亩的划分，参考宽巷子的院落格局，将窄巷子31号院和井巷子14~18号院合并为一个院落通盘考虑。由于院落的格局无可稽考，建筑质量差，所以决定对院落采取更新设计。更新的院落需处理好与保护区中其他院落的关系，符合传统院落的格局，并与保护区的整体风貌协调，在细部的处理上运用传统元素，在传统的基础进行创新。更新的建筑力求反映时代特征，尽可能在保持传统风貌的前提下运用新材料新技术，同时节约成本、控制造价、加强环保和可持续发展。

与其他传统院落相比，对更新院落的建筑设计更加注重传统的尺度、比例、色彩、细部，突出新材料与传统材料的结合。院子的主体结构采用了钢结构，将工字钢粉刷成深灰色，维护结构采用清水砖做法，既保证与街区大色调一致，同时大大提高房间的保温节能性能，在保证风貌协调的同时增强现代感。门窗采用中式木质格栅，栏杆扶手采用简洁的钢加玻璃；一些装饰构件则尽可能用传统元素。总的原则是让人们一眼能够识别出这是新建的建筑，但是却和历史文化保护区极度融合，新旧建筑相得益彰。

图4-35 窄巷子31号改后内
部和井巷子14～18号院

4. 锦上添花:宽窄巷子商家的二次创作

窄巷子巷口的1号院落是一个通过商家的装修，实现二次创作的范例。院外就是一面残破砖墙，细看是三种砖叠加在一起，呈现出清末、民国，现代三个时期的不同风格。关于这面墙，这个老宅子的故事听上去有点传奇："清末原先居住的旗人穷困潦倒，把院子卖给了一个富商，但富商精心装修后家境却日益衰败。不得已，富商去请教风水先生。风水先生教他一定要保护好原先老住户的旧墙，于是富商又重新拾回了旧砖墙，果然家运又好了起来。"会所负责人方显东说，从那以后富商的后人们把这砖墙毕恭毕敬供奉起来。今天的会所也以"三块砖"命名，整个院落不过500多平方米，中堂3间，左右是厢房，是个相当方正的传统中式院落。而它的门头却是西洋四柱三山式，体现民国时期民居对外来文化的宽容和吸收。身为规划设计师的老板王红一看就动心了。"三"对她来说有道家的特殊寓意，"一生二，二生三，三生万物"，"三"与"六"间房也形成阴阳数字的平衡。院落设计也处处有玄机，比如中庭一棵树生长在中庭偏东方向，有别于中式庭院，王红

图4-36 窄巷子1号——三块砖会所

在院子用绿植、铺设L行道路来进行区隔。

　　"三块砖"是唯一一个开门经营的私人会所，任何人不消费也可以走进院子。服务顾问会给游客讲解院子各处摆设的由来：从各地搜罗来的古建筑雕花构件、如意、西洋绒布窗帘、太师椅、布艺沙发、藏式绣片，都可以在这一个空间里找到。中堂正中是一对老木门，有意思的是，门神身穿长袍，身边站着童子。"这是文门神，具体也说不出来是谁，有专家过来看说可能是元代的，服饰和帽子像少数民族。"中堂茶几的地砖隐隐约约能看出来是个马头，茶几腿则形似马腿，这个院子里共有4匹马，一匹巨大的黑马雕像坐落在院子里，剩下3匹则隐匿在地砖上，既是一种祝福，也寓意做事要"驷马难追"。中堂旁的和谐厅挺有意思，都是高背椅子，从主席向两侧椅背依次降低。"什么叫和谐？和谐就是有序，每个人都有自己的位置。"

承前启后 · 知行合一

宽窄巷子保护技术层面总结

　　此外，值得我们总结和思考的还有一些技术环节，虽然可能只是一些细节问题，但却会直接影响到宽窄巷子保护和更新的成败。我们希望我们的努力能为今后其他类似项目提供借鉴。

一、建筑的保护利用

　　一般情况下，历史街区中的建筑基本上以居住功能为主，少数建筑兼具公共功能，但随着城市的发展，街区中人口逐渐增加，尤其是地处城市中心的历史街区，转变使用功能，是顺应经济规律的一种体现：反正你自己不转变市场也会让它转变。宽窄巷子历史文化保护区在进行保护与更新规划之前，就已经修建有部分办公与商业建筑，包含两处客栈，另外还有许多居民破墙开店，私自出租给外来经商人员，这部分功能品种多样，有小餐馆、烧烤店，也有旧电器回收、寿衣花圈销售等，处于无序混乱的状况。

　　因此在规划设计过程中面临的一个重要问题就是：对宽窄巷子内建筑的保护是恢复原有的居住功能，还是依据现状确立符合市场经济的城市综合功能？经过各方多次研究讨论，最后确定下来：保留部分居住功能，但整个街区功能仍以商业、餐饮、旅游、民俗展示等功能为主，充分发挥宽窄巷子城市中心的区域优势，结合成都历史文化名城各功能区的规划布局，全力打造成都历史文化"名片"。这一宗旨的确立，既避免了历史文化保护区继续成为"棚户区"，也避免成为少数富豪的专属地，而是变成了真正意义上的"都市会客厅"。

宽窄巷子历史文化保护区的历史建筑大多数是建筑质量不高的民居，经济条件的限制使得建筑物破损严重，许多已经濒临倒塌。经过与保护专家小组、建筑结构鉴定专家共同研究，认定保护区的绝大多数建筑物存在较大的安全隐患，需要落架重建。原来的民居建筑没有结构安全计算，出于经济的原因用料很小，承重木结构材料已经严重开裂、腐朽。我们设计时按照《木结构设计规范》，结构构件尺寸都有所加大，因此原来的材料不能继续在原位使用，需要更换。落架后的结构构件如果质量还好，则可以继续在其他部位使用，通过"大材小用"，实现"物尽其用"。拆下来的旧砖大多已经风化、酥蚀，重新砌筑时将其用于非承重部位，比如外墙装饰，而以新砖做为承重墙；在满足结构安全要求的前提下，尽可能保留和利用原有建筑材料，尽最大努力保持原有风貌与历史沧桑感。

二、建筑结构设计

宽窄巷历史文化街区中的木结构建筑以典型的川西民居建筑为主，多采用穿斗式木构架。这种木构架由横向构架和纵向穿枋组成。每榀横向构架有3~5根木柱，柱脚搁置于柱础石上。在木柱顶部、中部、柱脚以及构架中抬梁上部的短立柱等不同标高处均有纵向穿枋作为连接构件。屋面处连系枋与檩叠合，楼盖处除连系枋外，隔栅与横梁连接也起横向连接作用，接头方式为榫接。

长期以来，传统木结构在建筑材料的耐久性、耐火性能方面的问题一直没能有效地解决，传统木结构民居建筑逐渐被砖混结构、钢筋混凝土结构、钢结构等结构方式所代替，数量逐渐减少。我国现行的木结构设计规范和设计手册主要针对现代木结构，针对传统木结构的结构计算和设计，在理论分析方面缺乏足够的依据，也没有相应的设计软件。

回顾宽窄巷历史文化街区中的木结构的设计和施工历程，基本可以分为三个阶段：

1. 2005~2008年汶川大地震之前；

2. 2008年汶川大地震之后至2009年；

3. 2009年以后。

第一阶段：2005~2008年汶川大地震之前

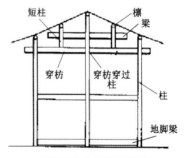

图4-37　斗式木构架示意图

由于宽窄巷子于历史文化街区是国内较早进行系统性设计的项目，没有太多的参考经验，因此在设计时大多是尝试性、摸索性的。在结构设计中我们首先明确设计概念，即根据木结构的建造特点，将整体木结构逐渐简化为横向框排架加纵向系杆的结构体系；接着按照屋面荷载的传递路径，以瓦—椽—檩—瓜柱—抬梁—柱—基础的力学传导路径，将整体结构离散成单根木构件，再以隔离体的方式对木构件逐个进行内力分析，然后根据木结构设计规范和手册，以及结构构件设计的相关公式，进行单个构件的强度和刚度验算。构件尺寸主要由竖向荷载作用下的静力分析决定，对整体建筑的抗震、抗风以及节点连接方面没有过多的考虑。

第二阶段：2008年汶川大地震之后至2009年

2008年爆发了汶川大地震，在高烈度地区地震震害调查过程中暴露出大量传统木结构的薄弱环节，引起了学术界和工程界的高度重视。

主要问题有：

1.由于民居采用的木材质量低，构件尺寸较小，施工质量差，因此结构体系纵向横向刚度过弱，导致结构在小震作用下即有相当大的结构变位，将连接节点处的榫头破坏或拔出，或将维护墙体撞倒，造成建筑物破坏严重，维修难度和成本加大。

2.木构架纵向基本为可变体系，稳定性非常差，局部构件破坏后很快形成"多米诺骨牌"的情况，导致连续倒塌；

3.民居建筑施工过程随意，大多数榫卯连接节点简陋，榫头的长度短、尺寸小，没有防脱落的构造，在地震作用下容易散架；

4.柱脚与基础连接不牢，在地震作用下柱脚有较大移位从柱础上滑落；

5.民居的建设不规范，各种建筑材料使用混乱；另外木结构与维护构件连接不重视，导致地震作用下外墙闪倒，或者在横向排架中嵌砌墙体，导致木柱从中间折断等。

宽窄巷项目处于成都市中心，远离震中，遭受的震害不大，仅小部分建筑溜瓦，发生微小的倾斜。但穿斗式木结构抗震问题在第一阶段的设计过程中由于计算方法过于简化，并没能引起足够的重视。因此，在汶川大地震之后，我们结合宽窄巷部分建筑震后加固和建筑功能改造的机会，重新对各个单体建筑整体计算，重点控制建筑在风和地震作用下的变形量。对不能满足计算要求的建筑利用其原有的空间增加了抗侧力构件，包括改进木板墙的构造使其具备木板剪力墙的抗剪能力、纵向增设剪刀撑使建筑纵向不再是可变体系、增大横向纵向穿枋特别是地脚枋的截面和连接刚度、重要节点增加抗拔螺栓、补充墙揽等构件加强维护结构与主体结构的连接等措施。在这一阶段，由于引入了单体结构的整体计算分析，对每栋建筑物的结构特性有更精确的判断，因此可以有针对地该建筑结构的薄弱之处采取特别的加强措施，大大提高了建筑物抗震安全性。另外，整体模型的计算分析也复核出前一阶段手算的一些遗漏，及时提醒工程师改正了图纸中的错误。

不过，这一阶段的整体计算内容主要采用静力的方法，计算中按照木材的材料弹性、节点弹性、木结构与维护结构分离的计算假定，这种计算方法能粗略地分析出各建筑的结构特性。由于传统木结构属于非连续、非匀质建筑材料制作的结构，计算参数的合理性与计算结果的可信度密切相关，如何能更真实地建立与实际震害符合较好的计算模型和计算方法是亟待工程界解决的难题。

第三阶段：2009年以后

汶川大地震之后，根据木结构地震震害调查结果，在国家大力保护建筑文化遗产、重现历史文化风貌的大背景下，部分高校、科研机构对古建筑保护、近现代历史文化建筑、工业遗产建筑等有特殊要求的建筑问题开展了大量的研究工作，取得了大量的研究成果。

在传统木结构的抗震研究方面，从木材的材料特性、榫卯节点抗震结构关系、木材和砌体结构抗震耦联等计算控制参数基本成熟，可以采用时程分析等动力计算方法对整体结构进行全过程的弹塑性分析，计算结果更加接近实际情况。另外，利用碳纤维、钢连接件等新型的建筑材料特别设计的连接节点可以大大改进传统木结构榫卯节点的性能。这些新技术可能使传统木结构的应用更加广泛，也给我们提供了一些借鉴，使我们在承担历史建筑的保护和更新设计中，采用的技术手段更加科学和合理，也为今后的此类建筑设计提供了更多的经验。

三、街区消防和木结构防火

由于历史街区的传统建筑大部分是建于民国甚至更早的普通民居，结构方式多为木结构和砖木结构，加上战争和经济条件，建筑材料比较简单；经过几十年或上百年的风雨失修、人口增加、管线重叠，以及建筑密集、私搭乱建、堆物摆摊，最大的问题就是火灾隐患。在更新改造设计中如何解决历史文化保护区消防与木结构防火成为首要难题。

宽窄巷子历史文化保护区的保护实践同样也遇到这样复杂的问题，但在规划局、建委、武警消防支队、保护区专家小组等各方的共同指导下，建设单位与设计单位齐心协力，共同努力，成功通过了消防设计审查，解决了这一难题。

宽窄巷子建筑艺术的精髓在于街巷空间与院落格局，在规划中为了保持宽窄巷子历史原始风貌，我们将66000多平方米占地的历史街区划分为14个

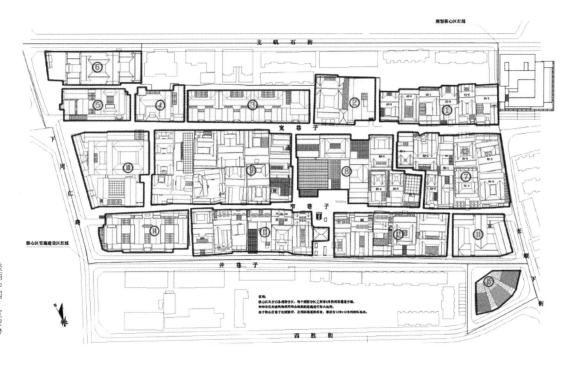

图4-38 防火分区图

消防分区，每个分区组成的院落个数不等，但总面积均控制在2500平方米以内；其间用原有街巷或新辟窄巷分隔，巷道间距离小于80米，这样即使一旦失火，也能将灾害控制在单一的分区内不致扩散；加密街巷和消防分隔处的消火栓设施，放置距离由原先的120米间隔缩小至60米，并在每个院落设置消火栓，安装手动消防报警器，保证无消防死角；建筑材料尤其是木结构材料均要达到相应的耐火要求；木结构建筑物中的电路管线全部明装套管，符合建筑规范要求；所有建筑物均设火灾报警系统；重要的木结构建筑和新建建筑均须采用自动喷淋设施；在街区内设置消防控制中心，以便在最短时间内发现火情并高效地进行应对处理；由建设单位出资购买小型消防车，组建历史街区消防队，并在今后使用中加强消防培训与管理。虽然依据《历史文化名城保护规划规范》中的有关规定，在实施过程中可以对历史街区的消防设计降低防火等级和标准，但是我们还是严格要求，采取切实有效的技术手段确保历史街区的消防安全。

四、建筑节能设计

川西民居具有结构轻巧、材料简单、施工便捷的特点，以穿逗木、编竹夹泥墙、冷摊瓦的形象为世人所熟悉，所以大多数建筑仅能够起到"遮风挡雨、蔽日通风"的作用，与现代的建筑使用功能的要求有很大的距离。2004年起西南地区开始执行建筑节能规范，对建筑的节能设计提出了具体的规范要求，而且从提高建筑质量、满足现代生活舒适的角度来说，完善传统建筑的保温隔热设计也是大势所趋。成都宽窄巷子的传统民居建筑的改造，要求保留原来古城的风貌，但是因为外貌上要求修旧如旧，我们对其在原有建筑条件下的节能性能作了深入的探讨，要在不改变其内外风貌的前提下，布置和安排保温结构，为营造更加舒适宜人的建筑环境作出努力。

宽窄巷子内的建筑多为一二层的砖木结构房屋，房屋与房屋间距紧凑，特别是同一院落内的厢房和正房之间，相邻院落的建筑之间相互遮挡较多，而且巷子内的正房多有檐廊，建筑的屋顶出檐深远，使得完全暴露在阳光下的墙体范围大大减少，加之成都的日照时数相对偏少，全年阴天较多，因而墙体对建筑的节能影响较小。反而是屋面长期暴露在日光下，所以提高宽窄巷子屋面的隔热性能成为首当其冲的问题。传统屋面采用檩条上搭椽子，然后在椽子上直接冷摊瓦，在瓦片交接处以灰泥抹缝，瓦头点浆连接。这种单层瓦片的传统屋面构造通风性佳，导热性好。

如何提高新建民居的隔热效果，工程师们经过了深入探讨，最终确定了屋面的结构做法，采用双层瓦加木望板加防水层的做法，形成木望板上下两个局部空气层；在弥补屋面防水性能欠缺的基础上，加强了屋面的保温隔热性能。同时室内外均保留了原民居冷摊瓦的顶棚效果。

新的屋面做法比传统做法传热系数降低了近4倍左右，改造后的传热系数值基本能满足《夏热冬冷地区居住建筑节能设计标准》JGJ 134-2010中所要求的屋面K=0.8~1.0的要求。对于成都宽窄巷子的民居建筑，此项屋面构造的改变，在室内外的形式上达到了建筑所需的修旧如旧、保护历史街区风貌的要求；在使用上由于增加了防水层，避免了雨季漏雨情况的发生；在节能方面，屋面的隔热性能增强了近3倍，在夏季降低了室内空调的能耗，在冬季加强了民居整体的保温效果。

新的屋面构造，加强了屋面的隔热性能及防水性能，但是也阻隔了原民居屋面特有的孔隙气体流动，削弱了夏季通风散热的功能。如何保留民居夏季通风换气的要求，借鉴北方民居开通风口的做法，在山墙上设置了百叶通风口。在实施过程中，这种屋面的改造，隐蔽可实施，效果满足了各方面要求。

在建筑的其他方面也考虑了节能的设计，如山墙面用砖墙或双层竹篾抹灰中间填充保温材料；正面木板壁背后加保温材料，花格门窗加厚材料并用保温玻璃；材料交接缝隙均用有效封堵；重要房间设置空调设施。经过计算，虽然与新建仍然存在一定差距，但较民居以前的情况已经大大改善了。

五、传统材料和传统技法的传承

宽窄巷子历史文化保护传统建筑的落架重修和复建过程中，我们坚持了最重要的一个方法就是原汁原味。延续了包括冷摊瓦、青砖、编竹夹泥墙、穿斗木结构、防腐、防虫、漆作等传统材料和传统做法，包括做旧的方法。在这个过程中，向老专家和老工匠学习，调查和分析传统建筑的用材和做法，包括陈家桅杆和文殊坊，经过样板房的不断试验，终于形成宽窄巷子统一的做法，最终不仅保证了传统风貌，让保护区"长得像"，还最大限度地保证落架后"回得去"，复建的绝对"高仿"和"乱真"。

这里可以做一个简单的比较。少城公司的徐军解释说："文殊坊的房子基本上是黑乎乎的，这跟材料有很大关系；主要是油漆的做法，那种黑是用刷油涂漆做成的，当地叫土漆，原来就是这种颜色。而宽窄巷子主要还是保持原来木头的纹理和颜色，木结构的原貌，上漆的颜色更偏于浅咖色，比较希望恢复原来民居的这种色调。"

鞠经理也介绍道："土建最困难的当时是柱子的油漆做法，窗户的颜色这块，当时做了很久，也研究了很久，是像文殊坊那样大黑的颜色还是大红的颜色，因为做了很多的样板，请了很多的专家和领导来看，最后定下来这个颜色，我觉得这个选得比较难。我们没有选择文殊坊那样黑的颜色，因为那样的话木头原有的纹路就看不出来了，看起来就像混凝土的，包括锦里做完之后，它本身是混凝土的，刷上漆之后看着就像石材的，就没有原木的感觉。当时是有尽量赶工期时间方面的原因，木头防蛀主要靠桐油。刷桐油一个是防腐，一个也是防虫，当时也是做了防白蚁，是请的白蚁防治研究所下面的单位来做的，它主要是靠打药，喷在木头表面，现在定期还要喷。最早是这样的，这边的木材都是湿材，水分比较高，但是要求这些承重的构件，包括柱子、梁等还是需要干材，含水量相当低的才行，最早的样板房做了一个采取的是烘干，专门在外面架了一个房子像烧炕那样烘干，但是最后的效果不理想，烘干之后反而木材开裂的缝隙相当大，手指都能塞进去，后来就没有采取这个办法。当时有一个院子就是窄巷子一号采取的是烘干，它那个就裂得相当严重，烘完之后用上去开裂就很严重了。样板房就是窄巷子一号和宽巷子十六号两个。除了这一个样板房其他都是湿材直接上去的，也有开裂但是开裂得就没有那么严重，后来的铁箍就是加固的，为了防止继续开裂。桐油浸泡当时不具备条件，因为桐油浸泡需要泡两到三个月，而且没有那么大的场地。桐油主要的作用是想把木材的水分去掉，可能设计是提了这种方法。当时桐油浸泡不是为了防腐，而是为了减少水分才想这么做。后来刷桐油主要是针对防腐，并且上了清漆，保持原木，包括窗户也是一样精细处理的。"

宽窄巷子用的砖也很有特点，有些采取了做旧等处理。鞠经理说："这个砖专门选的是青砖，青砖的选择上也是比较细了，专门考察了很多做砖的厂家，这个砖最后定的时候，因为很多砖可能达不到我们的要求，就专门在砖上做了切割，有些面坑坑洼洼不平的，都进行了切割，切平了。还有那个小洋楼，是刷了一层漆，最早是砖和石材的，采取了专业建议。当时落架的时候是专门听取了专家的意见，包括建科院这块是做了安全鉴定的。当时想在原来的基础上，不动原来的结构在里面作支撑，结果相当难，最后还是采取了落架重修，效果也很不错。"

古人说：合抱之木，生于毫末；九层之台，起于累土。宽窄巷子经过了反复试验，真正做到了从细节出发、严格恪守原则，尊重历史文化保护精神，守土有责、守土负责、守土尽责。

六、设计与施工的互动

许多历史文化保护区的实践最终并不尽如人意，其中一个主要原因就是保护理论与具体工程实践的脱节。在宽窄巷子保护工程的进展中，我们发现许多我们自己认为精心设计的节点在实际施工中根本无法实施；或者一些局部出自设计人员的臆想，与当地传统形制或构造做法有很大出入。于是我们组织当地的工匠一起研究对策，充分吸取工匠们的施工经验，总结出一整套便于施工的工程做法。

另外在实践中我们还发现，传统工匠的个人创造力是川西民居建造的特色之一，看似相同的建筑由于施工工匠的不同，实际上在细节差异极大。工匠在施工过程中的发挥和随意性，可能会造成意想不到的效果，交付业主装修时，业主的很多想法也成就了建筑的二次创作，在设计过程中忽略的问题在装修的过程得到了弥补，很多时候建筑的意匠在原有设计基础上通过装修得到了升华。于是我们给予工匠一定的创作空间，特别是在装饰部位，让他们自由地发挥想象与聪明才智。

设计人员与施工工匠的互动过程，与一般建设工程中的工地洽商不同，这样做不仅没有减缓工程进度，而且还提高了工作效率，有效沟通设计与施工环节。设计方从工匠们那里学到了传统工艺与施工技巧，把传统技艺记录下来，强化了施工设计；工匠们在互动过程中也得到了鼓励，更加自信，积极地投入创造；双方加强磨合总结出行之有效的施工工艺，并使传统工艺继续传承和发展。样板区传统院落的建成，使设计与工匠的协商达成共识，变成宽窄巷子之后通行的建设做法和标准。

第五章

宽窄景观：

19个触景生情的怀旧故事

游目骋观怀乾坤·春诵夏弦巷景深

熔今铸古·兴微延髓
以复兴为目标的宽窄巷子景观设计

宽窄巷子历史文化保护区的保护和更新，其根本目的就是要实现复兴与重生。那么，怎么做才能实现这个复兴和重生的目标呢？

首先让我们看一下成都市总体城市规划（1995~2020年）历史文化名城保护规划第12条的规定：新不排古、新不压古。在有重要文物古迹、古建筑存在的局部城市空间，应以古建筑为空间主要界面，尊重历史环境，新建建筑自觉起到烘托、协调或对比映衬的作用，严禁与古建筑"抢镜头""煞风景"。

基于此，我们对宽窄巷子历史文化保护区的景观建立了如下原则：

1. 原真性原则

对于目前保存较好的院落应细心保护，使历史文化特征的原真性不断延续。尤其是对景观影响比较大的门头、院墙、绿化等，尽可能原真保护，体现历史的厚重感和真实感。

2. 整体性原则

宽窄巷子历史文化保护区景观设计，保持历史情境的整体性非常重要，不要再出现"煞风景"的情况，要从街巷和院落的平面格局、建筑的立面形式、空间组织、结构特征、细部形式出发，形成街区统一协调的整体环境、整体风貌和整体氛围。

3. 恢复性原则

建筑的景观营造要在现状基础上，进行改造和整治，更新街道公共设施及小品、铺地，店招的设置必须以恢复历史风貌为原则，其材料、尺度、色彩和形式都必须具有地域传统文化特色。在新的景观设计中讲述宽窄巷子的历史故事，让人感受到历史的存在。

景观规划设计是与街区规划、建筑设计同步展开的，根据需要不断深化和调整；2006年土建工程后期，街巷市政基础设施的铺装和若干院落的施工已经完成，建筑风格已经基本定型，景观施工图设计才正式开始。

我们还针对宽窄巷子历史文化保护区的景观设计确立了如下定位：

1.宽窄巷子风貌保持不变，包括宽窄巷子建筑沿街立面、建筑风格、色彩、尺度、天际线等；保存完好的门头、院墙保持原状；

2.连接宽窄巷子的通道，根据功能和业态需要进行连通，要有变化；

3.规划的新院落要补充新门头，断续的院墙要连续，地面铺装采用传统材料，要有历史感；

4.井巷子、小洋楼广场等局部空间进行时尚化点缀，采用现代风格处理；

经过约5个月的设计，期间不断与甲方进行交流，不断完善和修正设计的方向，于2007年12月终于完成了图纸设计工作，2008年1月，景观施工开始。6月14日，宽窄巷子历史文化街区揭开面纱，这个焕发光彩的古老街区重新回到成都人们的生活当中。

在这个艰苦的过程中，作为设计方感触良多，总结工作的过程有很多内容值得记录，限于篇幅，重点阐述几个问题。

1.在历史文化街区中如何选择景观设计的风格？

作为宽窄巷子整体项目的一部分，无论规划、建筑还是景观都应该相辅相成。在景观设计的初期阶段也曾经尝试过大量运用一些较新的元素，与建筑形成对比，这样整体街区形态就会丰富很多，从设计本身来说，这种思路并不为过。可是放在当地人情感上来说，这种方法就有很大的缺陷——脱离了原先宽窄巷子的氛围。宽窄巷子是淳朴的民居风格，而民居的建筑形态几百年来都没有发生大的改变，它是流淌在成都人身体里的血液。景观更是如此。与成都的休闲生活氛围相对应的应是与之协调的景观，这种景观不能简单地用好与不好来评价。

可以设想一下各种不同风格的景观，在宽窄巷子会是什么样子，怎样才能与宽窄巷子的整体休闲氛围融合。得出的结论必然是本土景观最合适，也就是淳朴简单的景观风格。只要确定了这个前提，景观问题自然迎刃而解。营造地域风格和历史氛围的景观，首先是铺装材料的选择，最符合要求的是本地产的石材，如铜板石、砂岩和旧砖等。这些材料是典型的成都地方材料，在宽窄巷子中大量存在，因此在新景观中应用是顺理成章的，只是怎么做才能更精细和更精致呢？在宽窄巷子中铺装面积最大的是铜板石，为了让街巷风格更加原始一些，特意将板材的规格多样化，铺装形式也根据规格的变化而变化，总体感觉比较自然活跃。局部还用了更加淳朴的青砖，无论色彩还是氛围，与建筑风格都很搭调。

2.原有的街巷与院落、功能与景观如何协调？

宽窄巷子原先是居住区，在未改造以前已经趋于破败，主要是产权关系造成生活在里面的居民并不是房屋的主人，因此他们只使用而从不维修；里面居住的市民收入偏低，经济条件差，即使对老房子维修，也是迫不得已，只能是最简单的，这就造成建筑的日益破败和环境的日趋杂乱。加上街区的市政基础设施严重不足，严重影响居民的生活质量。而改造后的历史文化街区只保留很少一部分居住功能，其余改造成为符合院落形式的小型精品商业。

街巷功能转变必然导致景观设计思路的转变，这个转变依旧不能离开风格问题：商业街区需要的是热闹、繁华的整体氛围，这和淳朴、安静、简单的住区氛围是截然不同的。我们该如何选择？宽窄巷子由40多个院落构成，而对于街巷的公共空间来说只有院墙和门头，作为商业氛围院落里面的感受要多于街巷，因此可以将两种氛围置于两个不同属性的空间。门头和院墙作为两种氛围、两个功能空间的分界，一方面属于公共空间的界面，为了街巷的整体氛围，需要简单淳朴，因此只能允许商家在不破坏整体街巷氛围的前提下，做小规模的装修处理，比如开设橱窗。另一方面，对于商家的私人空间界面来说，他们迫切希望将自己的院墙拆掉，将院坝直接临街，这样可以增加临街界面，每间房都变成临街商铺，利益可以最大化，但这样会严重影响街巷的围合感。正是院墙和门头限定了街巷的空间，院墙没了，院落和街巷空间也就没了。因此经过严格的后期装修管理，坚持了门头和院墙的保护，宽窄巷子历史文化街区依旧能够呈现出其独特的魅力。

3.成都文化如何与宽窄巷子的景观设计相结合？

宽窄巷子历史文化街区的景观设计必然要和成都的地域文化结合，可是一个小小的街区如何容纳广博丰富的成都文化？经过清华安地与成都各方面专家的多回合、多方面、多层次讨论和分析，最后比较一致的结论是宽窄巷子只需要承担成都文化的一个方面——普通居民生活的场景即可，以此作为文化主线展开设计。作为设计师，每个项目或多或少都会将文化作为立意和出发点，但具体怎么做，真的是一个挑战。在宽窄巷子这个项目里，景观必须避免舞台化、装饰化；必须强调原真性，利用好门头，还原传统街立面；保留街巷中所有的树，与传统铺装材料浑然一体，强调景观的整体性，显现饱满、深沉的文化氛围。

在商业进入历史文化保护区之后，商业希望景观热闹，与居住景观需求的矛盾就比较尖锐了，到底是偏向居住还是偏向商业？谁是主角？清华安地在景观设计中强调了商业景观对传统文化的认同，承认成都文化的主导地位，弱化商业文化对历史文化的影响，并以此为出发点制定适宜的策略。历史文化保护区的大原则决定了商业的经营模式、商业风格以及装修装饰，都应该以历史文化保护为出发点。在景观设计中，清华安地在色彩上下了很大的功夫。宽窄巷子受到北方四合院的影响，主题色调是灰砖灰瓦呈现的灰色和清漆木本色。为此，我们选用的其他材料，都要有意识地降低材料色彩的明度和彩度，最大限度让人第一眼看上去，色调是整体和统一的。对于材料的亮度、反光度也做了严格的控制，即使木作表面清漆也要以亚光效果为主。

4.老树能发新枝吗？

宽窄巷子是"最成都"的代表，对于历史，我们该采取什么样的方式来尊重？这也是具有普遍意义的论题。从本质上来说，我们现在只要动了这些老的遗产，哪怕是一块砖、一片瓦，无论多么精心，在动的过程中，都会赋予一些新的内容。尽量多的"留"，尽量少的"加"，更多的协调，更少的对比，才能解决统一的问题。我们在宽、窄、井三条巷子中设定了三种景观主题：

宽巷子：记忆与痕迹，展现老成都遗留下来的质朴原真的生活场景；

窄巷子：精致与细腻，充分利用特有的尺度关系，因小就小，将所有的景观要素尺度都降下来，形成独特的景观氛围；

井巷子：现代与时尚，结合特定业态，将院落延伸至街巷，丰富公共空间的景观效果，适当增加一些现代元素。

这样三条巷子里景观手法就要有一定的区别。首先是尺度的变化，体现在地面铺装材料规格的变化，在宽巷子里，铺装材料的规格比较大，多采用大尺寸铜板石，有意识强调每个院落正门入口的庄重和高贵的感觉；窄巷子尺度较小，运用了与之相对应的小规格材料，多用小尺寸铜板石和青砖青瓦；而井巷子运用花岗石等新材料。这样做即使材料本身非常普通，但细节也能显现出耐人寻味的一面。其次在灯具的使用上，三条巷子也各不相同，宽巷子路灯照明造型来源于建筑构造，而窄巷子则以使用壁灯为主，尽量不占用地面面积，井巷子灯具则丰富多彩，营造繁华的商业景观，使得街巷面貌有新的感受。

5.商家个性化表现进行控制？

商家入驻后根据经营的需要，可能会对原有的建筑进行改造，这是不可避免的。我们的原则就是对外的界面绝对不能动，尤其是门头和院墙，必须严格按照街巷整体景观设计要求，保证历史文化街区的整体氛围；从管理层面来说，只要允许一家改造，就会有第二家和第三家，这家动得少那家一定动得多，一系列问题就会出现，结果就难以收场。因此，我们要求商家的个性化主要表现在院落内部，体现在院落内部景观设计和家具布置、陈设风格上面。

6.宽窄巷子的新生活能否被广大市民所接受？

重生，必然会产生一些新的改变。在人们极为关注的历史文化街区里，这些新的改变能否被广大市民所接受吗？他们还认为这是他们熟悉的宽窄巷子吗？我从那些穿着唐装，参加盛大开街典礼的人们喜气洋洋的表情中找到了答案。那场大雨没有浇灭成都人民的热情，街巷里拥挤的各色雨伞形成了一幅动人的画面。这是对生活方式的热爱，对生活场景的认可，是一种积极向上的生活态度。看到这样的景象，相信所有的人都不会质疑成都人民重生的决心和信心。

从2008年开街，一晃五六年已经过去了，宽窄巷子历史文化保护区各方面都在有条不紊按照自己的节奏继续进行，作为曾经为之辛苦付出劳动的设计师，这样一个工程带来的不仅仅是经验上的收获，更是对生活、对社会的一种思考。

燕瘦环肥·各有千秋
三条巷子的景观设计理念

　　宽窄巷子由宽巷子、窄巷子和井巷子三条传统街巷及其之间的四合院群落组成，是老成都遗留下来的"千年少城"城市格局，也是北方胡同原真建筑格局在四川地区的最后遗存。三条巷子平行排列，长度和宽度都相似，但是却在百年的历史演变中渐渐形成了各自的特点和风格。宽窄巷子历史文化保护区的景观设计，细心捕捉了三条巷子的特点，并将其提炼成景观设计的理念融入设计中。

　　去过改造之前的宽窄巷子的人都有这样的感觉——"宽巷子不宽，窄巷子不窄"。其实宽巷子所谓之"宽"，不仅仅缘于宽巷子的街道较之窄巷子略宽，更是由于巷子两侧的院落布局方正规矩，面宽大，进深长，门头气派，房屋檐口高，围合出来的庭院空间也相对开敞，是一种尺度上的宽大和敞亮。

图5-1 宽巷子25号大门

　　巷子内绿植葱葱，青色的砖、灰色的瓦、老旧的窗格、雕刻精致的花

图5-2 窄巷子

窗、磨得透亮的青石板，这些年代久远的建筑物依然在现实生活中发出淡淡的光泽，走在宽巷子的街道上，几位白发苍苍的老者悠闲地坐在老旧的藤椅上摆龙门阵，大家喝着盖碗茶，聚在一起聊家长里短。悠闲恬静的构成了一幅宽巷子的老生活画面。所以在景观的设计上，宽巷子着重突出历史的痕迹和记忆——记录历史的沧桑与生活的影子，寻找心中的记忆。

　　窄巷子之所谓"窄"，不光体现在街道尺度和建筑体量上，更多的是缘于巷内建筑与空间更具普通川西民居的特点，充满了浓郁的市井气息。窄巷子处于宽巷子和井巷子之间，巷子里除了院落门头，几乎举目皆是青黑色陈旧斑驳的院墙，显得静谧深沉。

　　从宽巷子获得"大"历史的感触之后，对生活细节的探求，是对历史和记忆感受的精致雕琢，窄巷子便是这样一个累积了众多生活细节的空间。进入窄巷子，体会"窄"与精致之间的相互关系。可以在小洋楼旁或是街巷树影下静心回味，用市井生活残留的片段与现代化的交融承接井巷子的到来。所以在景观设计上，追求更为精致、细腻的感受——体现精致细腻的生活品味，寻觅人生的真谛。

　　井巷子是三条巷子最南侧的一条，大部分的院落格局已被破坏，建筑损

第五章　宽窄景观：
19个触景生情的怀旧故事

177

图5-3 井巷子

毁严重，井巷子在建筑上的定位也是以传承创新为主，大胆采用了更具现代感的材料和技术，塑造传统形式下时尚的井巷子。井巷子是窄巷子精致生活在现代时空中提升了的表现，尽管现代元素出现在这条古老的街巷似乎有着某种格格不入的陌生感和矛盾性，但通过细细琢磨，一路走来，宽巷子、窄巷子带给我们的感触，正如"井中之水"融合现实与倒影的自然之力。井巷子的"时尚"生活具有历史的根基，镌刻着历史的痕迹，是历史与当下的融合。在景观的设计上主张时尚、品味，反映现代人的追求与生活态度。

第三节

巧于因借·传承创新

宽窄巷子的景观设计

一、景观材料——从历史和地域中寻找原型

为了找到历史与当下的衔接点，展现宽窄巷子所独有的气质和神韵，需要穿越时空，寻找契合历史、地区和由此交织而来的文化根源，找到活在人们记忆中的"宽窄巷子"。对景观材料的选择，设计者考虑得更多的是从宽窄巷子内寻找有地域特色的材料，使它们回归现实并物尽其用。对传统材料的运用也未必一定要追求复杂的设计方法，而是在历史中汲取灵感，更多的是使用传统符号、象征，在历史面前谦逊谨慎地表达，使景观与建筑的关系更趋和谐。

宽窄巷子作为北方胡同与川西民居结合的典范，既有着北方民居的方正大气，又有着南方宅子的舒适惬意。宽窄巷子的主要结构以砖木为主材，青砖为裙，木架为屋。适应炎热潮湿的气候，川西民居的竹编墙既能挡雨，又有良好的透气性。这些地域色彩强烈的材料都是景观设计师的首选。

木材作为中国传统园林常用的材料有着悠久的历史。木材在古代易得，感受质朴温暖，灵活轻盈，经过时间的打磨给人一种温暖的历史感。在沿袭和继承传统的同时，现代的设计师和技术人员对木材这种能够营造温馨亲切感的材质进行工艺上的防腐防火处理，在艺术上做旧加工，使其更加满足景观设计所需的耐久性和质感要求。宽窄巷子景观中采用的木材，与钢、石、砖或者混凝土结合，似乎有了新的生命。

图5-4 木墙裙　　　　　　　　图5-5 井巷子四号木构正房

图5-6 树池上的木质坐凳　　　　　图5-7 木花池

　　宽窄巷子内原有的砖构建筑也别具一格，宽窄巷子景观上在道路铺装、树池、院墙等部位采用了很多青砖材料。从宽巷子大户宅邸的八字影壁，到窄巷子西洋风格的砖门头，再到井巷子低矮简朴的砖院墙，传统的青砖给人素雅沉稳、古朴宁静的美感。青灰色的砖经过雨水的冲洗，颜色也随之发生变化，带着些历史的沧桑感；而随着时间的推移，厚重的青砖被时光镌刻上历史的印记；青砖不仅是装饰，更是岁月不居、时节如流的记录和见证。那些已经穿越百年留存至今的老砖老瓦老物件，不应仅仅只能勾起回忆和怀念，让它们发挥作用继续服务现代生活才是根本。那些在巷子里经历了百年风雨的老砖老瓦，通过改造和整修后，被设计师们换了一种方式继续演绎它的故事、发挥它的功能，对于城市来说，也是一种对过往的珍视和文化的传承。

图5-8 砖砌叠涩　　　　图5-9 砖砌花纹　　　　图5-10 灰塑

图5-11 青砖铺地　　　　　　　　　　　图5-12 清水砖墙

图5-13 宽窄巷子的瓦

图5-14 小洋楼立面的空斗砖

二、虚实互补——宽窄巷子的景观空间

1. 娓娓道来的时间长廊：宽窄巷子街巷的文化叙事

宽窄巷子以街巷为轴，串联起两侧院落的空间肌理，体现了宽窄巷子的精髓。在设计宽窄巷子街巷景观的时候，主要考虑的是延续两侧连续的青砖界面。两侧以院墙、倒座房和门头为主，街道立面材料主要采用青砖，质感厚重，界面封闭连续。对门头的处理是宽窄巷子街道设计的重点。

宽窄巷子整个街道感觉含蓄内敛，而门头是街道中的跳跃因素，就像流动的音乐跳跃的音符，与界面背后开敞的庭院形成了鲜明的对比。宽窄巷子将近400米，为了避免空间过于单调和乏味，避免游客游逛中过于劳累，景观设计强化了空间节点的安排，在保持空间连续的前提下，注重节点的停顿，形成收放有序的空间节奏。精心设计每一处节点，使体验者在连续的空间中体会惊喜，体会变化。设计者希望通过"寻觅历史，找寻记忆（宽巷子）——细节处体味人生（窄巷子）——生活在时间流逝中的品质提升（井巷子）"的故事流线，以文化叙事的核心思想来呈现宽窄巷子的古老故事，即"这就是我们的宽窄巷子——在记忆的门里，承载我们现在的生活"。

在项目设计中，为了体现线性空间的层次和多样性，以30~50米距离为间隔，结合门头的位置和场地条件，在历史文脉中提取场景片段加以升华，使置身于街道的人在连续的空间中体会惊喜。以带有现代元素的东广场作为起点，直观接触历史的存留物，通过梧桐陪伴的街道、遗存的特色门楼

图5-15 宽窄巷子景观设计

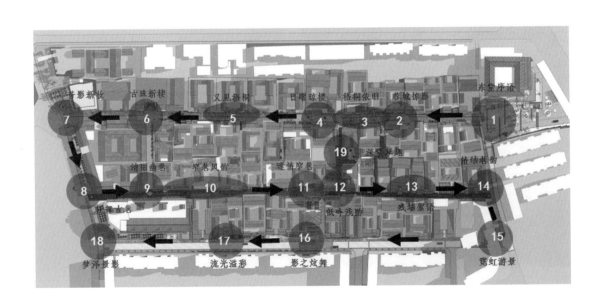

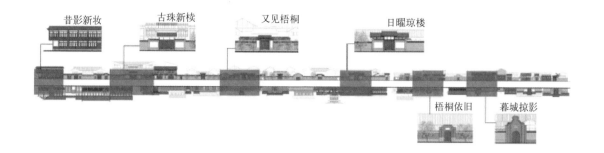

昔影新妆　　　古珠新楔　　　又见梧桐　　　日曜琼楼

梧桐依旧　　　暮城掠影

等历史元素的集合体，追寻"历史"，用以充盈记忆中对宽窄巷子的印象与感受。

图5-16　宽窄巷子景观节点

以宽巷子为例，设置了七个节点来串联起宽巷子两侧的街道。这七个节点从东到西分别是：东堂序语—蓉城掠影—梧桐依旧—日曜琼楼—又见梧桐—古珠新楔—昔影新装。

"东堂序语"位于宽巷子东入口广场，"序语"意味着体验者从此登堂入室，展开感受宽窄巷子历史文化的开始；"蓉城掠影"位于那木尔羊角家"恺庐"的大门处，倾斜的大门使人感受到历史的印记，引发体验者寻觅、探寻历史的欲求；"梧桐依旧"位于宽巷子17号大门附近，体验者向西前行，高大挺拔的梧桐树覆盖了半条街道，浓密的青绿与街道两侧的青瓦灰墙相映成趣，古色古香的路灯和木质座椅增添了追忆流水年华的恬谧气息；"日曜琼楼"位于宽巷子25号院，地面上的象征太阳的铺装将体验者的视线从空中拉回地面，连同宽巷子25号跨院的小姐楼形成了重要的

183

图5-17　宽窄巷子景观

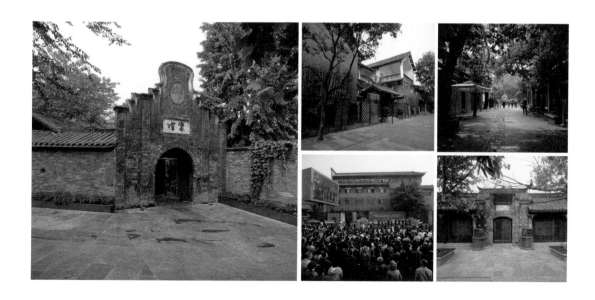

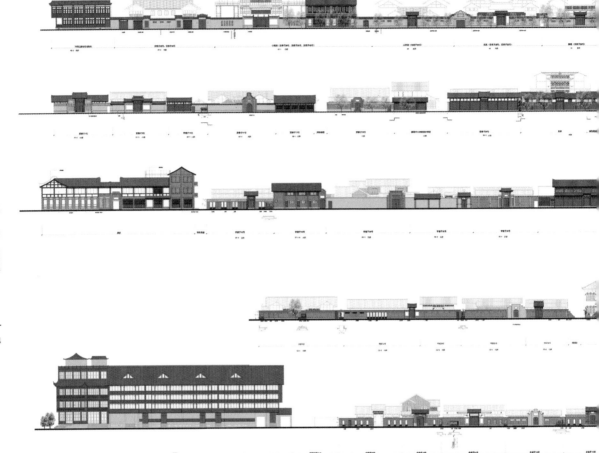

图5-18 街立面方案

节点，与之前的历史元素逐步叠加，形成完整的记忆模型；再向西，从历史与记忆的高潮回落到行走的轨迹，借助"又见梧桐"营造安静舒适的怀旧氛围，使体验者体会更为细腻丰富的点滴感受，较之"梧桐依旧"有了更多深层次的感触；小观园"古楼新读"是一个新的转折点，这个重新更新的院落在承载古意的同时，接纳了更多的现代元素，成为勾起回忆又承接现在的桥梁；再向西就是宽巷子的西入口，体验者在"昔影新装"平复了回忆历史的思绪，心情逐步踏入现实，创造了进入窄巷子和外围商业氛围的过渡。

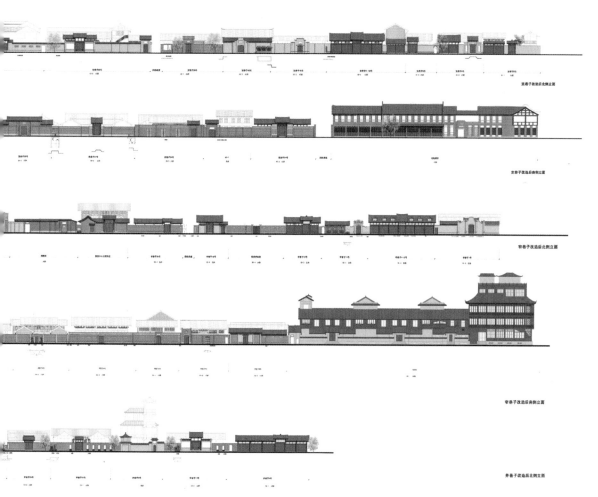

寬巷子改造后北側立面

寬巷子改造后南側立面

窄巷子改造后北側立面

窄巷子改造后南側立面

井巷子改造后北側立面

　　在打造宽窄巷子的过程中，井巷子28中学的围墙，借鉴了"文化再现"的做法，请成都著名的雕塑家朱成做了一面文化墙，把成都2000多年历史沿革通过300多米长的墙再现出来，命名为"墙的博物馆"。这是全国唯一以砖为载体的博物墙，老成都历史、文化、民俗浓缩于此。

　　在文化墙上可以看到昔日老成都的生活景象：老成都的人们坐在院子里，三五成群，泡一杯盖碗茶，享受着柔和的阳光，翻翻报纸，摆摆龙门阵，偶尔端起茶碗扎上一口，说天道地。巷子里推着三轮车叫卖的小贩，一车的蔬菜，雨天里卖菜人穿着雨衣穿梭于宁静的小巷，叫卖声清脆爽朗。几

图5-19 井巷子文化墙

个老人在家中屋檐下，下着象棋，逗弄着笼子里的画眉鸟儿，街坊在巷子里走过，留下隐约的背影……

2. 为历史留下一页空白：脚踏实地的广场设计

一直以来，街道和广场是城市居民室外活动的公共场所。宽巷子东入口的广场是宽窄巷子的主要入口，空间具有展示吸纳的内聚力和向心力，在提供市民休憩的同时有着良好的街巷视觉的可达性，不断地吸引人群进入街巷游览。

一条舒适宜行的街道必须能够让人停留。一般而言，愉快的步行长度为300米，而宽窄巷子本身的长度在400米左右，而且宽巷子与窄巷子、窄巷子与井巷子之间除了巷口之外，没有相互联系的通路。因此在设计宽窄巷子的街道时，必须在适当位置，提供可供停留的广场，或相互连接的通道，使线性空间被适当放大或串联。景观设计中，特意在宽巷子22号和宽巷子24号之间、宽巷子37号院西侧各辟通路一条，不但连接了宽巷子和窄巷子，增加了街面长度，延长了商业展开面，也在一定程度上解决了巷子内的消防问题。

宽窄巷子的外部空间无疑在小洋楼广场达到高潮。

窄巷子27号为一幢两层小洋楼。耸立的洋楼与拱起的窗户，显示出这里曾经的威严气派与繁荣景况。据说，这里在解放前曾经曾经是大户人家的私邸，后来成为教堂。解放后，随着岁月流逝，这里便慢慢人稀楼朽，杂草滋长，一派荒凉。当鸽子飞过头顶的时候，我们总希望可以透过眼前的雕梁翘檐，穿过百年风云，将那些金戈铁马褪色后的繁华凋零挖掘……

据住在这里七八十岁的老街坊邻居说，窄巷子27号曾经发生过一个凄美的爱情故事。这是一个关于20世纪30年代的留洋生与大户人家小姐的爱情故事。大户人家的小姐，就学于女子学堂，在五四思想冲击之下，勇敢地追求自由恋爱……苍凉的故事在斑驳的阳光下，被老人们娓娓道出。小姐爱上的

人，后来出了国，留了洋。她在巷子口等待心上人的归来，长长久久的等待……等待穿越了抗日战争、解放战争，新中国……留学生却再也没回来。后来呢？

图5-20 改造前的窄巷子27号

　　后来的故事无法追寻。也许她就是那个丁香般的姑娘，独自彷徨在悠长又寂寥的雨巷……也许她也有着丁香一样的颜色，丁香一样的芬芳，丁香一样的忧愁……过去的故事在岁月的流逝中湮灭，无法追寻。仰望天空，天离得那么近，巷子的尽头就是昨天……

　　如今的小洋楼，是窄巷子生活的一个典范：一个慵懒午后，一段世界顶级法国巧克力带来的西式香浓时光。也正是因为小洋楼被赋予的意义，小洋楼广场便有了甜美的爱情主题，成为宽窄巷子见证爱情的圣地。

　　小洋楼是宽窄巷子传统风貌的制高点，也是井巷子中最具特色的建筑，但除了小洋楼，窄巷子27号院的其他建筑已经破损严重，在设计时考虑将其他建筑拆除，保留正房和院子大门，重点突出小洋楼的统领地位。

图5-21 小洋楼景观广场

小洋楼广场设计跳出了现在很多大广场常用的对称格局的框框，也没有采纳道路加绿化的处理方式，而是因地制宜的将小洋楼的院墙打开，用周边封闭的院落和建筑将小洋楼广场围合，围合感强，空间紧凑。广场界面多变，广场尺度小而精致，安全感和亲和力倍增。在小洋楼广场中用井巷子中最具生命力的"水"作为主题，在连续的传统街巷界面内放大一处城市空间，展示宽窄巷子兼容并包的开放心态。在这个空间，不同年龄层，各行业人群可以共享，时光不再匆匆，游人和旅者都在此可以暂时休息，获得喘息和放松。

3. 从诗画到生活：创造情景交融的庭院空间

庭院景观也是宽窄巷子景观不可或缺的组成部分。宽窄巷子地处四川盆地，气候湿热，为了便于通风隔热防潮防雨，院落天井较狭长，正房和堂屋通常带有较宽的门廊或敞厅。《四川民居》曾这样形容川西民居："青瓦出檐长，穿斗白粉墙"，这不但是传统川西民居的结构特点写照，也道出了其典型的建筑色彩。

图5-22 改造前宽窄巷子庭院景观

图5-23　宽巷子2号正旗府
庭院内景观水

　　青砖灰瓦，斑驳的木墙板，白色的编竹夹泥墙，构成了清新淡雅的庭院背景。 庭院对于宽窄巷子来说，更多的是一个精神空间，不但肩负了建筑群落的核心位置，还需要满足人们居住心理、居住伦理和审美的精神需求。

　　在庭院景观上，发扬川西民居建筑特色、合并中庸的"择中"思想，在景观处理上延续中轴对称、正方位的布局，注重空间序列。同时也保留巷子内原有的许多庭院灵活、不对称的空间构图。景观随着空间转折，不断变换错落。街巷串联起两侧的院落空间，由门头完成了从热闹的街市到清雅的内院的界线划分与过渡。

　　庭院内的景观最直接的功能就是对建筑环境的改善。改造之后的宽窄巷子建筑比起传统建筑更加轻盈通透，尤其是玻璃的广泛应用，极大地加强了建筑内部空间的采光效果，增加了人看人的机会，过滤了外界对内部的干扰。在这种情况下，庭院内对有视线要求和防止靠近的区域种植草皮、花卉或树木，或结合室内外空间布置水池，改善庭院小环境，延伸空间；利用空间的光影，空间的划分，空间的先藏后露，空间的闭合与通透等变化。对庭院景观的再造，使庭院空间形态更加动人丰富，达到"天人合一"的境界。

　　千秋万代，家宅一国。在宽窄巷子，灵动的院落是核心，院落式建筑依序排列，院落文化深深植入了街区的灵魂，可谓"大院自成小天下"。这里有着鱼骨空间序列，节奏清晰，围合感强。这种鱼骨式路网结构系统突出了私密性和地域感，强化了人性化认同感，宣扬了传统的家文化和族群理念。

在有机更新的历史保护观指导下，宽窄巷子街区强调的是对其所蕴含的失之不可再得的文化信息资源，以及独特的生活形态的关注。通过对原始建筑形态、空间形态和生活形态的有效保护与整合，达到传承成都城市文脉特色和生活形态的目的。

时光荏苒，斗转星移，把院落的过去和现在进行一番对比，顿觉物是人非，感今惟昔；岁月的变迁在宽窄巷子留下了些许痕迹，不变的是历久弥新的宽窄风貌，散发出经过历史濯洗的光彩。

下篇

释梦

Part III

Dream

第六章

宽窄经济：

历史文化资源的未来转化

创意宽窄万物生·禅意商道天地间

四态合一 · 相得益彰
新型招商规划与商业策划

　　宽窄巷子遵循形态、文态、业态和生态有机统一的打造思路。形态是"千年少城的城市格局"和"百年原真的建筑遗存"，指的是文化遗产的建筑、器物等实物体现景观；文态是"成都生活精神"的典型样态，指的是文化遗产的文脉精神；业态则是指根据现代消费需求创新性布局，开拓消费业态，根据总的定位为宽、窄、井三条巷子分项植入不同的商业类型组团，形成"闲在宽巷子、品在窄巷子、泡在井巷子"的丰富的具有文化特色的业态组团；生态是指尽最大可能，保留宽窄巷子的绿化，保持浓荫遮蔽、庭院深深几许的历史感觉。最终达成形态、文态、业态和生态"四态"的有机结合，四态融合的创新思维，实现了宽窄巷子历史文化保护区的复兴。

　　宽窄巷子历史文化保护区建设项目总投入资金约6.3亿元，经过历时5年的规划设计与保护修复工程，形成由宽巷子、窄巷子和井巷子三条东西平行排列的老街道，以及其间的四合院群落。更新后的宽窄巷子，建筑面积3万多平方米，地下停车场11000多平方米，共修复了45个院落。宽窄巷子开街的第一年，就吸引了800多万游客，成为成都这座"来了就不想走"的城市的点睛之笔。宽窄巷子已成为代言成都的新名片，对成都城市形象提升、旅游产业带动都起到了积极的促进作用。著名经济学家张五常评论道："宽窄巷子是我见过的搞旧文化消闲最高明的地方了，尽管政府只投入了6个多亿，我认为它的品牌价值应该超过20亿元。"2012年春，开街近4年的宽窄巷子已接待境内外游客近3600万人次，年经营产值4亿元，如今这个数值还在不断上升，宽窄巷子的知名度也日渐提高，成为境内外游客到成都旅游首选目的地之一。

作为成都城市文化旅游的一张"金字招牌"，宽窄巷子的特色商业模式令人耳目一新。过去和未来在这里共生，历史的密度和文化的厚度得以传续。为历史建筑寻求合适的功能与意义，正是将商业氛围和空间形态包容性地结合起来的需求，将实现街区在经济、社会和人文等多方面的潜在价值。清华安地对此作了充分的思考和设计，定位为"修旧如故"，期望尽可能多地保留住原住民，收一些特色院落作为商业功能再利用，届时宽窄经济将是宽窄活力的重要组成部分。

2007年4月，成都文旅集团正式接手宽窄巷子，但一开始尚未明晰目标定位，当时只是计划打造一个成都的会客厅，具体落实到怎样的业态，并没有清晰的思路。清华安地副总经理林霄接受访谈时提及："第一次与尹董（成都文旅集团董事长尹建华）开会，正在做温江文庙的项目，想做商业化的业态，进行摸底调查，成都已有其他项目如大慈寺、文殊坊等，我们也不做锦里的翻版，文殊坊商业空间开间太小，进深太大，不利于开门迎客做商业，这样难以成功。之后，文旅找了很多知名商业顾问做了一些研究，如五大行——世邦魏理仕、仲量联行、戴德梁行、第一太平戴维斯、高力国际及高纬环球等都提供了咨询服务，一致认为宽窄巷子这样的空间形态实际上是不太符合商业空间利用的，因为每个院落的门脸都很小，可开启的面积过小，所以人们逛宽窄巷子的时候是无法看到院落里面的景象的，这样就很难形成一个商业氛围。"

据林霄回忆："'城市会客厅'的定位之后，就必须面临选择什么样客群的问题，如果只是小商小贩的零售商业就有可能和锦里、大慈寺同质化，即使要往这个方向发展也没有类似的空间。大慈寺、文殊坊的商业也正因为空间尺度的问题而不温不火，自身建筑比较高大，同时进深特别大可前头又过小。锦里的优势在于和武侯祠捆绑在一起，有大量有消费目的性的游客群。所以商业客群直接影响业态，五大行接受这个项目的时候也不是特别了解情况，当时国内还没有这样类似的空间和历史背景下的一个文化商业项目可作为参考蓝本，如何定位和落实城市会客厅就变成了比较大的问题。会上一度陷入了沉思，那时候我们正好在做温江项目的商业规划，也调研了成都的所有街区商业项目，同时调研了北京的一些场所。当时北京已经出现了如梅府家宴（在城区什刹海大翔凤胡同24号，传说中梅兰芳先生的家宴，大院本是百年贝勒王府，还收藏有梅先生的真迹、家具和照片）、南池子的天地一家（紧邻皇城根，古典中透着现代的国风设计）等私房菜餐馆，属于院落式商业的高端商务场所的业态类型。我们提出，宽窄巷子的业态客群应该区别于锦里的旅游观光人群，可以吸引一些文化层次、消费能力更强的客群来作为主要服务对象，进行有针对性的量身打造。"

　　所以，宽窄巷子的客群选择是渐进性的，一开始出于学术考虑，强调原住民；后来引入商业后，与原来的想法有很大差别，逐渐过渡到与现实更紧密结合和可操作性更强的最终方案。在院落空间上更加侧重于对文化的体现，定位逐渐开始明确，要走文化路线，要注重品位和格调，区别于以往常见的大众观光旅游路线。这几个原则先定下来之后，才开始有后面的一系列招商，包括文人开店等。这个时候也找了国际的五大行做咨询和各种各样的商业规划工作，但一直没有做下去。同时也请过国内知名的伟业顾问来做相关咨询，这些公司都积极参与了宽窄巷子商业策划的前期研讨工作。后来接触了华夏柏欣，香港的一家策划咨询管理和商业顾问公司，当时的办公地点在金宝街，曾做过北京新天地的招商营销等著名案例。选择的一个条件是不单单要做策划，同时还要做招商，招商工作和商业规划必须是联动的关系，不能脱离开来。华夏柏欣接受委托后，按照安地和文旅反复讨论的思路作出了一个定位方案。在营销策略上，华夏柏欣反过来也是宽窄巷子很好的一个商业营销品牌，号召力非常强，有利于之后开展的招商工作。最后等于是文旅集团和清华安地共同主导了宽窄巷子的商业定位，安地出了一个完整而详细的方案，包括招商的五大块内容、租金回报率等。

　　很快双方达成了共识，在这些基础之上，成都文化旅游发展集团董事长尹建华认为："对待历史街区，过去要么推倒重来，大拆大建；要么维持原样，简单修补，被动保护。而我们持的是第三种态度：保留历史街区的风韵和骨骼，继承性地创造新的文化与场所精神，将城市记忆、文化片段、生活场景、商业空间有机融合。对历史街区的规划建设，无论是排斥商业的'微循环'保护模式，还是重商业轻文化的'推倒重来'模式，都不可取。要掌握四态间的协调转化，让文态、形态承载文化遗产的精神灵魂和整体景观显现，让业态和生态作为一种生活方式的遗产情韵植入现代生活的消费内容。为保证在执行中不走样，成都宽窄巷子探索了这样一种机制——策划先行，规划跟进，专业执行。"在四态融合的创新概念提出之后，宽窄巷子招商规划的形成路径和商业策划的演化机制逐渐明晰。

　　宽窄巷子的业态选择划分了一些类别，主要是五个部分，分别为企业会所、文化展示、精品酒店、特色餐饮、精品购物，还有保留的原住民等。从档次上则分为国际知名、国内知名、区域（本地）知名等三个层次来操作。从路演和宣传的角度考虑，首先选择北京、上海这样的大都市，希望能招到知名的商户。第一站先去了上海，然后是北京，最后就是本地的招商，具体的招商执行工作后来由文旅集团来完成，面临很多复杂的情形，相当于攻坚克难一步步做下去的。当时这种空间是否适合打造商业还是个大问号，中国类似的成片区的商业模式基本为零，业界普遍认为这种片区难以成就商业，要承担极大的风险，同时周期要求很短，已经是2007年4月份了，那时先提出年底开街任务。4月份才刚摸清客群状况，6、7月份做好了商业策划，9、10月份组建了招商团队；但是异地操作难度更大，还提了很高的品牌要求，于是2007年秋安地退出了后续招商工作，引进华夏柏欣延续安地的招商定位，文旅自己负责招商的具体进程，内容上还是按照安地推荐的这几种类别来做。

当时还有过很高的设想，甚至考虑过引进米其林三星餐厅，但咨询了一下此类招商的周期是非常长的，条件不合理，时间上也难以实现。在很短的周期内要协调很多方面，实际上招商只用了二三个月的时间就基本上完成了30%～40%的招商工作量；当时国际品牌只定了一个，就是星巴克，给了小洋楼过去的位置。到了国内知名品牌引进环节，我们为此特意去调研过上海新天地，早在7、8月的时候主要是学习新天地的商业管理和租金构成，已形成一套非常先进的体系，包括整个运营周期控制，从投资、到平账再到赚钱三阶段的周期，这给了我们一个参考基调。调研之后，我们将租金分成了三块，首先是基本的租金，然后是加权费（即制定不同系数进行扶持或控制），再有一部分是宣传的费用，实际上从租金里额外拿出10%～15%作为反馈给商户的投入，要用这部分钱来为整体的街区做宣传，类似广告费用。那么，有了这笔钱，每年的每个月要做什么样的活动，包括户外媒体、纸媒和网络媒体等的铺放，就全都有了安排。当时全国范围内，除了上海新天地，没有一家做过这种设计，不仅是不具备超前的意识，也完全没有出现过此类租金设定模式。基本上就是只收租金，不去管商家经营状况。新天地的做法是收取租金，可能费用还较高，但是高的理由很充分，因为还要负责拿这部分钱为整体做宣传，有利于每家商户今后可持续的发展。这也是宽窄巷子商业能成功的原因，在租金设定上是非常先进的，采用了这种模式，价格则是结合了自身的具体情况，参照了当地的一定标准和比例制定的。

那时候只有上海新天地做过这种商业租金模式，而且当年国内历史文化街区能够成片区做商业模式的也只有新天地和宽窄巷子。二者实际上是有共同点的，首先都是片区式商业，其次都是"旧瓶装新酒"的概念，但是空间模式上是完全不一样的。上海新天地是借中共"一大"会址作为发力点，宽窄巷子其实是依靠自身的格局来谋发展。新天地能够通过市场营销炒热整个片区的土地价值，营造全片区的商业氛围，宽窄巷子地处成都市中心，周边没有待开发土地，不具备上海新天地那种条件。这也是宽窄巷子发展中比较可惜的地方，在之前整体规划时没有预留出足够的发展空间，局限了今后进一步的扩张。宽窄巷子创新性地请了大量文人前来开店，比如2007年八九月份的时候和著名室内设计师高文安先生谈好了合作意向，在里外院边上还有别处的几个院子租给他，经营起my noodle、my coffee等餐饮和会所生意；其实本来是想请高文安设计窄巷子东头的展示中心，现在是婚纱摄影和资产管理办公的地方。

上海新天地和成都宽窄巷子是两个完全不一样的产品，从游客的角度讲可能会更喜欢后者，新天地更多地是老外和外地人去看，对本地人则未必有那么强的吸引力。文化保护方面也很缺失，石库门、"一大"会址的保护等，现在都以纯商业为主了。而老外来成都一般先去看熊猫基地，然后也会来宽窄巷子，客流量逐步有了增加。文旅集团资产运营管理公司副总谢祥德告诉笔者："同样在走文化情调路线，成都宽窄巷子跟上海新天地的主要区别在于，两个城市的地域性和消费理念完全不一样。新天地更多地是崇尚海派气息，那边外籍人士比较多，于是现在就做成老外消费的场所，人们更多地是很浅地去体验那个地方；而宽窄巷子我们希望做成一个成都生活样板的浓缩点，很传统很地道能扎根的；让大家能感受到过去的老成都，同时又体验到当下的活力与休闲的成都。常言道'活在当下'，那么什么样的方式才叫活在当下，我觉得这里文化的植入迸发出活力就必须考虑到当下的状态，人们在宽窄巷子能切身感受到很休闲、很慵懒的时光，甚至是很时尚、很有品位的一种生活，向外界传递一种活在当下的成都是很幸福很美好的，扑面而来的生活气息。同时我们也希望人们能在这里看到一个未来的成都，有创意的成都，比如宽窄巷子经常会做一些年轻人喜欢的营销活动，每年的12月31日会举办跨年的音乐晚会，主题是摇滚、先锋、地下乐队之类，就在小广场上，这个活动已经做了四年了，用很新锐的方式呈现。此外我们还做创意市集，希望人们通过宽窄巷子感受到未来的成都、创意的成都、也是年轻人的成都，统统都能在这里展现。所以说是成都的生活样板和生活坐标，能在宽窄巷子里面找到。"

招商策划开展的过程中，到了2007年9月份，景观设计也同步进行，安地负责完整的统筹规划工作。从2007年4月到9月，林霄半年多往返于成都和北京之间飞了五十多趟，清华安地整个团队都全心全意扑在项目上，一直到2008年6月开街，不仅顺利完成了规划、建筑和景观方面的设计工作，还完成了与文化、旅游、商业策划、招商运营的统筹工作。刘伯英老师说过，这不是一个人的劳动成果，而是全团队的智慧结晶。宽窄巷子项目的整个设计团队，在刘伯英老师的统领下，包括最初李秋香和罗德胤老师带着学生测绘，之后黄靖、古红樱和陈挥负责的规划、建筑和景观设计，开街前林霄对商业策划和招商运营的统筹，以及5·12地震后弓箭负责的装修整改、抗震加固和最终施工图完善。作为建设单位，清华安地为文旅集团配备了全过程、全专业的服务团队，承担了项目所需的技术总承包，与少城公司和文旅集团通力合作，胜利完成了这个项目，大家付出的辛苦、所冒的风险、承担的责任、克服的困难都是难以想象的。

文旅集团董事长尹建华在接受《三联生活周刊》记者采访时，谈了自己对历史文化街区更新的一些看法："不管是居民自主更新微循环，还是商业主导的修复保护，都要结合自身的情况。我认为有两点是必须要做好的，一是基础设施改善，二是对历史文化街区的建筑和其他历史遗存的妥善保护。这两点做到了，才谈得上对历史文化街区的整体保护和改造，才可能让它成为一个城市的名片。现在历史文化街区往往走入两个误区，一种是强调原生态保护，绝对排斥商业。另一种是一味商业化，把文化、历史、建筑通通抛到一边。我觉得都有片面性。一段好的历史要让它真正保留下来，要让它真正有生命力，不能把它孤立起来'只可远观、不可近亵'，要和当代人生活紧密结合，而且它就在城市中心。当然，商业是文化的表现形式，不能本末倒置。"单霁翔先生认为，目前各城市中心区的土地仍然处于升值过程，由于区位因素的影响，很多传统建筑开始具有较高的价位，经过修缮之后，可以多元化地演绎出各种新的功能，如作为民间旅馆、风味餐厅、特色茶馆、民俗展览等对外开放。历史街区内部的传统建筑也可以用作小型幼儿园、福利院、小型会所等设施。[①]

自汶川地震后宽窄巷子开街以来，商业和文化的关系得到良好控制。尹建华说："在宽窄巷子保护中，我们始终强调文化的传承，强调历史文化街区所蕴含的文化精神。街道、建筑只是基础，更重要的是让里面的文化精神生生不息。因此宽窄巷子商业的引入，首先立足于文化的植入，商业和文化是相融相生的。宽窄巷子除了千年的城市格局、百年的建筑遗存等物质遗存之外，更重要的是它留下的非物质文化，它是成都人生活态度、生活方式的一个集中载体，这是最容易被人视而不见的，但我们认为这是宽窄巷子文化里最突出的一点。因此，我们想把宽窄巷子打造成典型成都生活的一个样态标本。我们总结了宽窄巷子3年来保护的'四态'：形态，物质层面的；文态，非物质层面的；业态，商业层面的；生态，环境层面的。形态是基础，否则'皮之不存，毛将焉附'，这些街道和建筑面目全非了，再好的文化、再好的精神也都没有载体了，更不要说商业了，那就是百货大楼、购物中心了。文态是核心，是灵魂，它是打造历史文化街区的目的所在。业态是

①单霁翔.城市化发展与文化遗产保护.天津：天津大学出版社，2006.139.

呈现，通过商业让历史文化街区成为一张城市名片，和这个城市的生活发生关系，不仅仅停留在一个简单的建筑遗址层面上。生态是情境，让人们沉浸在历史文化的氛围之中，沉醉在悠远的回忆之中。我们是这样理解的，也是这样做的。如果说宽窄巷子和其他历史文化街区有什么不同的话，我觉得就是对这四者关系的把握。不仅仅停留在形态的保护，而是挖掘和弘扬文化精神，这不是一句空话，也不是博物馆里的静态展览，而是实实在在和城市生活发生关系。修一个高速公路、建一个工厂可以造福一方，但那更多是停留在物质层面上，而宽窄巷子所带来的价值也不只像一条高速公路、一个工厂一样，它对城市的综合价值是不可估量的。政府领导来参观时说了一句话我很认同，'宽窄巷子不能只算经济账'。"

第二节

资源整合·市场运作
宽窄巷子的商业运营特点

　　宽窄巷子的商业运营有着科学的项目管理机制。为确保达到专业化管理和商业运营，青羊区政府成立了分管副区长任组长、各职能部门参与的"宽窄巷子历史文化保护区管理委员会"，由街道与文旅集团资产管理公司负责人组成管委会办公室负责日常管理，并制定了《宽窄巷子历史文化保护区管理办法》，强化综合执法和综合管理；2007年3月，秉承"大旅游带动大产业"的创新思路，成都文化旅游集团责任有限公司正式组建成立。除了有管委会办公室负责日常管理，文旅集团也专门成立了文旅资产运营管理公司，全面负责宽窄巷子项目招商、运营和管理，以市场为中心，站在城市营销的平台和高度上进行运营和推广。

　　管理公司秉承高水准专业运营的管理理念，引进商场式管理模式，依靠市场整体营销，与商家签订严格的商业管理合同，对经营的业态范围、装修风格、外摆规范，服务礼仪等进行规范管理，并建立奖惩制度，进行约束和激励；并有针对性地开展街区的宣传、营销、活动策划执行等营销工作。根据商业业态开展主题活动，成功打造了"井巷子创意市集"、"永远年轻"跨年摇滚音乐会、宽窄茶会、宽窄音乐季等自有品牌，提升了宽窄巷子的知名度和美誉度。

　　宽窄巷子的运营特点决定了它可持续发展的蓬勃活力，严格遵循了科学统筹和市场经济规律，在资源的整合与商业运作上表现出了较强的优越性，主要有以下四个方面：

1.政府统筹整合资源

一是统筹规划。按照全市统一规划将该区域分为核心区和环境协调区实行了完全有别于其他旧城改造的保护性改造。对核心区的建筑按照原有特征进行修复，其余建筑在保持原有风貌的基础上改建，较完整地保存了老成都的历史文化特色。对环境协调区，拆除原有的绝大部分建筑，开发与核心区建筑风格一致的仿古建筑。

二是统筹市场主体。由成都文旅集团全面负责宽窄巷子项目的投资、招商、运营和管理。

三是统筹建设工作。实行市、区分工合作，青羊区政府承担了搬迁任务，青羊区政府和成都文旅集团合资组建的少城公司负责建设。

2.科学策划集聚产业

一是积极保护和恢复文化遗产。邀请历史、文化、艺术、建筑、考古等专家、学者成立了"宽窄巷子历史文化保护区专家委员会"指导文化保护工作。通过详细实地测量记录，将宽、窄、井巷子中的每一个院子按照建筑所蕴含的历史文化与建筑价值分类，加以保护性的设计，力求尽可能地保留古建筑，还原历史建筑本真面貌。

二是精心提炼文化内涵。理清宽窄巷子的历史文化脉络和文化精神，挖掘宽窄巷子所蕴含的文化内涵，将宽窄巷子的核心文化内涵定位为体现成都生活精神、传承和延续 "成都生活标本"，响亮地提出了"宽窄巷子最成都"的形象描述。

三是科学策划个性业态。将三条巷子定位为"宽巷子老生活"、"窄巷子慢生活"和"井巷子新生活"。将中餐、茶文化、传统文化和民俗展示布局在宽巷子，将西餐、特色餐饮、现代艺术布局在窄巷子，将酒吧、夜店、小吃城等布局在井巷子。三条巷子承载的不同产业与相应的文化形态紧密结合，形成了丰富的具有文化特色的业态组团。

3.市场运作招商引资

一是组建市场主体实施项目。实行国有文化与旅游资源所有权与经营权分离。由市、区按8：2的比例投资组建成都少城建设管理有限责任公司负责宽窄巷子的搬迁、建设和开发。在投资、建设、营运、招商等方面则主要以文旅集团为主，分工合作，充分发挥了市场主体的作用。

二是在更大的市场范围内招商引资。面向全国以及国际市场，根据产业设计、发展策划方案以及市场走向，通过锁定目标、点对点沟通的方式实行招商引资。

三是依靠市场整体营销。项目前期营销紧紧围绕"宽窄巷子最成都"、

"宽窄巷子成都生活精神家园"展开。"5·12"震后成都市将宽窄巷子开街定位为成都旅游恢复开场之作，搭建了平面媒体、电视广播媒体、户外媒体、现场活动互动等综合营销平台。

4.专业运营综合管理

一是专业运营。成都文旅集团全面负责保护区的商业定位、招商规划和市场营销。

二是综合管理。青羊区政府成立了"宽窄巷子历史文化保护区管理委员会"，管委会办公室负责日常管理。

三是建章立制。制定了《宽窄巷子历史文化保护区管理办法》对历史文化片区的保护与布局、公共设施和商业经营日常监督管理、行政执法部门集中执法、便捷服务等方面作了具体规定，实现综合管理规范化、制度化。

关于如何控制和调整宽窄巷子的业态分布这个问题，尹建华董事长认为可以通过一些经济杠杆和一些政策杠杆，让业态更好地符合文态的要求。从档次上来说，兼顾高中低不同需求，更多满足大众休闲文化体验，贵贱同台。另外，对于经营收益不是很高，但是文化含量比较高的，特别是一些老成都的非物质文化业态，通过各种方式来扶持。租金是一个最重要的调节杠杆，调低租金平衡业态。还会辅以多种政策杠杆，比如女诗人翟永明的"白夜"，每个月都有一些文化活动，从诗会、新书发布到艺术沙龙，包括很多和法国、美国、斯洛文尼亚作家协会联合的国际文化交流活动，在资金上提供支持，在宽窄巷子多处替它广而告之。对一些正在探索中的年轻人也会提供展示机会，比如每周都要做一场"创意市集"，免费提供场地。

而如何处理宽窄巷子中原住民和商业运营之间的关系，尹建华董事长回想起宽窄巷子这几年也有新的思考。这种历史街区改造最大的问题就是怎么处理与当地居民之间的关系，不一定要一刀切。他认为可以用商业逻辑、市场角度来分析解决。据统计，宽巷子、窄巷子、井巷子里留下来的原住民约占15%左右，分两部分，一部分人在经营一些小商业，开客栈、茶馆等，还有少数人在里面居住。对于有商业经营的原住民，尽量给他们提供方便，基础设施做好。另外对居民经商进行引导管理，让他们和街区规划相融，成为街区的一道景观。同时也鼓励其他合作方式，联建、联营，比如正在和宽巷子居民羊角谈联营的事，想在那个院子里做一个老成都民俗文化茶楼，产权不变，收益分成。

有些人持有这样的观点：历史文化街区成功与否的标志之一，是看其商业运营是否成功。而尹建华董事长在评估宽窄巷子的价值时提到了经济学家张五常。张先生曾经来过宽窄巷子，说他走了这么多地方，"觉得用旧文化来做休闲经济做得最好的地方就是成都，一个是武侯祠旁边的锦里，他打80分；另一个是宽窄巷子，他打100分。他说如果宽窄巷子现在做个估值，应该是十几个亿，拿到国际市场上能达到二十个亿，而且还在不断升值。我更期待它未来对城市的文化价值。"

文旅集团资产运营管理公司副总谢祥德主要负责经营管理，作为亲历者，介入也比较深，他从商业角度谈到了对宽窄巷子的理解和感受，以及一些印象深刻的地方。谢祥德说："因为建筑主要是刘伯英老师他们做的，肯定更加了解情况，那么我就主要从商业角度来说一下。今天取得这样的成绩，外界评价说是很成功的，我觉得它有很多因素在其中。宽窄巷子本身从建筑、文化和形态，以及商业运营和开街时间，可能都是促成它各方面成功而奠定的基础。从商业角度展开，有几个方面可以跟大家分享一下：

"第一，先抛开建筑文化的东西不去谈，实际上当初制定了一个完善的商业计划，包括商业上的定位和对整个区域的分析；这个商业定位上有招商策略的制定，租金体系的构架，以及对商户的分析，这是比较重要的一个环节。

"第二，从招商和实施的角度来看，也奠定了一定的基础。当时在招商过程中，我们主要选择本土商家，而且还选择了很多跨界的商家，包括一些从没有做过生意的别的行业的人，来自文化界、艺术圈的人进来做经营，也是比较独特之处。

"第三，从营销的角度去讲，最先的定位就是'宽窄巷子最成都'这样的营销概念，实际上站位比较准确，一开始就站在一个很高的高度上，不管之前的还是后面的项目从没有别人敢去这么称号，'最成都'的定位也为后期的运营打下了基础。

"第四，整个运营管理方面比较强调细节。我们一直提倡这个区域是封闭式的管理，像大型商场一样封闭式地进行管理，因为以前我在商场工作过，希望能把一些经验融进去。虽然宽窄巷子是一个开放式的街区，但采用商场封闭式的管理，从具体的规范、行为、人员的管理以及细节的把控等，会更为切实有效。

"第五，开街时机的选择是很重要的，当时是2008年6月份，汶川大地震过后的一个月，政府这个时候也算是举全市之力来操作和支持开街这个事。地震是5·12，开街是6·14，当时希望宽窄巷子的开街不仅是一个简单的商业项目或文旅的项目，政府已经把它拔高到成都市乃至四川省的一个项目去看，通过开街反映了很多政治意义，因为当时5·12地震之后，外界传来的信息就是觉得成都已经是地震的一个灾区，很严重很惨烈的一个状况，但实际上成都这里的主城区是没有什么大问题的，那么通过宽窄巷子的开街就作为一个装载信心的载体，它要向世人和世界宣告，成都是安然无恙的，成都在努力建设美好家园，成都是雄起的。当时不管从政治的角度、从营销的角度、从宣传的角度（包括内宣外宣）来讲，起点比较高，具有一定的时代背景和历史意义，这也让宽窄巷子后来迅速地在国内外大范围打开了知名度，也获得了美誉度，起到了非常关键的作用。"

宽窄巷子现在在全国范围内都是一个做得比较成功的范本，也有很多人前来参观学习，但也有一些隐藏的遗憾之处，可以进一步改善。文旅集团资产运营管理公司副总谢祥德说："问题比较大的一点就是宽窄巷子的体量太小，相对整个城市来说该项目的体量和资源小了一些，目前也没有办法扩张。最早在2003年、2004年的时候是有这个机会的，包括28中的搬迁，可惜企业暂时没有算清楚账，政府当时由于种种原因也没有去做一个最终的决定，从现在来看就成了物理空间上制约宽窄巷子拓展的弊端。这个项目火了，现在发展得特别有活力，我们希望在业态的丰富性上要达到更高层次。但可能做不到，因为体量毕竟有限，尺度和空间上局限了。另外就是在后期商业的运营过渡方面，后期运营板块介入得太晚，前期做规划做建筑时没有及时跟进，那么后面在运营上难免遇到一些问题，我们是2007年才介入的，那时文旅集团合并了少城，3月30日才刚刚成立，实际上到了5月份才慢慢开始介入这个项目，直到七八月份才正式开始做，9月份团队和人员配置才完善，而那个时候基本上建筑设计方面已经确定了，商业上改不了了，只能去适应，根据建筑来打造。但这也可能恰恰是一种魅力，因为先有了某种建筑，才选择了某种商户进驻，按照这样的建筑形态和方式去经营，最后形成了一致性的商业街。民居有民居的特点，层高和空间的局限性等迫使商家发挥自己的创意去解决一些问题，虽然很多原有缺陷的地方还是解决不了，这是难免的，哪怕在全国范围内。当时项目的定位是历史文化街区的保护，建筑落架重修，注定要按照民居的方式不走样地修回去，不是一个商业的范式，这是改不了的。有些经验以后是可以规避的，比如下水管网，有些商家做餐饮的多一些，对管网的口径就需要设置得大一点，让排污通畅一些；按照标准和规范做没错，但使用中发现有些小了，排得不那么痛快，这为我们后期管理也带来了很大的难度。比如对化粪池的清理次数和频率就会很高，宽窄巷子餐饮商家多，川菜油水又大，厨余垃圾之类会造成下水管道堵塞；虽然确定餐饮后加设了隔油池，但还是不够。所以如果一开始在做建筑设计时经营就跟上了，对商业定位很明确，相应的配合就会做得比较完美。当然，其实也是可以理解的，因为在当时的状态下不会知道未来这里具体做成什么。这个项目现在看来，在使用功能确定和建设顺序上，是一个比较颠倒的状况。出发点也不一样，最早是站在保护的角度上，做这个项目的初衷是希望把街区保护好，把建筑原貌留存下来，也完全没想到后来商业这么火，有数量众多的餐饮在此发展。设计时对建筑如何做、做成什么样子，一直是摸索式的，商业也并不是当时要重点考虑的事情。刘老师更多地得站在保护整个区域、从历史文化和建筑风貌的角度来考虑。关于后期要怎么去做商业运营利用，是逐步形成的，这个过程挺有难度的。"

通过跟商家和店主们的交流我们得知，有些商户原来想的是做文化院落，但现在开门营业以后就面临着经营压力的问题，有的就只好往餐饮上去靠，毕竟餐饮的利润高且风险小，导致他们现在一天切分成几块，早上卖茶、中午做餐卖饭、晚上喝酒，每天分时段经营。还有一些通过水吧经营的租金和收入来养活店家。这样就会带来一个问题，即导致商业业态同质化的风险。谢祥德对这个问题是这样去看的：宽窄巷子虽说是做了四五年的时间，但其实是四川的行为在推动它的一个发展走向，我们当初的定位设想和现在市场的状况有点不一样。第一点，从人流客群的分析来看，在2008年到2009年开街不久的时候，那时候的消费人群以本土、本地为主，而现在的客群组成已经悄然变化，慢慢地发生了扩散，以外地的游客和本土的人群构成，外地游客的数量越来越多，这个比例增加到几乎和本土五五开，甚至有一天外地游客会超过本土人群，这是市场影响在发生变化。第二点，宽窄巷子应该属于成都人、四川人，甚至整个中国人，而不应该只是属于某一部分人。我们不希望开会所，商家关上门在里面经营，自娱自乐，提供给朋友和客户在里面玩，外人进不去，这是不是就是所谓的"绅士化"？我们希望宽窄巷子更开放，吸引更多的消费者来这儿。所以这是两个原因导致的，我们促成并调整了部分商家的业态，但是我们并有放弃做高端的文化、餐饮甚至高端的艺术方面的机构设置，我们想要继续保留他们，同时让更多的商户能够开放，结合更多和游客互动的业态。关于餐饮这种业态，我们可能在未来会刻意去降低它的比例，在操作上是完全可以控制的，如通过合约调整等方式，必要时还会采取强制性的约束，限制某些商户不能做餐饮等，合约到期就更换之类的。

从这个角度讲，为了保持宽窄巷子的文化艺术属性，我们有责任去不断注入文化元素，在商业业态方面考虑增加一些文化艺术的构成。同时通过管理的手段去调控这种方式，目前也采用了一些措施去保护文化业态，毕竟文化方面是不如餐饮等商业做得容易的。其实这里面不矛盾，每个商户有自己的一些状况，我们从开始到现在一直在保护文化类的业态，在租金体系里面有一个系数，针对做餐饮的商家就会把系数调高，若是开咖啡厅的则把系数降低，比如是开书吧或者茶馆的我们还会继续把系数调低，这是我们有意识地在保护这类休闲的文化业态，想让他们更好地适应在宽窄巷子的生存。这个系数不必通过一家一家的调研，而是在一开始制定租金策略的时候就很明确了。商家不用汇报，我们会去了解经营的真实状况，在最早商业的定位环节，就尽量把每条街、每个院子做什么业态给规划好了的。比如这个地方要做书吧，那么就给他制定合理的系数，招商时也都考虑好合作对象。我们的扶持策略也是双方都谈好的，至于商家在经营过程中的具体情况，我们其实是比较清楚地了解的。

谢祥德提供了租金和经营数据的一些相关资料，这些数字能够更加客观地反映真实的市场行为。宽窄巷子的租约通常一签就是三年或者五年，这是合同的周期，这三年或五年当中本来有自然的比例在递增，是两种比例递增模式，10%或者15%；签5年还是3年也是由我们来决定的，会针对商户做的业态、投入的数额、院落的大小，参考这些因素制定不同的合约，有些长租有些短租。有的商家可能想一下就租5年或10年，但我们肯定不愿意，我们还得为了整个街区商业的活跃性，未来的可调控性而全盘考虑。商家的盈利状态对租金不会有影响，比如有的商家特别火，赚的利润额很高，但合同是签死了的，租金还是恒定的一个数值。合同到期后，根据是否需要商家的业态留存下来，或者在管理过程中有没有符合规范，有没有经常违规，综合评估双方的关系来决定续约。不会因为商家很火就抬高房租标准，在制定租金体系的时候不是因商户而异，是因院落而异的，参照院落的位置、大小、做的业态等因素。

谢祥德还介绍了宽窄巷子商户租金系数："我们是这样分的：第一是餐饮类的，第二是零售类的，第三是休闲类的，就是类似咖啡、饮茶等休闲内容的，还包括了酒吧也跟休闲放在一起，但有时候会把茶馆单独列出来，第四是艺术类的。这里面比例最高的是零售类，系数比如说可能是1.5，餐饮是1.3，休闲类是1，茶类也是1，艺术类是0.8，艺术类还包括书吧等文化业态。比如这个院子是某种大项，我们就找不同类型的商家给他们相应不同的系数。这样商家的租金就都不一样，这实际上体现了我们是怎样去保护我们想要的商业，比如你要做餐饮租金就会被设置得比较高。有些只做传统餐饮的商家也许过不了多久就会被淘汰出去，因为它自身的表现和街区理念不协调。我们必须这样做来保持这里业态的活力和健康的比例。"

除了租金，还有一些其他的手段来保护调控文化的比例。谢祥德补充道：在整个营销的策略方面会更加扶持这类的商户，会经常给他们做一些相关的活动、营销、宣传，我们有什么文化类的活动也会落脚他们的地方去做。此外我们会有效地利用所掌握的资源，去让消费者和他们产生互动，会有意识地让旅游参观团到他们的地方去，我们有游客控制中心，接待、讲解等方面都是我们在负责的，如果觉得这家商户的文化属性不错，就会让消费者跟他产生更多的互动机会，有意识地增加参与时间，通过种种方式去扶持。做文化本来就是需要投入的，不论精力上、精神上、金钱上以及感情上的投入都非常大，所以得找到跟这部分认识相知相仿的人，然后才能做好做大。比如"锦华馆"，以羌绣文化为主题，以前他也不想只做这个，还加入了其他的产业，但我们就说服他得纯粹一点，其实现在锦华馆的生意就做得蛮好的。

收上来的租金基本都用在物业管理、整个街区的维护维修、商业的管理营销等方面，要保证公司的正常运营和良好的发展。一年带来的收益不是想象的那样可观，因为扮演的角色不一样，作为房东，对资产没有进行销售，而是长期持有，那么从现金流上来看，并没有获得很好的收益，但从资产的保值增值方面，为这个城市留下一些精神文化方面的东西，为成都树立地标，从这些角度来讲，它的意义已经远远超出了简单用金钱去衡量的层面了。实际上成都在宽窄巷子开街之前，很难找到一个典型让外地人、本地人必须去看去玩的地方，现在至少是做成了一个品牌，社会影响力也比较大。在宽窄巷子举办的活动都是全程接洽的，每年自有的有几个品牌活动，如跨年音乐晚会、宽窄茶会、街头音乐季，像宽窄茶会是每年三四月份春茶上市的时候，成都人爱喝茶，这些都是做了好几年的品牌活动，效果也很不错。实际上正是通过文化类的活动来引领商家共同参与，向消费者传递一种信息，强化宽窄巷子的文化属性。

现在可能餐饮的比例过高了一点，大家走过去觉得这个地方就是吃饭的。其实不然，宽窄巷子的营销上不是这个定位，也不想让消费者造成这种印象。吃对成都人来说是很重要的，成都任何一个商业街在种种业态中都离不开餐饮，但考虑到对文化品位的需求就必须要再接下来进行一个调整。如果这里不是餐饮，做文化的有几家店就会太小众了一点，有些文人开的店，组织沙龙活动等，是相对更内部性的。餐饮多的原因是餐饮活得最好，若降低它的比重也得想办法让非餐饮的商户更加繁荣。

"实际上这是我们的一个课题，也对商家提出了一个课题。宽窄巷子目前这么大的一个人流量，有上千万的客流群，照理说这些人不只是来吃饭的，应该让他们驻留下来，参与和互动到街区的业态里面去，这是我们和商户必须共同考虑的事情。"谢祥德说："之前缺住的地方，马上要开客栈，有一个问题是可能比较喧闹，做不到像外面的五星级酒店那么安静，但也恰

①参见三联生活周刊
副刊专题《宽窄巷子里的微
观成都》

好是住在这里的特色之一。精品酒店如德门仁里开业了，总共十间房，其实住的比例也可以更多一点。现在宽窄箱子里面有龙堂客栈，跟精品酒店定位不同，背包客、年轻人和老外会更青睐，德门仁里是以家庭和商务为主。"

与"三块砖"一样，要把商业带进来的每一个院落都要面临的，一是差异化，一是高端化，不可能再像沿街商铺那样针对中低端游客。在这样的气氛里，面对背包客的国家青年旅舍"龙堂"在宽窄巷子里显得有点格格不入了。2001年就来到宽巷子的"龙堂"是第一个把外面的视线引入的商家。老板赵炜说，他们见证了宽窄巷子成名的过程，一碗茶从2块钱卖到了20块钱。只是宽窄巷子的房租也水涨船高，尽管"龙堂"是从私人户主手中租来的，但在2007年开街前也被迫搬到对面租金便宜的院子里，因为房东开出了新价码100万元。现在每年都要面对10%的涨价，但相比周边五六倍的租金已经很幸运了。巷子变了，来"龙堂"的客人也变了，每逢"五一"、"十一"，小小的龙堂竟然挤进去四五千看热闹的人。因为租金和客源的变化，"龙堂已经把房价提高到最高400块钱一间，开始向商务酒店的价格看齐了！"赵炜说，如果房租谈不下来，他也准备把"龙堂"彻底商务化了。①

《成都商报》曾做过成都餐饮转型发展系列报道，于2013年3月7日和2013年8月20日分别刊发了题为《宽窄巷子中高端餐厅纷纷谋变》和《到宽窄巷子 重温院坝里的夜生活》的文章，指出：三月成都，繁花似锦，在这适合好友聚会的时节，成都消费者发现，不少中高端餐厅会所已经在墙壁上张贴"厉行节约"的宣传单。成都商报记者走访成都名片——宽窄巷子了解到，许多中高端商家纷纷筹备新菜单，以便向中低端市场倾斜，将多则500～600元/人、少则200～300元/人的消费标准，向100多元/人的标准看齐。在成都餐饮经营界小有名气的姜鸿，近一个月前刚刚履新，成为宽窄巷子上席川菜院落的总经理。作为长期从事家常菜餐厅管理的她，此次上马，成了上席经营定位向亲民路线调整的内容之一。如今，在宽窄巷子，像上席这样向亲民路线调整的中高端餐厅并不少。"以往我们是做私房菜的，食材具有当令、独特的特点，没有菜单，采取写菜的形式，人均消费动辄500～600元，不适合向大众推广。"姜鸿说，在国家倡导"厉行节约"的风气下，上席正向更多的中外客人开放川菜院落。她介绍说，目前菜单还在筹备之中，但已拟出100道菜品，还没有细化。"估算下来，四位客人的话，人均消费就在200元左右，人更多则更低。"采访中，一些餐厅负责人表示，由于之前主要就是主打家常菜，这次菜单调整力度很小或者不用调整。"我们菜单也在改，目前还在筹备，可口可乐公司将会给我们做出新的菜单。"成都明德坊酒店法人代表简女士说道，不过该店一直主打家常菜，"与那些几百元每位的消费档次不同，我们一直消费不高，客人也比较适应。"

除了降低总价，许多商家也纷纷取消了原有的进店消费门槛。不仅如此，高档食材，如海参燕鲍翅也渐渐淡出中高端场所。姜鸿说，之前上席走私家菜路线，对客人有消费金额和消费身份等要求，如今，花20元就可以买一杯竹叶青，在里边坐上大半天，还可以自己点菜，自己控制消费金额。尽膳河鲜馆工作人员李小姐表示，原来在该店包间消费有最低消费，现在也取消了。"现在我们几乎不用鲍鱼鱼翅等这些高档食材了，店里的海鲜菜品渐渐被河鲜代替了。"

"我们并不只是一味地要把人均消费标准降低，我们要更好地向中外游客展示菜品、环境、服务等风格。"姜鸿说，落实在菜单上，第一步就是要形成文化型特色菜单，弘扬正宗地道的川菜文化，从而达到文化品牌和经济效益双赢的局面。有些店铺则表示，将在降低总价之余，会加强工艺和服务竞争力。一家冷锅鱼店的客户经理陈先生告诉成都商报记者，去年12月刚开业，考虑到如今市场情况，价格不敢定高，目前人均消费仅120～150元，"我们注重在口味和服务上下功夫"。

宽窄巷子一家餐饮的客户经理尹红由于服务细心周到，很快收集了大量客户，她满怀信心地认为，随着节俭风不断深入人心，加上店中文化环境营造得力，这些客人很快就会来。"'厉行节约'以后，菜品价格调整了，可以交上更多朋友，还是一个机会。"

来自行业的声音也证实了这种转变。成都市餐饮同业公会秘书长张观军说，据他了解，成都目前大概有60%的中高端餐厅在调整菜单，向中低端倾斜。不过在这其中，除了国家倡导"厉行节约"风气，也有节后淡季因素。另外，各个餐厅情况不同，有的餐厅装修豪华，定位高端，店面租金也贵，它的应对措施就并不一定体现在价格或者食材上。张观军认为，成都的中高端餐饮场所今后将更多地纳入市场规律的调节范畴，不能依赖某些特定消费。今后，成都餐饮业仍然会是一个百花齐放的局面，高端场所不会消失，在市场规律调控下，会保持一个较小的比例。

作为"成都会客厅"，宽窄巷子是文化餐饮展现魅力的平台。在2013年的夏季，宽窄巷子结合30个院落各自的特色，举办主题各异的专场音乐活动，最成都的消夜小吃、啤酒饮品以及消夏特惠，让成都人重温院坝头的夜生活，也让外地人过一过地道的成都式夜生活。宽窄巷子院坝里品消夜小吃成为一种时尚。

成都文旅资产运营管理有限责任公司相关负责人介绍，2013年宽窄巷子餐饮业营业额下滑，各家店纷纷采取对策适应市场变化，超过五成的高端私房菜会所转型大众消费。高档会所宽云窄雨，将餐标下降约3成，并推出午市10人套餐和晚餐10人套餐的团购优惠。

子非会馆以"文化餐饮"留客。宽巷子27号的庄语●子非会馆开店6年了，是一家以庄子哲学为精神主题，结合老成都文化展现的主题餐厅。成都子非投资管理有限公司总经理余泓斌说，今年上半年该店营业额一度下滑约4成，通过努力目前又回升到去年同期水平。余泓斌说，公司有近千道菜品，每季还会推出创新菜品，有40多道菜已取得国家专利。该店还注重健康饮食，与大邑县一家有机农场合作，从源头上把关，提升菜品品质。庄语●子非的形象宣传片曾在纽约时代广场播放。"子非店作为旗帜，以后开店要做中低端精品。"

我们注意到星巴克（Starbucks）是这里唯一进驻的休闲餐饮类连锁品牌。星巴克落户中国以来一直保持了稳定的发展，但在其他很多地方的植入也是有争议的，比如开在北京紫禁城和福州三坊七巷等名胜古迹之地的星巴克咖啡，引起了媒体和民众的议论，包括进驻成都老街区之举。对此，谢祥德谈到了当时考虑将星巴克引进宽窄巷子的诸多原因：

第一，业界会这样去看星巴克，至少在目前大家会把它看成是一个商业入驻的标志性的商家，当初我们对这个区域的设想是做成都的一个生活样板，就得体现休闲、娱乐的方式，以及活在当下，对时尚品质的追求等，都得有所体现。我们觉得这类型的商家符合了这些需要，而且年轻人群体喜欢这种消费模式。

第二，作为我们是在经营管理上考虑，希望商家能更多地去营造这种氛围，其他的商户我们没有去细谈，他们对物业的需求也不一样。

第三，这里就有一些遗憾的地方，比如有些商户觉得作为国际品牌跟这里的物业、租金不合适，商务条件上没办法达成一致。

第四，我们也希望把这个区域做成跟别的商业街区不一样，所以在这个地方可以发现很多品牌是第一次创立，比如"宽座"、"花间"、"听香"等，这些品牌在外面是看不到的，都是自己原创的。包括商户取名字的时候我们都会给他作参考，哪怕这个商家以前在外面开过别的店，持有一些连锁店，我们也希望他们在这里不要开同样的店，名字都得取得不一样，比如"成都印象"，这是为了保持这里商业和文化的属性、独特性与稀缺性，要做到唯一，避免在国内别的地方看到的一些传统商业街，放眼望去全是相似的品牌，同质化了，比如统一的KFC、必胜客、Costa等，那就没有意思了。我们在做的过程中慢慢认清楚了不希望这类的商业进来，星巴克是个特例，其他大部分都是很独创的商家。

宽窄巷子的商业跟锦里等完全是走两种路线，二者的消费群体也不一样。锦里是传统的、纯粹依托武侯祠，有稳定的旅游客流量，以前来成都必去武侯祠和杜甫草堂之类的景点，那么就在旁边发展；其次是人群促进着业态以零售和旅游方面的为主，客人的消费相对比较低端一点。宽窄巷子的消费人群有几个类型，包括商务政务的接待，外来的游客群，还有很多本地人请外地人在此参观、消费。比如我是个成都当地人，朋友过来玩，我觉得在宽窄巷子不管是吃饭、聊天或者逛街，有很多的选择，我们可以喝茶喝咖啡，比较时尚地在此小聚，在吃喝玩乐的同时还能感受老成都的特色文化建筑。

除了住、玩、吃喝以及一些文艺的内容，还有咖啡、零售等，宽窄巷子还有一类是全国仅此独有的，最特别的，比如私房菜、文化菜，在别的地方很难找到。还有一处乌木参观，叫"中国红"，有博物馆性质的家具展示售卖，收藏很多老式的中国传统的家居、茶器和实木家具等，实行会员制。宽巷子还有家"见山书院"，还有邮局都是很有特点的。窄巷子有女诗人开的"白夜"酒吧，经常有一些活动。如果在窄巷子的"成都印象"吃饭，可以同时欣赏一台戏，有新川剧表演，这是很独一无二的，很火爆的时候一度都订不上位。

西头的人气跟东头相比，目前还差得很远，现阶段很重要的一个原因是，西头同仁路下面在修地铁，被封了一年多，那边现在正修三号线还是四号线，民生里又要封路，此外在西头的酒店还没有开业之前，宽巷子西头的原住户相对比较多一些，这些都导致了目前人气暂时没东边旺，未来地铁开通后可能会有所变化，其实现在的人气也已经足够了，每年的人流量达到了上千万，对这个体量来说这样的负载已经是很大了。

宽巷子西口的宅院精品酒店已于2012年竣工并投入使用，是整个宽窄巷子最晚开业的商户。宅院精品酒店是全球拥有50家顶级酒店的澳大利亚SELECT国际酒店集团[1]在北亚地区的旗舰店。作为SELECT国际酒店集团首次落户中国的项目，它成为了宽窄巷子中唯一的超五星级酒店，也是成都最奢侈的酒店之一。这是5·12汶川大地震后首个来蓉投资的外资旅游项目，由全球拥有50家顶级酒店的澳大利亚SELECT国际酒店集团与成都文旅集团签署合作协议。"之所以将SELECT国际酒店集团在中国的第一个合作项目落户在成都宽窄巷子，是因为我们完全相信成都的城市发展前景，同时也对成都的投资环境充满信心。" SELECT国际酒店集团亚洲地区董事长陈晋略说，"没有其他城市会比成都更具有中国韵味，也没有其他的地方会比见证了400年历史变迁而成为成都地标性建筑群落的宽窄巷子更有独特、深远的意义。"文旅集团董事长尹建华强调："文旅集团期待着与SELECT国际酒店集

[1]SELECT国际酒店集团于1987年6月由澳大利亚体育、观光、旅游部正式成立。它的前身是于1986年由澳大利亚10个顶级酒店及旅游胜地组成的酒店及旅游推广专业机构SELECT。1996年，SELECT与世界小型豪华酒店连锁联姻，进一步扩充了其在全球酒店服务业的实力。2007年，SELECT国际酒店被新西兰财产与酒店发展公司ETP（EQUITY TRUST PACIFIC）收购。ETP特别关注SELECT在豪华酒店行业中的酒店管理与安全，并不断致力于在全球范围内扩充成员数量。截至目前，SELECT国际酒店集团共有近50家顶级酒店成员和旅游景点，业务涵盖全球8个国家。现在及未来，SELECT国际酒店将不断致力于在亚洲地区业务拓展，吸纳更多的优秀成员加盟。

团共同打造宽窄巷子项目中唯一的超五星精致型豪华酒店，使其成为宽窄巷子中的精品，成为成都旅游的精品。"

已于壬辰年春节开门迎客的宅院精品酒店位于宽巷子和窄巷子之间，居宽窄巷子西头，总投资四千万元，是一个典型的四合院，占地面积约10亩，建筑面积为1.4万平方米。在建筑主体工程完成之后，SELECT国际酒店集团亚洲地区董事长陈晋略介绍道："内部装修我们聘请了国际著名的设计大师来对其进行打造，其装修风格是保留宽窄巷子古城原始的建筑风格为宗旨的基础上，加入了中西方的元素。"宅院精品酒店除拥有45～100平方米不同大小、不同户型的88间客房外，还设置了特色SPA、胡同餐厅及四川茶馆等，房间价位大致在200美元/晚～600美元/晚，可以满足不同客户的需要。

整个宽窄井三条巷子的利润量达到了相当的规模，营业额每年有三四个亿，所有商户的销售加起来，人均消费有两三万，而且每年还在递增，幅度不一样，比如2008年到2009年递增的幅度比较大，因为2010年之前商户都是在陆陆续续地开业，所以递增量一开始是很大的，就不会像现在全部稳定下来之后有一个统一递增的比例。有些合约当年到期了会作调整，确实不合适的换掉也是没问题的，把院落保留下来，商户的内容可以改变，毕竟持有房产物业意味着更大的灵活性。宽窄巷子的网站也在不断地改版升级，谢祥德说道："我们也想做一些新的营销宣传，并且整理了比较早的资料，对商家的一些描述可供参考，这几年的数据统计表也慢慢在积累。宽窄巷子不仅是国内的一个品牌，它依托中国传统文化，也可以进一步扩大影响力，成为走向世界的一个品牌，打开更大的局面。"

第三节

精英荟萃·返本还源
灵活巧妙的商业运营模式

一、因时而动——天时地利人和的平衡型经济

内容为王，造就平衡的经济生态，宽巷子、窄巷子、井巷子已经形成各具特色的业态群落。从概念的提出到项目的落实，人们越来越深度地接受了"闲在宽巷子、品在窄巷子、泡在井巷子"这一情境式精品文化休闲消费理念。关于宽窄巷子商业方面所承担的风险，林霄认为："从我的角度来说，一直觉得会成，是很有信心的。因为我们接触了北京、上海的很多例子，发现成都和其他城市有所不同，有很多人是需要有这样的空间提供给他们的，而且是这种有氛围有文化格调的空间，当时遍地还只是天外天那样的大型餐饮模式，里面套着包间，俏江南都算比较好的了，娃哈哈等也都叫自己'情景餐饮'。像梅府家宴、天地人间是很少见的，那时也出现了果园餐厅、紫云轩等几个特别的餐饮，但只有在北京、上海才能看到，比如上海小别墅改的私房菜，别处还鲜见。其他城市尚未出现过这类模式，四川当时也流行餐馆和大型餐饮等，如皇城老妈连锁火锅等。我们认为，这样的客群不在少数，只是还没有提供合适的空间，所以种种研究调查让我们相信这样的商业模式会成功。当然，现在从商家的角度来说也有存在困难的，都是需要不断摸索、协调和改进的。"

谈到宽窄巷子商业上的成功是必然的还是偶然的，文旅集团资产运营管理公司副总谢祥德谈道："实际上我现在回过头来说是有点马后炮，当初我们心里面是有点忐忑的，真的不知道这样的产品定位是个什么样的状况，也

肯定担心过，包括租金的定价是比较保守的，对商户的选择相对而言也比较保守，当时是一种比较忐忑的状况，那时候是2008年，即使在全国范围内看，历史文化街区做成功的范例都不多，大家都去看所谓的新天地、1912之类，但在全国范围内尚未树立一个很好的可借鉴的标杆。当时做这个区域我们面临很大的问题和很多的困难，我们也做了很多业界的访问，他们都普遍不看好这个项目，所以没有太多商业大佬进驻。比如本土的一些品牌，餐饮方面有皇城老妈火锅、顺兴老茶馆、银杏酒楼等，当时并不看好，现在想进又进不来了，有的也后悔了。这些比较类似的本土高端餐饮品牌没有进来，一开始他们不看好这种院落式的结构来做餐饮，此外也不接受当时我们制定的租金价格，跟我们一直砍价还价进行谈判之类的，那我们就退而求其次不找他们做了。这只是一个类型的餐饮，其实我们还有很多其他的业态，包括茶馆、酒吧、咖啡厅等，还有文化类的东西，比如零售店、设计室、书店、工作室等，我们需要把这些都穿插其中，尽量丰富整个街区的业态。而且我们在营销上也从来没有提过宽窄巷子是餐饮聚集、吃饭的地方，对外更多地是去宣传'最成都'的口号、宽窄巷子本身这几个字、街区slogan等，去竖起这个地方文化的属性和文化的标杆，包含一些小资的情调和小众的生活方式，更多地是这些诉求。"

徐军认为宽窄巷子商业模式的成功是必然的，因为"这个项目在做的早期大家花了很多的心血，包括少城公司在各级政府的支持下，还是狠下了功夫的。当时对项目的分析讨论比较深入，后来做法上尽可能地恢复原貌。当时清华做了大量的测绘，挨家挨户入户调研，做得比较有特色，再加上整个历史文化街区的保护，按这种做法，做到这个程度可能也不多见。后来随着成都文旅作为经营管理者来介入，做市场推广等工作，商业运营上是很有特点的，从这个角度上来讲成功有它的必然性。"宽窄巷子作为范本来打造，所以后来全国各地有很多人前来参观学习，借鉴它的模式。除了巨大的成功之外，它的未来之路，就是如何实现自我更新。徐军说道："关于它未来的更新，因为后来我们在管理上没有太多地介入，主要还是在经营管理上，这毕竟是历史文化街区，让商家进来经营，那怎么样把它管好，包括它的经营方向和经营模式，以及对它的维护，怎样才能不过激，又不能随意地原来的东西做改动。"

宽窄巷子作为省级文化产业示范基地，开街后几年内展开了一系列卓有成效的工作[①]：

（一）高度重视，狠抓落实安全生产

高度重视，始终把街区的安全生产放在工作首位，组建了由市消防支

①参见：宽窄巷子历史文化保护区2010年度报告。来源：四川省文化厅—四川文化信息网。

队领导做专业顾问的宽窄巷子义务消防队，建立了安全排查制度和消防应急预案，克服开放式街区以及建筑结构和经营模式带来的消防安全工作难度，联合商家、协同消防支队、交管部门、派出所、街道办进行大型消防演习，配合物业公司实施常规演练。同时，加强对商家和物业公司的常规培训和演练，确保宽窄巷子的安全生产经营活动。

（二）加强与商家的沟通，重视培训

高度重视与商户的沟通和培训工作，完善投诉机制、价格监督机制，召开商家沟通会。根据实际情况引入行业诚信、消防等培训，开展有针对性的营销活动，提高产品及服务的性价比。

（三）实行多元化营销，提升资产价值

1.多种途径，提高商业价值

通过广告资源的开发、旅游商品的销售、物业的综合利用等提升项目的附加值。力求在立足本土的同时，加强客户建设开发，与优质潮流杂志、广告、公关公司进一步发掘宽窄巷子的品牌内涵，把现有人气和商气提升为商业价值。在主题活动、营销品牌化、传统媒体、新媒体传播、与巷内商家互动的活动、渠道建设和场地推广等方面加大工作力度。

2.丰富营销层次，提高消费附加值

利用经营低谷时段，启动引进流动版"老成都记忆"表演；重新包装井巷子创意市集和井巷子音乐市集；借世界杯火爆的商机，联动巷内的酒吧，推出宽窄巷子消夏音乐季；最大限度利用院墙，改动增加四五个门面，增加创意文化产品零售业态；增加民俗表演；举办艺术交流会；举办宽窄大讲堂，邀请成都各界文化名人学者，举办对普通市民免费开放的宽窄大讲堂活动；窄天井剧院上演川剧，让更多市民和游客在宽窄巷子欣赏传统川剧等活动，实现在宽窄巷子植入文化元素、规避业态单一、增加商业消费附加值的目标。

3.提升包装自有品牌，实现品牌化联动营销

成立专业营销团队，大力推进文化营销。宽窄巷子每月都至少开展一次主题形象宣传活动、两次与不同类型商家互动的商业促销活动。宽窄巷子还通过注入新的文化元素体现时尚化、国际化的一面，致力于将井巷子市集、宽窄茶会、跨年倒计时晚会等活动打造成为宽窄巷子乃至成都市的著名品牌。同时，联合公司其他项目，进行品牌化联动营销。

4.完善街区硬件设施及配套服务

进行了井巷子口的地面整改和氛围再造；在街区重要节点设置了宽窄文化背景的景观小品；景区绿化设施和植物景观进行了调整；根据巷子的不同

区域特色，进行光彩调整工程和夜景再造工程。

由此，宽窄巷子取得了巨大的经济效益和社会效益。在综合效益稳步提升的保障下，宽窄巷子以成都餐饮文化、休闲文化闻名全国。整个修复工程总投入6.3亿余元，现有商家64户，经营面积32000平方米，年产值逾2亿，实现利税1000万元以上，解决了近3000人的就业，更为重要的是，宽窄巷子商业氛围的形成，带动了周围产业的调整和片区经济的繁荣。据统计，截至目前，宽窄巷子累计接待游客近2300万人次，接待中央统战部、文化部，国家文物局、国家旅游局，以及各个省市政府、商务考察团近2000个，宽窄巷子已经成为了成都市的新名片，成为了外地来蓉旅游的必选景点之一。

诚然，发展也伴随着问题和建议。经过几年的运营，在日常管理工作中也存在一定的问题和掣肘：如小摊小贩时常在街区主要出入口聚集，影响宽窄巷子的整体形象；街区内的原住民车辆行驶问题始终未能根治，既不符合宽窄巷子作为文化步行街的定位，对游客的人身安全也存在着严重隐患；对现有业态进行调整，大力扶持文化创意产业，但相关经费较为缺乏。今后将进一步探索文化产业再造的管理模式，优化人员结构，不断完善宽窄巷子的硬件设施，提升管理服务水平，展现文化产业再造工程的全新成果和风采。

回忆起当年招商运营经历中最艰难的时刻，谢祥德觉得有几点挑战：

"第一是当时整个工期是很紧的，本来我们的计划是要不要跟上奥运会开幕或者国庆节再开始，然而突发了5·12大地震，一瞬间承担的责任和意义就不一样了，立即就得提前到6月份，这个时间开街对整个团队，从建筑、景观的施工以及后期运营招商，包括商家都受到了很严峻的考验，这应该是当时必须面对的一个比较大的困难。那我们也采取了很多方法来应对，不惜代价去迅速解决难题，所有的商家凡是已招商确定的，我们派专人去陪同、催促装修的进度，哪怕整天都待在院子里监督着，赶工期保质保量完成任务，这是很困难的一个阶段。

"第二是宽窄巷子当初在选择商家和定位的时候，一开始大家对宽窄巷子这个产品的认知不一样，有很多人对我们之前的设想和想法不一定认可。我们希望把宽窄巷子做成这个样子，而他们眼中的和想象的宽窄巷子是另一个样子，这是不一致的，这个过程也花了一段时间才说服入驻的商家。我们需要他们表现的产品和样式的呈现，统一思想的过程很花精力。虽然当时很多商家想要进来，但他们距离我们的要求，以及对产品的认识和对理念的认知，存在不一样的状况，在这种情况之下，我们怎么去选择这些商家，这一点也是整个团队当时遇到的一个问题。为解决这个难题，我们做了比较严格的准入制，商家必须去填齐表格，我们相应地去做定向调查，还要去跟商家沟通经营的思路、经营的方案、装修的风格和装修的投入等，通过这一系列很细致的判断来决定这个商家是否能够入驻这个地方。这个过程是很漫长的，而当时还有开街的任务、有招商的任务压着，同时还要做这个工作，多重压力叠加，这也是当时我们遇到的一个很大的挑战。"

"第三是在经营管理。宽窄巷子是一个24小时昼夜全天候开放的街区，还要通车通人，从早到晚行人车辆必须能通过，而且要畅通无阻，这对老百姓的生活习惯是一种挑战。这里在物业管理上是独立的，商家24小时不打烊，不分白天黑夜，这样的街区管理在国内实际上是不多见的。

"第四是这个街区毕竟还有很多原住户在里面居住，怎么去处理好原住户跟我们的关系，原住户跟商家的关系，还有我们跟商家的关系，这是一个问题。宽窄巷子以前是老百姓在此居住，他们有自己的生活习惯，突然熟悉的环境要做商业了，他们也会感到无所适从。我们要去管理和约束街区里面住户的行为规范，那就会产生一些抵触的情绪，甚至有一些小的摩擦。这里原来是居住区，现在变成了商业区，跟周边住户还得协调，这些工作做起来是一个漫长而复杂的过程。原住民中肯定还有投诉，跟商家也得沟通，操作起来非常细致，我们得搭建起彼此之间的桥梁。为此我们有一些举措，比如成立管委会，跟区政府相关的部门去互动，不一定要用公司去对接，以避免产生抵触和排斥的情绪，这是推进过程中遇到的一些问题。"

这个过程中也发生过很多意外的事情。有一年奥克上面有人要跳楼，因为这里面有几个酒吧和火锅店，九拍、大禹等，当时是2009年，刚开街不久，奥克酒吧老板卷款跟人跑路了，发不出工资，员工"打、砸、抢"，把里面的东西一洗而空，类似这样的事情还发生过几次。

所有的不快都成为过往，所有的困难都被克服。今天的宽窄巷子，你可以找到丰富多彩的各式活动，沉浸在历史环境中，享受着未来的生活。宽窄讲堂、宽窄时光、宽窄光影和宽窄之最包罗万象，享乐、文化、创新交汇于此，美食共美景、人文和商业交相辉映，这就是独特的宽窄味道和宽窄天地。作为著名的历史文化保护街区，中国宽窄巷子直接打出了最成都的安逸乐活旗号，提供给人们一处绝佳的亦古亦今的休闲娱乐场所。利用历史资本和文化资源代理求知的渴望，进行想象性的激发并引导受众感性体悟的历程，这投合了源自古希腊的"享乐主义"（Hedonism）。抛

①[德]尼采.偶像的黄昏——或怎样用锤子从事哲学.李超杰译.商务印书馆，2009.76—77.

开伦理性的争论，以人本为中心、以享受为目的的享乐主义（又称作"伊壁鸠鲁主义"，Epicureanism），能帮助人们解脱庸常的碌碌无为感，获取正能量，从而更加热爱生活。四川人喜爱的"巴适生活"正是一种积极健康的人生态度。

在这一现象的背后是将尊重并宣扬人性自由视作第一要义的暗示与消费，包含"沉浸"的遐想和陶醉心理，用尼采引入美学的对立概念来解释，即"阿波罗的和狄奥尼索斯的——二者都是醉的概念的类型。阿波罗式的醉首先使眼睛处于兴奋状态，从而获得梦幻的力量。相反，在狄奥尼索斯状态，全部情绪系统都会兴奋起来、高涨起来：从而把它的所有表现手段一下子释放出来，把表现、模仿、变形和转换的力量，把各种表演和做戏的力量同时调动起来。这里，本质东西始终是变形的轻快，是不能不做出反应"①。在这种情境设置之下，宽窄巷子变形成为人们在都市里寻求动力的世外桃源，在古朴精妙的空间里"大隐隐于市"，承载着最放松的激情和最自然的互动式消费动机。

受众的选择可以是主动或多样的，但街区商业在定位上跟商家自己的定位不可能完全一致，那么就需要解决存在的冲突。对此，文旅集团资产运营管理公司副总谢祥德说了三点：当初项目定位提出了营销口号"宽窄巷子最成都"，这是一个比较大的意向方面的定位，既然是"最成都"，那么就希望商家的表现形式是能够提炼出成都文化，把成都生活方式注入自己的商业当中去，让人们在体验中得到成都精神的触动，这是第一点。

第二点是当时有意识地想把宽窄巷子这个品牌，包括消费的客源和单价提高，而不希望这里是卖麻辣烫、街头小吃等很初级的商业样式。后来我们也提出了一个观点，就是"贵贱同台"，能够引领大家包容地去消费。为了吻合这一理念，现在这里既有便宜的地方特色小吃、街边盖碗茶铺，也有很高端的会所、西餐，整体想要传递给外界的信息是，宽窄巷子是有比较高雅的品位和格调，希望跟当时成都的其他产品，比如锦里和文殊坊区分开来。

另外，第三点就是在这个过程当中，对商户的装修方面的投入、品质的把控上要求很严，细到要求商家做什么样的装修风格，具体装修预算是多少，跟哪家设计公司合作等，这些都有介入，希望商家能把这当作一个产品去做，而不简单是在这里开个店铺，赚点钱就走了。所以还是在走精致化路线，这是当初很坚持并强调的。

宽窄巷子院落商业业态概览表　　　　表6-1

序号	院落号	商户	业态
1	K1	一饮天下茶馆（一饮天下）	中式茶艺会馆
2	K2	成都市柒阁餐饮有限公司（正旗府）	中餐
3	K3	成都市五合餐饮文化管理有限公司（宽巷子3号院）	中餐
4	K4	成都宽坐餐饮有限公司（宽坐）	港式汤锅、火锅
5	K6	成都青羊区听香咖啡吧（听香）	简餐、酒吧
6	K7	k7院落（海棠晓月）	中餐、茶、清吧
7	K16	成都花间餐饮管理有限责任公司（花间）	茶水、简餐
8	K17	成都市可居茶文化发展有限公司（可居）	茶（茶艺表演、茶和茶具零售）
9	K18	成都香积厨一九九九餐饮有限责任公司（香积厨1999）	中餐
10	K19	成都渝码头投资有限责任公司（刘友义养云轩）	汤锅、中餐
11	K20	成都天趣餐饮	中餐
12	K21	深圳市摩力狮户外用品有限公司成都第一分公司（摩力狮）	零售（户外运动休闲）
13	K22	见山书院	书、茶艺表演
14	K23	四川陆福茶艺有限公司（陆福茶艺）	茶艺馆（茶叶批发、零售）
15	K26-2	创意盒子	零售（创意、手工艺品）
16	K27	荣贵堂	中餐、咖啡
17	K29	兰亭序	中餐、咖啡
18	K33	成都古魅法式餐饮有限责任公司（滴意）	正宗法国菜（西餐、咖啡、酒吧）
19	K37	九一堂	中餐
20	下同仁路50号	醇溪餐厅	中餐
21	K50	西班牙森林售楼部	茶、咖啡、简餐
22	Z2	成都三块砖餐饮管理服务有限公司（三块砖）	中餐
23	Z3	偶尔	酒吧
24	Z4	尽膳	河鲜汤锅
25	Z8	成都里外院餐饮文化有限公司（里外院）	简餐、茶、咖啡
26	Z12	深圳高文安设计有限公司（高文安）	会所
27	Z18	深圳高文安企业管理有限公司（高文安）	面馆
28	Z20	深圳高文安企业管理有限公司（高文安）	咖啡
29	Z21	成都大武餐饮文化有限公司（点醉）	红酒文化酒吧
30	Z13	成都品德餐饮有限责任公司（品德）	西餐啤酒屋
31	Z19	成都市武侯区煮酒坊酒吧（悠格拉斯）	西餐、海鲜烧烤
32	Z21	成都碎蝶音乐咖啡文化传播有限公司（碎蝶）	咖啡、简餐

序号	院落号	商户	业态
33	Z22	星巴克	咖啡、糕点
34	Z27	黛堡嘉莱	零售巧克力
35	Z29	柔软时光	酒吧
36	Z30	成都瓦尔登咖啡文化传播有限公司少城分公司（瓦尔登）	美式西餐、咖啡
37	Z31	成都九拍乐府餐饮娱乐有限公司（夏宗明九拍乐府）	酒吧、KTV
38	Z32	成都白夜文化传播有限责任公司（白夜）	酒
39	Z33	琉璃会	中餐、零售（琉璃）
40	Z35	胡里酒吧	酒吧
41	Z38	成都上席餐饮管理有限公司（上席）	中餐
42	Z40	成都莲上莲文化传播有限公司（王琳莲上莲）	零售（饰品）
43	J6	青羊区味典小吃城（味典）	小吃
44	J8	市井生活	中餐
45	J12	成都磨坊餐饮管理有限公司（磨房）	咖啡、酒水、简餐
46	J16	成都市鑫荷欢餐饮文化管理有限责任公司（荷欢）	简餐（印度菜）、酒吧
47	J20	成都文旅熊猫屋营销策划有限公司（熊猫屋）	零售（熊猫系列产品）

宽窄巷子让人们感受到浓厚的文化气息，商家在此经商，同时也能实现自己的一些"小资"理想。之前我们也采访了一些商家，他们原来的想法是做一个私密的小院落，私密性更强一些，而现在却变得比较开敞了。这是因为后来经营的时候要求必须对外开放，开放后就会有经营的压力，导致这个地方不纯粹。比如有人只想做个简单喝茶的地方，后来经营压力大了之后，就做餐馆、做酒吧，什么都做导致同质化的竞争产生，这是必须要经历的过程。对这种现象，徐军认为，"作为这样一个历史街区，回到最早的时候，为什么宽窄巷子做成了，文殊院和大慈寺没有做起来，是因为它有一个怎么保护，然后保护和更新怎么协调的问题在里面"。纯粹的保护，它有可能活不下去。徐军说："那么怎样使它活下去，必须使它'旧瓶装新酒'，但这个问题就有一个不断更新、不断完善的过程，那么这个过程如果做得好它会持续，做不好就会对它原来的保护产生一种破坏。其实这是非常难把握的东西，这需要现在的经营者和管理者来认真思索和探讨。从商家角度来讲，它必然要利用这个平台去获取利润，商家不可能赔钱去做生意。若是不赔钱的做法，商家的行为就有可能跟保护的初衷是矛盾的。所以有很多复杂的问题在里面，是需要大家仔细商讨的。"

目前成都的四个历史街区里面，实际上宽窄巷子是最具活力的，剩下

的几个并没有那么吸引人,宽窄巷子跟它们之间最大的区别是什么? 徐军表示: "不光商业运营模式,还有其他部分,我觉得都有关系。从整个过程来看,从做这个项目细致、深入的工作,大家的责任心,以及后来的经营管理,这跟宽窄巷子的活力都有很大的关系。不是单独的某一方面的作用,而是一个合力的结果。宽窄巷子是借助了它原来的内涵,原来的形态和原来的尺度,比较好地把它跟现代人的生活方式和行为方式结合起来。比如说,成都人相对来讲更休闲,更愿意去泡泡茶、喝咖啡,愿意去在那儿照照相等,跟这些方式比较好地结合了起来。一直以来在宽窄巷子拍婚纱照的新人都很多,旧的时候就有不少慕名而来了,改造成新的之后,现在来这取景拍照的就更多了,这跟这里的整个气氛有关系。"我们走访时也发现了这个有趣的现象,在锦里拍婚纱照的新人们一般都穿着传统服装,中山装和旗袍之类,在宽窄巷子拍的大多穿现代服装,新郎新娘会选择西式的西装和白婚纱或者礼服礼裙等,因为这里有一种中西合璧的氛围,大量中式元素很现代地展现。

宽窄巷子现场直击①:

图6-1 宽窄巷子里拍摄婚纱照的新人

①参见宽窄巷子官方网站。

宽窄茶会

自2009年开始，每年3~4月宽窄巷子推出以"宽窄茶会"为主题的系列活动，让传统茶文化和现代新生活方式完美融合，让"宽窄茶会"成为成都茶文化名片，成为新的茶文化发生地，让游客在宽窄巷子体会到以茶为载体的成都休闲生活方式。

宽窄讲堂："说人文 观众生"

宽窄讲堂每月举办一次，围绕"摆成都文化、谈人生百味、聊宽窄古今、论热点现象、享天下艺术"等方面开展公益性文化讲堂，让游客能够感受到地道的成都文化、丰富的历史人文景观，让最成都、最传统的文化和人文思想在交流碰撞中得到更广泛的传播。同时也从历史、人文、建筑、美食等方面细数成都的经典之处，向大众呈现最精彩鲜明的成都特色，展现一个最不可错过的成都。

街头音乐季

2010至今，宽窄巷子陆续举办了"宽窄街头音乐季"、"夏日复苏 乐动宽窄"为主题的系列活动，为街头音乐搭建一个展示平台，充分发挥宽窄巷子历史与现代、传统与潮流相结合的包容气质，使宽窄巷子成为成都音乐文化交流的中心之一，引领成都时尚文化的潮流。

井巷子市集：宽窄创意力量

在2008年至2010年的两年时间里，井巷子市集举办了大型主题活动、小型主体活动等60余场，宽窄巷子已经逐步成为热爱文化创意创作人士的集聚地。2012年元旦，宽窄巷子重磅推出"井巷子市集*iMART创意市集专场"，打造了西南首次综合性的顶级创意市集交流活动。

跨年摇滚音乐会

宽窄巷子跨年摇滚音乐会是成都原创音乐活动中的演出活动品牌，在全国各地众多的音乐节中占有重要地位。中央电视台CCTV-1在2010年1月1日的《朝闻天下》和《新闻30分》节目中，都将晚会作为成都迎接新年的唯一一代表活动进行了报道，为成都的城市营销作出了贡献。

宽窄讲堂："诗书礼乐伴我行"

2012年11月25日下午2：30，以"诗书礼乐伴我行"为主题的宽窄讲堂第七期在见山书院开讲。此次讲堂以"国学的前世今生"为主要内容，配合小朋友的诗歌朗诵，现场洋溢着学习国学的快乐气氛。

这一期的宽窄讲堂是由巴蜀文化研究专家、西南民族大学教授祁和晖老师带来的。祁老师用自己独特的视角分析了当今国学热潮的现象，并从国学的沿革中解构"国学的前世今生"。内容从国学基础入门开讲，让国学这门中华文化的瑰宝变得通俗易懂。本期宽窄讲堂除了引人入胜的国学知识，青羊区青少年宫文昌中西学堂的小朋友还身着传统服装现场朗诵了杜甫的《兵车行》和李白《蜀道难》两首经典唐诗。讲堂内台上台下，老师、小朋友一起用"国学知识"互动，让听众也感受到了学习国学的开心快乐。

风雅琴诗话中秋

一年一度的中秋节如约而至，伴随着秋高气爽的天气，宽窄讲堂之"风雅琴诗话中秋"于9月30日上午10：00在宽巷子的见山书院和大家共叙秋天闲情。

这期宽窄讲堂选在中秋节举行，特别邀请了蜀人吟叹社和见山琴友会齐聚书院，以诗词作依托，透过诗与琴的关系，从一个侧面反映了古时文人的中秋心情写照，包括了对情、对事、对物、对景的不同心境。诗社社员在乐曲开始之前或乐曲进行中朗诵，这样的形式更能让听众了解、体会音乐与中国中秋诗歌文化的相互关系以及美的享受。

月下锦官城 千里岭南灯

首届"宽窄秋色会" 百盏岭南宫灯邀你共赏。时值金秋，丹桂飘香，正是"出秋色"的好时节。2012年9月30日～10月7日，由成都文旅资产运营管理有限责任公司联合佛山民间艺术研究社主办的"月下锦官城 千里岭南灯"首届宽窄秋色会，在成都的"城市名片"宽窄巷子亮相，与广大游客共度中秋国庆佳节。

如今非遗民俗文化在国内外受到越来越多的市民喜爱，为了让更多的人了解传统民间技艺，让民间技艺得到更好的传播和发扬，作为"老成都底片 新都市会客厅"的宽窄巷子再一次将传统和时尚结合起来，趁着中秋国庆期间八天长假，搭建起非遗民俗文化交流的平台，筹办了首届"宽窄秋色会"。此次盛会将代表了岭南文化的"佛山秋色"这一民俗节庆"搬"到了成都，其浓郁的岭南民俗韵味和成都民俗文化的精华相融合，把历史传统文化与时下生活潮流相结合，再现"秋色会景"的盛况。在整个秋色会期间，市民可以在宽窄巷子观赏到来自岭南的灯彩艺术，可以倾听悠扬独特的民乐表演，还可以逛逛精巧的秋色民间手工艺品展等，让所有人都可以置身在宽窄巷子的同时，又切身感受到岭南人民对于秋天的赞美，体验到其中的历史风貌和艺术魅力。

宽窄夏日街头音乐季

音乐、美食、创意市集，这个夏天这里最WONDERFUL！

又是一年盛夏到，宽窄夏日街头音乐季又开唱。7月19日~8月24日，以"WONDERFUL SUMMER @ KZ!"为主题的"2012年宽窄夏日街头音乐季"在窄巷子小洋楼广场热烈唱响。据悉，此次音乐季跟往届以激情摇滚乐为主的音乐形式有所不同，在重口味的摇滚乐中穿插小清新的民谣风，让人耳目一新。在每周五晚都将举行不同主题的音乐专场，被誉为"新晋城市治愈系女声"的黄晶，曾参加热波音乐节演出的"猫科动物"、"猴子军团"、"0945合唱团"，以及"BIGFLIP大翻转"、树子、"90后民谣诗人"青松等将轮番登场，掀起一波又一波的高潮，让乐迷们领略到最具独特风格的音乐魅力。

"宽窄夏日街头音乐季"到2012年已是第三届了，历年的音乐季汇集了马赛克、海龟先生、秘密行动等众多优秀的成都本土乐队，也迎来过滑轮乐队、THE SPACE PIMPS乐队（美国匹兹堡）、山寨海盗（加勒比海）等来自全国甚至海外的知名乐队。每到盛夏，宽窄巷子已成为市民和游客心中一个公益的、免费开放的、用音乐消夏的开放式会客厅。

春暖花开，到宽窄巷子，享茶味生活

2012宽窄茶会·新派茶文化周精彩开幕

2012年4月2日~15日，宽窄巷子举行以"宽窄花开 慕茗而来"为主题的第三届"宽窄茶会·新派茶文化周"。较前两届"新派茶文化周"，此届"茶文化周"活动更丰富，更具亮点。巷内多家以茶为主题的院落商家将相继推出不同的茶味生活体验及分享活动，有可居推出的华夏茶艺大赛，有见山书院推出的茶席表演，有一丁咖啡推出的"茶与咖啡的邂逅"海派爵士音乐茶会，有宽云窄雨推出的"宽云·丹青雅集"以及米瑞蓉新书分享会，更有成都映像、莲花坊、听香、见山书院等商家推出的"茶餐"，让人耳目一新。除此之外，值得一提的是在4月2日开幕式上，"2011世界音乐"最佳创作女歌手奖获得者曾樾将现身活动现场，献上最质朴灵动的音乐，让现场所有人随着音乐去感受那清香扑鼻的茶味。

二、顺势而为——包容且和谐的宽窄商业景象

管窥宽窄经济，可以看到一幅开放繁荣的商业景象，这里是以点连线、以线带面的串联和融汇商机的张力场，这里有风云变幻的空间载体与浸透底蕴的商业遗产。走进宽窄巷子，缤纷多彩的宽窄活动（世界小姐、广场集会、群众集体舞、太极）、经典多元的宽窄时尚（流行、复古）和纵横捭阖的宽窄文化让人大开眼界。在宽窄巷子，人们可以看到优雅迷人的外籍模特，均身着时尚前沿的服装，高贵从容地朝巷子里迎面走来，带来中西合璧的视觉美宴。大型会所正在举办名流云集的时尚主题酒会，伴随云裳鬓影，醇酒美点，流光溢彩，在国际顶尖DJ带来的性感节奏中，繁华的都市生活得以诠释……2010年3月26日晚8时30分，世界自然基金会在北京故宫博物院举行2010年"地球一小时"中国区的熄灯仪式，成都作为今年第一个宣布加入"地球一小时"的中国城市受邀参加。距离地球熄灯一小时还有两天时间，世界自然基金会推广网站上，成都的人气持续攀升，2178763人参与的投票活动中，成都位于城市人气排行榜的榜首位置。宽窄巷子响应地球熄灯一小时活动，在宽巷子和窄巷子，餐馆酒吧一律点燃烛光照明，井巷子则完全关灯一小时。成都著名女诗人翟永明的"白夜"酒吧，每个月在那里都会开展一些文化活动；宽窄巷子管委会还提供资金和宣传支持，低租金扶持"羌绣"，把"熊猫屋"、"囧BOX"等一批创意小店放在人气最旺的地方，这些都是为了扶植培育一些经济收益不是很高，但是文化含量较高的非物质文化业态。这种倾向性强的安排显示了时间上的优先性、空间上的独立性以及社会关系上的自足性，从而调整了消费主义社会的艺术生产与商业消费逻辑。

宽窄巷子的时尚秀从古今中外不同意识形态和文化中提炼出可供审美的时尚意象，并独具创意将风格迥异的多种元素碰撞组合、融汇贯通，整场表演将呈现奇幻瑰丽的独特风格，并给人留下不可磨灭的深刻印象。在和时尚（Fashion[①]）捆绑的关系上，没有哪种商业类型能比复合创意型业态走得更近。所谓时尚"是一个时期内相当多的人对特定的趣味、语言、思想和行为等各种模型或标本的随从和追求"[②]，对时尚的表达、对密集流行事物的展示和对传统工艺的再诠释甚至是很多创意商业必不可少的环节。时尚作为融通了多学科的文化现象，"横跨了文化研究、社会学、品牌营销学、人类学等诸多领域。关于何为时尚奢侈（奢华、奢侈品消费，luxury fashion），历来有不同的看法"[③]。时尚的萌芽和蔓延可谓源远流长，早期源自上层阶级对奢侈品/奢侈生活的占有和炫耀，并在每个时代有计划地制定人们的消费目的。

①从词源学上说来自拉丁文"facio or factio"，意思是"making or doing"（制造的或人为的），近似单词还有mode或vogue等。

②周宪主编.世纪之交的文化景观.上海远东出版社，1998.234.

③陶东风，周宪.文化研究第8辑.广西师范大学出版社，2008.176.

①柯林·坎贝尔.求新的渴望.转引自：罗钢，王中忱.消费文化读本.中国社会科学出版社，2003280页。为了代替这些传统观念，反主流文化主义者提出了个体自我表现和自我实现的核心原则，并且为直接经验、个性、创造力、真实的感觉和快感等赋予了特别价值。

在宽窄巷子历史文化街区里，充斥着颠覆性的时尚元素、时尚符号和时尚消费暗示。主流社会对时尚长期统治的既定地位已经受到挑战，先锋或者前卫意味着一种文化资源。

因为时尚商业和流行文化的强势介入，同时与街巷空间的古典意韵产生了对撞和交融，宽窄巷子被赋予了非同寻常的昌盛发展力。英国消费主义理论者柯林·坎贝尔（Colin Campbell）在《求新的渴望》里指出时尚是反主流文化并追求个性价值的①。而若是追溯到根源，时尚则是有闲阶级的分野产物，德国社会学家、哲学家齐美尔（Simmel Georg）《时尚的哲学》认为它的美学意蕴充满了"创造与破坏"（Creation/Destruction），鲍德里亚认为时尚是周期性的文化消费实践，作为都市潮流的循环规划，创意时尚是现代性和流动性的现象，创新将是贯穿始终的一个擎力点。宽窄巷子的创意市集是一个亮点，年轻设计风格，独立艺术视角，这里展示着众多令人耳目一新的原创作品和创意理念。自然传统的市集摊位形式，以最热情亲切的姿态拉近人们与创作者、表演者的距离。官方、民间，商业、文化，国内、国际，多方参与，多元融合，共同见证古老历史的新生。

对此，刘晓健很肯定地评价："宽窄巷子是一个很活跃的地方，商业特别繁荣，在保持活力方面采取了一些措施。成都在2007年的时候组建了政府的几大品牌公司，其中有文化旅游投资集团有限公司，在这方面集中了资源，有专门的资产管理公司来负责运营管理，宽窄巷子的运营管理是比较专业化的，业态上从旅游景区都有一个等级，我们按照很高的目标和规格来做，在功能配置上是有很具体的独立的管理配套的，文旅下属很多平行的公司在做这个事，每年几乎每个月都有活动，不断地在推出一些传统的、思想的内容。比如每年新年的时候有音乐活动，春节三十晚上除夕夜有歌会，倒计时跨年晚会等。这类的活动很多，包括这几年形成的，每年成都都会在宽窄巷子不断推出一些大型品牌活动，还有举办一些策展、在小洋楼前面做过儿童画展，和商家互动的很多东西，结合了季节性的、节庆活动等。马上在这里还要推出一个特色五星级酒店，是一个民营企业在做的精品宅院酒店，预计今年年底投入使用。同时也有背包客入住的龙堂，文旅集团也搞了个高端客栈，就是德门仁里精品酒店。"

在招商过程中制定了一系列比较严格的入选机制，把门槛抬高，取得入驻的商户得到居民们的认可也需要一定时间。这经历了一个过程，文旅集团资产运营管理公司副总谢祥德说，"一开始原住户是有抵触现象的，现在慢慢地接受了，熟悉之后会认可并习惯，我们更多地也跟原住户保持着关系，目前纯粹地居住的原住户不是很多，他也会把自己的物业拿来做商业。在之前的认知过程中我们做了很多细致的工作，比如扫街、铺路、收垃圾这些都不收取费用，免费提供配套服务，同时整个街区打造好了之后，环境也得到了改善，居民生活品质也是一种提升。为原住民提供了便利，不论生活的改善还是经济条件的增长状况，物业也在升值，他们也理解到这其中的利益点。后来逐渐地良性化，原住民应该大多是持欢迎态度的。大部分原住户心底坦然地接受了现在的状况，包括对文旅集团的认可，后来把这个项目打造成今天这样的状况，那么居住在此处的荣誉感不一样，住在宽窄巷子的感觉也不一样了。"

"在营销推广上，虽然文旅是一个国有企业，但它实际上担当了成都市旅游营销的任务，比如专门有人去日本、去欧洲、去北美做旅游推广宣传，每年政府是要给文旅集团三四千万的旅游营销经费。文旅对成都市的著名旅游景点，包括宽窄巷子就都给推广到海外去了，知名度也越来越大。现在宽窄巷子发展得很火，实际上历史街区的自我更新是一个不可避免的问题。如果发展过程中要再次更新，创新是第一动力，有了创新才能有更好的发展，那么将向什么方向发展，宽窄巷子若干年后还会有变化。关于宽窄巷子最大的创新，现在整个成都市的旅游景区正在做这个事情，尚在准备阶段，还没怎么宣传，那就是要把所有这些历史文化的东西做成资产包，未来要上市的。宽窄巷子的运营目前还在初级阶段，刘晓健提出一个观念叫做'保鲜'，它要有自己的生命力，不能过段时间对大家就失去吸引力了。那就一定要创新，包括在管理机制上和体制上都要革新，目前我们的管理方面也在思索，宽窄巷子运营了四年了，是不是符合一个历史文化精品的要求，比如地下室还是很破烂，地面那么华美但地下的部分包括车库都很简陋，今后可以升级，路面很多地方也要维修，这种保护需要每年持续的投入。张五常评价宽窄巷子时说，假如按照国内标准，价值15个亿左右，如果拿到国际市场上去至少值20亿。根据他提供的思路，宽窄巷子要真正发挥它的生命力和创新性就必须保鲜。"刘晓健坚定地认为，"最终还是要走上资本化这条路，完全靠初级保护是入不敷出的，老实说现在我们还是亏着的，换成是一个民营企业早就垮了。因为是政府平台公司，靠一点租金维持着，包括经营模式还得多样化，只是租给商家收租金，每年二三千万的租金收入还抵不上利息，利息高达三四千万，投入是相当大的，所以最终为了宽窄巷子更好的发展必然走向资本化之路。可以把成都市的比如文旅集团的资产打包上市，通过内外循环来保证良性发展。"

清华安地副总经理林霄提出了自己的看法："实际上作为地方政府和开发企业来说，这是很具借鉴意义的，因为我们做了这个项目之后，才会回过头来去总结经验。整个项目第一是走对了方向，采取'修旧如故'的方式，保证了一个很好的胚子；第二是大定位之下正确而精准的描述，针对什么样的客群也都做了细分；第三是借鉴了先进的企业管理经验，设定了完善的租金模式；第四是没有曲高和寡地去选择一些特别高端的大品牌，因为时间来不及，定位也不允许，也恰好因此选择了很多本土的、大家喜闻乐见并且认知度很高的品牌，所以很快被大家认同。如果太过国际化是有问题的，因为成都不同于上海，当时还没有那么多的外国人消费群体，就会有可能导致失败。以上这几个环节是很重要的。还有第五个方面就是得益于文旅集团本身是政府企业，像这样的项目如果是开发商来做会很难，必须要得到政府各方面的支持和调度，集全体之力来共同打造这个项目。比如2008年6月宽窄巷子开街的时候可以做整版的宣传，《华西都市报》等多家媒体都做了充分的报道，又例如之前定在5月开街，从机场出来收费站两边沿街打出了巨幅'五月绽放'的宣传广告，虽然后来由于景观工程施工速度拖延了进度，开街只能改为推后一个月，但宣传推广的效果还是做足了。2008年6月14日，还是我国第三个'文化遗产日'，给我们一个新的契机，具备了天时地利人和的条件。特别是5·12地震之后，给宽窄巷子赋予了里程碑式的复苏象征性，这些都让宽窄巷子显得格外特别。"

"现在来看宽窄巷子的商业，是一个非常接地气的东西，做得很好不敢说，因为若从江浙那边的某些标准和角度来评判就显得有点简单和粗糙了，还有待雕琢；但是成都当地人会认为这就是川西的调子，不是那种精致的香山帮雕花楼之类微观取胜型，而是有自己的风格和形式。做完这个项目我们有收获也有遗憾，比如一些建筑尺度和院落细节方面。" 负责后期整个定位转型的林霄说道，"我们参与这个项目的意义就在于对这个项目的原则、设想、走向和质量负总责，而不是单纯的像常规建设项目一样，是甲乙方的关系。在很大程度上我们起到了很多甲方的作用，甚至比甲方走得还靠前，有些事儿甚至是我们给了甲方信心和解决问题的方法。比如刘伯英老师统领全局，定下基调、明确定位、树立目标；一定要做测绘、一定要做地下、一定要修旧如故。这些原则性的东西必须把控，央视等各媒体采访肯定都问刘老师这些内容，归结到底就是你为什么这么做。从最初的老罗等人测绘，到黄靖从头到尾盯这事，还有古红缨、弓箭做具体院落的建筑设计，以及陈挥他们承担的景观设计，所有的这些事儿，无论从学术方面，还是从项目操作方面，以及技术细节，所有项目相关的全是我们在统领，都是实实在在，缺一不可的。"

宽窄巷子的优势在于街区能够支撑从居住功能转换为商业功能，清华安地还考虑了地下车库的设置，因为整个区域若是没有地下停车，就不可能

图6-2 宽窄巷子一景

满足高端客群的需求。商业动线的调整很重要，最早的时候宽巷子就是宽巷子，窄巷子就是窄巷子，这两条巷子是不互通的。后来根据定位，特意做了几个联通点；当定位更加倾向于商业的时候，从动线需求的角度必须要求片区打通；这样才能实现商业动线的丰富性，形成公共空间的节点，这些都是从定位出发不断进行调整。当时西边下同仁路和长顺上街还有红绿灯，在做商业策划的时候我们认为红绿灯对街区的影响是非常大的，本来行车可以通过，很快进入地下车库，但因为红绿灯就都堵在路上，进不去片区容易造成拥堵。实际上文旅集团联合交通部门取消了这两个红绿灯，当时还没有修建地铁，主要就是地面交通。由于宽窄巷子定位成有格调、以文化为主，那么相应的客群，一定包含大量开车前来的人。所以清华安地还设计了街区里面电梯和地下车库的结合，有些院落是电梯直通的，驾车者可以直接进入院落里面。在跟商业业态结合方面，宽窄巷子做了很多改造和创新。城市中的历史文化街区的保护应该呈现出多元、多样的形态，有些更侧重于对原生社会形态的保护，保留传统的生活方式并很好地传承下去，比如苏州平江里的做法。还有些是应该像宽窄巷子的方式，延伸城市肌理，等于是在原有的基础上形成新的生活方式的对接，让不同的历史文化街区焕发出不同的特色。当然，锦里那种观光型的项目也是一种方式，但一定不应该全是一种模式，否则就会同质化，或者模式化和标准化，就失去了保护的意义。

最终建成的宽窄巷子成为了拥有充足停车条件的三条步行街。梳理宽窄巷子周边的停车场所，人人乐（锦都店）地下停车场有车位500个，窄巷子与同仁路口交接处地下停车场有车位280个，西胜街占道停车场靠道路北侧可

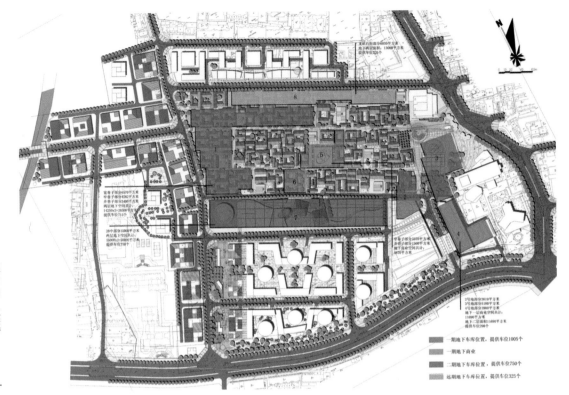

图6-3 宽窄巷子地下空间

停放车位40个，宽巷子旁民生里占道停车场靠北侧可停放车位30个，中同仁路（市妇幼保健院）可占道停车，中同仁路周边（小通巷、奎星楼街、吉祥街、二道桥街、实业街）占道停车可单边停放，金河宾馆院内停车场内拥有车位100个，还有长顺街周边（东胜街、斌升街、桂花巷、多子巷、仁厚街）占道停车可单边停放。这些便捷充裕的车位给前来宽窄巷子的驾车人员创造了人性化的泊车环境。

·2011最宽窄荟萃一览①：

2011年，宽窄巷子举办了名为"都市古街游"的新春游园会。新浪四川频道介绍道，此次的主题活动包括"宽窄游园会·HAPPY兔YEAR"：宽窄巷子作为"中国味·成都年"的主题活动区域之一，除了"食全食美团年宴"、"幸福房子"等"中国味·成都年"系列活动之外，宽窄游园会也在春节期间照常开设。届时，巷内充满热闹喜庆的节日氛围，以及丰富多彩的参与类活动，井巷子市集新春专场扎根井巷子，买卖好玩的创意小物，还有民间玩意穿插其中。民俗表演、财神派礼品、"流动的记忆"成都传统小吃车等散布在巷内，让八方游客无论在宽、窄、井哪条巷子，都能感受到最成都的年味。除此之外，"宽窄光影"将推出精彩的风光摄影联展，让每一个在宽窄

①参见宽窄巷子官方网站。

巷子驻足的游客都能身在宽窄巷，同时又能欣赏到外面世界的无限美好。

精彩活动1：井巷子市集×民间玩意·新春专场

亮点：创意与传统的跨界

地点：宽窄巷子内小洋楼广场

"井巷子市集"是宽窄巷子的亮点性自主活动品牌，每逢节假日都会开设专场。这次它将与井巷子民间玩意结合起来，举办一个既有创意年轻化的潮流元素，又不乏最成都的传统民俗文化底蕴：在这里，小醒狮与扯线木偶相遇，剪纸艺术与潮流用品跨界，还有手帕叠兔子、铁环、响簧、鸡毛毽子，让你体验最中国味的成都年。

精彩活动2："流动的成都记忆"传统小吃汇

亮点：边吃边看，享受中国味道的游园

地点：巷内

"流动的记忆"成都传统小吃车是宽窄巷子的特色项目，自2010年国庆节期间推出后，颇受好评。春节期间，流动小吃车将继续售卖最地道的成都小吃。用味觉来传承成都的传统记忆，让游客与市民在春节期间来到宽窄巷子体验成都的味道。

精彩活动3："中国味·成都年"之"幸福房子"贺新春活动

亮点：到"幸福房子"感受幸福

地点：东广场

宽窄巷子作为"中国味·成都年"主题活动区域之一，也是"幸福房子"贺新春系列活动中一个颇具特色的点位。现场不仅将设置兔子形象主题拍照板、许愿墙，供游客互动，拍照留念；还将安排蒙眼敲锣、抖空竹等民俗活动，让游客参与其中，感受成都年浓郁的年味。

精彩活动4："中国味·成都年"之"食全食美团年宴"

亮点：主题团年宴，五天不一样

地点：巷内商家

"食全食美团年宴"作为"中国味·成都年"的一个重要组成部分，连续五天，共设置了五个主题团年宴，分别是吉兔宝贝宴、聚缘同庆宴、非诚勿扰宴、大笑江湖宴、四海团圆宴，邀请各界人士共迎新春。宽窄巷子作为此次主题团年宴的举办地点，从西式料理到地道成都家常菜，充分展现出宽窄巷子作为"都市会客厅"的特质，也再一次凸显出宽窄巷子在美食领域的独特魅力。

精彩活动5："江山多娇 岁月静好"四川本土摄影师风光摄影展

亮点：四川本土摄影师大秀精美摄影成果

地点："宽窄光影"摄影长廊

"宽窄光影"摄影长廊每一次展出都会吸引大量游客驻足欣赏，让宽窄巷子绝不止于成都的城市名片，更成为展望外面美好世界的平台。此次风光摄影联展将呈现来自眉山、青神、金堂、双流、彭州等地四川本土摄影师精彩的风光摄影作品，让他们身在宽巷子里，不仅看得到装载着时尚生活的传统院落风情，更能透过摄影长廊，看到更多更远的风景。

精彩活动6：宽窄巷子2010精彩时刻全年回顾影展

亮点：回顾时光，寻找过往的小幸福

地点：宽窄巷子官方网站、博客、微博

过去的一年有多少精彩瞬间？有多少瞬间值得纪念或珍藏？借着迎春之机，宽窄巷子将发生在这里的每一个精彩、幸福及感动的瞬间进行了一次完全梳理，并以图片形式，通过网络渠道进行回顾展出。让那些来过宽窄巷子的人，可以撷取遗落的记忆；让那些没来过宽窄巷子的人，可以提前感受宽窄巷子的魅力所在。

此外，成都宽窄巷子历史文化保护区提供免费的无线网络（WiFi FREE），由中国电信全街区覆盖。

讲解服务（Guide Service）收费标准：

·1~5人，中文讲解50元/次

·6~15人，中文讲解80元/次

·16~30人，中文讲解100元/次

·30人以上，中文讲解4元/人/次

讲解范围包括宽窄井三条巷子、景区内院落、成都原真生活体验馆等，时间1小时以内。（地址：宽巷子8号游客中心）

院落细胞·动态休闲

创意溢出的新式业态单元

　　宽窄精品以院落为串珠，宽窄意象随巷院而蔓延。宽窄巷子保留院落的空间形态和传统建筑，让高端情景商业进入院落里。一开始大家对院落商业没感觉，甚至持怀疑态度。但是2007年4月第一次召开的会议让他们改变了看法，那次会主要是讨论怎么做、如何定位等。从学术角度说得比较保守，修旧如故，做城市会客厅，保护之余做一点别的。但成都人很热爱创新，口味重，需要有足够的亮点。我们提出的针对客群的想法，举了北京的例子，后来就去争取这个事情，提了商业策划的很多内容，带他们来北京参观各种相关案例，慢慢被认可被信任。没有丰富的业态作支撑，他们也会觉得心里没底，但那个时候并没有成片区的类似的商业模式，但我们就是坚持要做街区商业。慢慢地甲方认同了，就把全案委托给我们做；你想想，委托一个建筑设计单位去做策划，参与招商、运营，甲方的胆子的确是够大的。关键是不这么做，他也拿不出更好和更有说服力的解决方案来，最后只有听我们的。街区商业是一种新的商业模式，如果说上海新天地算是街区商业的1.0版，那么宽窄巷子就应该算2.0版；当时锦里则只是一条街，现在增加了二期才变成街区。街区商业需要丰富的空间，有街、巷、园、院等，多样的内容组织在一起。

　　《三联生活周刊》做过一次访谈："宽窄巷子是老成都街巷、院落、民居所剩无几的孤本之一。这40多个院落中要容纳老成都生活标本，怎么来取样？"尹建华解答道："比如窄巷子的'成都映象'，每天成都川剧团都要来演两场传统川剧，还有一些评书、杂技。再比如，井巷子有一家川菜馆

‘市井生活’，是我们成都名嘴罗小刚开的，菜是地地道道的川味，桌椅板凳也是川味，他本人每周会来说评书，从物质到非物质都是川味。这些都是巷子里的景观啊。这种价值就不能只算菜卖了多少钱，票收了多少张，还有很多旅游文化方面的附加值。所以请谁来宽窄巷子不是简单地按价来定，要严格把关，综合考评，要看是否对文化传承有益。不能不算经济账，也不能只算经济账。”宽窄巷子里的活化历史恰是其精华所在。

那么就涉及一个问题，当时在传统街区加入现代元素，应该怎么控制今古不同的比例。对此，原成都少城建设管理有限公司副总经理徐军认为：“这个问题就是怎么在历史文化街区加入现代元素，然后使它能够更有活力，这在当时是一个反复考量的过程。业主和清华安地都是反复碰撞后才得到的结果，不是大家一开始就知道该怎么做，而是经过了多次论证。包括当时刘伯英老师那边也是不断讨论、反复演化而产生的结果。”实际上当时大家都不知道传统街区加入新的元素后会是一个什么样的效果。这是一个实验性质的尝试，后来的效果还是很不错的。徐军说道：“因为的确不太好把握，它总有一个度的问题，会不会过，完全是旧的东西会不会很沉闷，等等，所以确实是相互研讨、碰撞的结果。做的时候大家都没有经验，只能反复地来考量、来探索，最后才取得了成果。”有一个细节很说明问题，我们观察发现，来自全国各地的游客在宽窄巷子拍照留影的特别多，而且达到了一种什么样的程度呢，就是几乎每一个门廊、每一个院落都有人在拍，由于细节做得很丰富，这种对精致度的追求让宽窄巷子焕发了魅力。

宽窄巷子借鉴了类似考古工作的思路来进行历史文化保护，对商家也一样要求。学考古出身，曾经在文化局工作过的尹建华说：“我们对进驻宽窄巷子的商家有三点明确要求：院落结构不能动；建筑不能有损坏；建筑遗存如拴马石、门牌、水缸等要原封不动。其他改动，要用可逆的方法，这是考古的思路。白夜酒吧里有一段老墙，它是百年历史的一段佐证，我们觉得有必要保护下来，就用玻璃罩封起来，也是在做考古。雕塑家朱成做的文化墙是一种文化再现的方式，他用艺术的手段，把成都3000年历史通过300多米长的墙再现出来，从成都的起源期，一直到近现代。这种文化再现做法在日本用得比较多，比如东京高楼林立，很多历史遗存已经不在了，它就在原址用一个小的景观或一个标志告诉人们，300年前、500年前这里曾经发生过什么。”正可谓：“往昔犹在，今复何来，少城里闲时又花开；在时光之外，一巷贯古今，旧风物新事物，数不尽的风流人物；在境界之外，一隅观天地，世事皆宽窄。”

商家租了这里的房子后势必要改造，如何控制设计达到想要的风格与效果？徐军的理解是："整个的改造从商家角度来讲无非两个方面，第一是实用性，就是注重它的功能性，改造后得功能齐全，比如有厨房有卫生间有前台等；第二就是外面呈现的风格，每个商家都是不同的经营者，他可能有自己的偏好在里面。我们是比较多地控制了整体的风格、风貌，以及对整个街区的协调性，对里面功能性的改造还是给予比较多的支持。概括来说就是外面的东西包括色彩、形态等控制较为严格，但是里面功能性的东西在改造时就基本支持。因为毕竟作为一个经营者，如果基本功能满足不了的话，实际上对经营本身也是一种障碍。"所以就是内部的很多地方可以让商家自由发挥，想设置成什么样的功能都给予很大的空间，以支持为主；但必须满足安全、消防等基本要求，主要就是把握这一方面的原则。

　　宽窄巷子最后的效果，就是实现了每一家店/院落既很不一样，但审美格调又有相对的一致性。整个街区的风貌包括尺度上的东西具有统一感，而各家各户又有自己的特色，里面很不一样。比如有几家自己增加了庭院、加建了楼梯、砌好了青砖生态鱼池、养着睡莲灵龟等。这样就不会单一，做到了丰富性和多样性的统一。具有历史文化特征的遗存物和装饰物也被原地保存，如老树古井、碑刻门墩、拴马石和夯土墙等，这样建筑效果出来就比较惊艳了。设计方案包括规划和建筑几乎没有遗憾，虽然在建设实施过程中，比如需要木材的防腐和防蛀等方面，但由于工期没法实现得很全面。建筑有毛坯和精装之分，按照传统的营造法式，从最基础的方式来建造，安地负责了这所有的部分，还包括外环境的设计和精装部分，沿街走过去所有的立面以及门头等都是安地做的，但后来有些破墙开店、加装橱窗之类那就是商家装修时自己做的一些改造。

　　从2007年10月份开始到来年的春节前，就已经有一部分商家开始入驻，此时牵涉到装修等事情，安地公司还做了一件很重要的工作，就是商户装修审查工作。每家商户要报自己的装修方案，然后安地公司要结合保护的条件和已做的规划、建筑设计，来对每家商户所做的装修提出具体整改意见。当时有些商户的行动非常夸张，一进来就开挖地下室，大动干戈改造室内，挖地三米做地下。原址为被服厂的成都映象是有地下空间的，在井巷子，直接开挖下去，现在是个演艺场所，在吃饭的时候有川剧表演，但其实它对木构架的安全性是有影响的。此外还有加楼板等现象，胆子大得惊人，如果不加以控制，有些商户甚至打算把屋顶都换了，简直是为所欲为了。我们清醒地意识到了这一点，如果真这么做，将会带来一系列问题，有些改造根本不满足规范要求，所以少城和清华安地联手把商家的这些过分的改造想法压了下去。

审查整改非常耗时，此外还做出了一个比较大的突破，宽窄巷子的老照片里可以看到之前围墙是很多的，街巷一路过去除了围墙就是小门头，这样的空间不适宜商业行为。沿街铺面的商业是一个互动的行为方式，消费者在购物的同时还需要看到别人的行为，享受消费的同时也可以观赏熙来人往流动的客群，但原来的宽窄巷子完全是隔绝开来的纯居住空间。所以就按照一定比例把墙破开，改成店铺需要的橱窗或能敞开的形式等，这也是比较大的一个突破。这个比例必须根据每家报的方案来具体调整，是否集中、是否合理，统统要仔细考虑，每个院子的实际情况都不同。当然，后来围墙破开的比例有点偏高了，那是因为开街后的二三年，第一批商家入驻时，我们对室内装修审查控制是有作用的；但后来随着商户租约到期、商铺换手等，对新商家的装修改造没有跟踪。结果就出现了某些改造过度的情况，如钢结构的雨篷、超出院子的搭建等，已经不是我们原来的设计，有些甚至改变了院落的格局，空间也和以前不同了。

有些老东西即使留下来了，也不得不改，有的甚至拆掉重修。鞠经理说："一方面，当时因为搬迁与保护的矛盾确实有点大，搬走一户立马就要采取措施，否则居民就不走，尤其是那些租房客，能多住一天算一天，所以最简单的办法就是干脆把原来的房子落了架再说。当然搬迁的队伍不是搞建设和保护的，他们对这个保护不懂得，所以可能有做得过分的地方，好比说这堵墙说要留，结果一下给拆了，所以现在留下来的比清华安地原来设想的还是少了。另一方面，宽窄巷子为什么要落架重修，这里有个不得不接受的现实的原因。这里的建筑除了少数还像样以外，多数建筑都像棚户区，建筑简陋得要命，柱子很细，也就还不到100毫米这么粗，屋面很轻的，都是单层的。重修的过程中，有些是按照测绘图恢复的，有些重修后的尺度是放大了的。现在的柱子至少都是200毫米的；房子的屋面现在采用的也是双层冷摊瓦，带防水层、空气层的屋面；柱子开间和高度也变了。究其原因是这样的，开间主要是要结合经营，肯定是要放大。十六号院是严格按照原来的恢复，恢复以后没法用，因为包间里头桌子都摆不下，全是柱子。后来又再次落架重新修了。就是因为柱子间距的问题，以前因为柱枋用材很小，有些柱子的间距也就一米五，现在取消了一排柱子扩大到三米，这个事情做样板间的时候就发现了，最后领导决定修改原来的设计，为今后的使用留下余地。"

"45个院落，是45个席位，不能乱坐。比如，我们规定任何一家餐饮都不能重复。"文旅董事长尹建华说。商业和建筑是一对天然矛盾体，不过他们对每个院落里的建筑管控严格，商家进驻不能随意更改建筑原貌。在管理方、商户和建筑师的讨论会上，商户提的第一个问题就是摆不够位子，根据测算可能要有 100 个位子才能赚钱。黄靖就劝说他先别考虑赚不赚钱，先要营造经营氛围和消费模式，不要为了增加面积就封院子。在一轮轮磨合中，负责招商的文旅集团资产运营公司副总经理谢祥德认为，商业是在建筑之后对宽窄巷子的二次创作。成功与否，还要看商家的文化想象力。就像是邀请嘉宾参加宴席一样，谢祥德说，并不是谁有钱，谁有名，谁就可以进来。因为要对宽窄巷子进行附加值的二次创作，采用了"点对店"招商，降低租金请来成都标志性的诗人、画家、广告设计师等有共同气息的群体，哪怕他们只有激情没有经验。除了星巴克之外，再无其他连锁品牌进来，否则跟任何一条商业步行街没什么两样了。谢祥德介绍，经过 3 年，宽窄巷子精心定制的"情景消费院落"换租率维持在 20%，而一般情况下初期换租率会高达90%。[①]

①参见三联生活周刊副刊专题《宽窄巷子里的微观成都》

以院落为基本单元，营造出丰富的业态，这是宽窄巷子的特色所在。清华安地弓箭所长回忆道："当时缺乏准确的现状图，建筑测绘的时候就核定过院落的范围和建筑的落位，但很多地方由于私搭乱建进不去，没法测。只能等到搬迁进行到一定阶段，搬走一个院子赶紧补测，确定院落的产权边界和设计范围；同时对保护或者拆除的建筑进行确认，相当不容易。很关键的一点是，院落边界的认定是非常重要的，对所有的历史街区来说，这是首当其冲要做的一件事。宽窄巷子之所有走向了'循序渐进'的保护和更新模式，与以院落为单位的搬迁和产权整理是分不开的。"

"相当于厘清接下来要设计的单元。我们做了这么多历史文化街区，划分未来要操作的单元组成和实施规模是必不可少的一环。最早划定院落时主要依据院落组成的肌理来调整，在中国不管是南方或者北方，大部分的民居一般都是以院落为基本组成单位，所以院落就天然成为未来我们要实施的一个单元。这就牵涉以后如何划分院落里面的边界问题，宽窄巷子有个很明显的条件在于，很多院落有围墙，跟隔壁互相之间有搭接和咬合，也有很多的错落；况且经过了这么多年居民的入住之后，很多院落变成了大杂院，随之而来的问题就是边界混乱，有些房子一半都跨到相邻院落。如何认定和划分历史演化中越来越模糊的界限，是宽窄巷子从规划到建筑设计的第一步。

"边界如何清晰划分成可实施的单元，不光牵扯到建筑的问题，还有院落产权、构成和空间的形制，今后是否可能实施等都是要考虑的方面。这是相当复杂的，一旦涉及居住的人和产权；空间和建筑形制的划分，相对来说是比较容易梳理出来的。产权户还包括公产、私产、军产等不同类别，这里面又有很复杂的状况。有的公产可以划分出来，有的私产能够全部收购，这都需要一系列操作的过程。宽窄巷子是政府来做的，房管局和单位产权的相对来讲会比较容易些；私产比较复杂，有些院落的历史遗留问题比较多；军产则介于二者之间。宽窄巷子整个保护区范围内，公产房、私产房、军产房混杂。相当于国土局按照宽窄巷子落架重修之后，去除商家的因素（因为商家基本都是租户没有产权），根据文旅集团拿到的产权边界，同时跟现存的依旧持有产权的住户们之间沟通（某些住户私下还又收购了一些产权），然后综合这所有的现实状况，将一些产权院落咬合、叠加、错落的部分重新划分出小地块。原来在规划的时候只有42个院落，后来这个边界划分逐渐清晰后变成了56个。这些产权地块并不是连续和完整的，有些是散布和交错的，但仍然是多种产权形式。产权划分这个工作直到2010年才全部完成，最终报批到2011年10月份才结束，算是个马拉松了。"

门匾上书写"吉祥"的户主是仁和春天的老板，成都最富的人之一。最早的时候他自己家是在另一个院子，然后宽窄巷子这几年改造、施工的过程中，他把旁边的院子也给收了，这就属于私有产权变化的情况。弓箭介绍道："龙堂"最早也是在现址的对面，"龙堂"的老板老宋可是当年反对宽窄巷子搬迁最强烈的一员。龙堂当时是一个青年旅社，股东有11个，老宋是其中之一，是实际的经营者。成都有个特点，商家爱"扎伙儿"，宽窄巷子的很多文人店铺，里外院也是，三四个合作者一起来经商，集思广益，风险共担。老宋担心宽窄巷子项目会对旅店未来的经营造成影响，还有利益上的一些顾虑。他们不是这个地方的产权户，而是租户，那么就不希望承担谈完产权后被迁走的风险，所以打起了老原住民的旗号，在网上有名，其实并非像他所说。这里面真真假假、虚虚实实的东西多着呢，为了达到某种目的什么招儿都得使出来。

"当初宽窄巷子在规划的时候就想保留原住民的，越多越好。真正住在这里面的原住民分成两种。第一种是真正对此地很有感情的老住户，他们不愿意搬走，只希望改善自身生活条件，还要留在这儿居住。还有一种是有自己的产权，但是人不在这儿住，这种人一般是持有几种心态：一方面希望长期持有，现在不卖，等周边好起来升值的时候卖掉；还有一方面就是想跟政府谈个大价钱。其实大部分的住户就是后生代，不是在那里面住了五六十年或四五十年的老居民，搬走也无所谓。其中还有些是拥有产权住在里面的三四十和四五十岁的人，他们实际上是希望搬走的。这类人中有一些是公产房、单位分的房子，很愿意通过置换或别的方式来改善自身的生活条件。成都的房子在2004、2005年的时候才两三千左右的价格，宽窄巷子最早的评估约3700元/平方米，我们当时还开玩笑说以后自己也包一个院子，当然做完之后就完全不是这个价了，高太多了。建设过程中到2006、2007年时大概是2~3万元/平方米，开街后到现在就更高了。后来文旅一度想通过股权合作的方式，出售部分股权，回收建设宽窄巷子的资金投入，曾经做过一次评估，已经达到7万元/平方米了，尤其是现在想再买里面的院落，可能已经有价无市了。"弓箭说道："文旅现在就是明确了以保值升值为主，手中有这个产权可以拿来市场化。实际上产权已经细分了，是多元化的，真正落在文旅手上的产权也有限，有的已经抵押给银行了。宽窄巷子历史文化街区的规划其实也有容积率和面积指标方面的考虑，只不过少城和文旅都没有像开发商那么'贪婪'罢了。实现历史文化的保护和传承是第一位的，但也必须做完之后满足投入和产出基本的要求。原先宽巷子西头是一处2~3层的老成都茶楼，体量比较大，我们一直想改小，但甲方一直不愿意减少面积，所以也没敢动。宅院精品酒店原来地块建筑的现状质量比较差，文旅希望在这里建一个控高范围（檐口12米）之内的大院落，做成有一定规模、相对高端的精品酒店；我们设计的宅院精品酒店是一个两层为主、局部三层的建筑物，满足了甲方的面积和规模要求。同时，也丰富了宽窄巷子的业态。这里有为背包客服务的龙堂；有个性化十足，但规模很小的德门仁里原真生活馆；现在又有了宅院精品酒店，从规模、档次和服务对象来说，实现了多样化，丰富性增强了。"

吃中餐

成都映像　上席　市井生活　宽巷子3号　香积厨1999　宽云窄雨　尽膳　MY NOODLE　正旗府　花间　宽坐　海棠晓月　天趣　见山书院　兰亭叙　九一堂　三块砖　大妙火锅　龙喧　隐园　公馆菜　味典　荷欢

成都映像 地址：窄巷子16号

"喝茶看戏"这一老成都的旧休闲方式，在窄巷子16号成都映象店中得到恢复与发扬。成都映象作为宽窄巷子唯一将川菜、川戏、老成都环境相融合的院落，为这悠久老巷增添了老成都文化内涵，让四川人可回味旧时休闲生活场景，也让外地游客能身临其境了解川戏魅力。

成都映像的建筑共有五层，环境古色古香，墙上还有老成都旧时场景绘画作品。地下一层是还原老成都风貌的茶馆和戏台。戏台位于整栋建筑的正中，是一个上下贯通的转角式天井，可挡风雨，而阳光却能从天井中射下光线，也正因这个原因，成都映像的川戏表演团体名为"窄天井剧团"。

市井生活 地址：井巷子8号

进门的伏案供奉着佑福佑财的神像，佛香扶摇直上。偌大的堂屋摆放着成都最原始的座椅板凳，你可以抛下平日的拘束，潇洒地坐在长条凳上，筷子一挥，吃遍成都最地道的美食。再豪迈一喊，"小二，来两酒"，这一餐就最成都了。酒坛是最原始的陶瓷瓦罐，美酒醇香溢满整个院落。酒足饭饱后，体会主人特意在右侧书写的"人间百味"之意。

上席 地址：窄巷子38号

林语堂说："宅中有园，园里有屋，屋中有院，院中有树，树上有天，天上有月……"这是中国式的院落梦想，这也是古老的宽窄巷子给人营造的触手可及的院落情景。上席的院子里有两棵要两人才能抱拢的泡桐树，春天淡紫色的泡桐花开满树枝。法国传教士曾经在此创办小学，附近的孩子在这里受教，由于解放前形势动荡不安，法国传教士离开了成都。现在的上席已然汇集了那些几乎失传的经典川菜，"一菜一格，百菜百味"的经典川菜传统得以在上席重现魅力。

香积厨1999 地址：宽巷子18号

香积厨1999年创店于重庆，是较早体现新派川菜革新体系的文化酒馆。由著名的莽汉诗人李亚伟和他的兄弟经营。香积厨原是寺庙内僧家私厨之名，取香积佛及香饭之义。僧家之厨，在魏晋南北朝时期并不仅限于素食，在佛教进入中国的早期，并无食素戒律，心素即佛。所以香积厨酒楼照卖各路荤菜，要的是魏晋洒脱自由的风格。香积厨1999主营中餐、夜宵，菜式豪放不羁，兼有品茗读书、文化研讨、前卫艺术策展等活动。

①参见宽窄巷子官方网站。

宽巷子3号 地址：宽巷子3号

宽巷子3号"很成都"，不仅是整条宽巷子老街的点睛代表，更是定制式私房中餐的典型代表。步入宽巷子三号，独坐回廊清雅的一角，让思绪随着淡雅的茗香飘过，幽幽的酒香漫无目的地游历在空中，让人情不自禁忘记一切世俗风云，让人沉浸在现代艺术与传统文化完美结合的静谧氛围中。在这里，为尊贵的会员定制独享的、个性化、具有珍藏价值的艺术家居品、服装形象造型设计以及个性化的设计等增值服务；这不仅是宽巷子三号尊贵客人所尊享的独到延伸服务，更是作为一个艺术餐饮区别于其他餐厅最显著的特点之一，因为宽巷子三号汇聚了川内乃至全国著名的四位文化艺术家，在喧闹的都市中，在美食云集的老成都，独创旗帜，老院新意，承袭川菜的尊崇，穿越时间，演绎不朽"现代饮食文化的艺术境界"。

正旗府 地址：宽巷子2号

青石古道，花间小院。花束、纱幔、窗格、盆景，以及珠帘的隔断、禅意的壁画，还有那偏紫色的色调，都营造出一种优雅精致的感觉，完美地展示了中式浪漫情怀。在花间，品传统香茗，喝成都唯一的新鲜花草茶，吃色香俱全的亚洲美食，都是一份独特的私享。

MY NOODLE 地址：窄巷子20号

高文安酷爱中国传统文化。他梦想在"MY NOODLE"这样一个写意空间，把中国56个民族的独特文明，用自身设计语言赋予新的意义。馆内在设计上以中国民间文化为背景：以西藏、新疆、云南等各地的民俗文化元素做成背景墙，每面墙讲述一个故事；厨房被设计成开放式，拉面师傅如同舞台上的演员，食客可以像欣赏艺术一样观赏拉面的全过程，在品尝美食的同时，中国的传统饮食、家居文化得到潜移默化的推广。

尽膳 地址：窄巷子4号

院落中有一方静谧的池水，简洁干净，与传统的木结构四合院形成一种对比，水池当中一尊释迦牟尼佛像安宁地矗立于水面之上，给整个院子增加了不可言说的禅意。除此之外，还摆放着尽膳女主人自创的乌木艺术品牌：三千坊。各式精美的乌木艺术品在这里长期展示，让人们在享用美味河鲜的同时还可以欣赏一系列艺术精品。这也体现了尽膳的宗旨：在艺术氛围中愉悦地用餐。

宽云窄雨 地址：宽巷子27号

成都名媛聚集地。据说王菲来宽窄也是直奔这里。门口有个月圆影疏的光影装置别具匠心，吸引了不少人的眼光。里间则是两重院落水榭阁楼，由文化长廊、茶肆、水榭等构成，风花雪月、阳春白雪是这里的主调，艺展和文化沙龙更是常态，有种大隐于市的贵气从容。

花间 地址：宽巷子16号

康熙五十七年（1718年），三千多清朝廷官兵授命从四川前往西藏，尔后部分官兵被留在成都中修"少城"，亦称"满城"。200余年的风雨飘零，今日的宽窄巷子成为满族官兵所住少城的仅存见证。作为一个拥有200余年历史的旗人居住区，宽窄巷子代表了北方胡同文化与成都巷里文化的融合，是成都的一个"居住文化孤本"。"正旗府"的取名，源自这段历史，帝王封禅于此，贵胄纵情于此，历史孕育于此。院的气势、院的力度、院的深邃、院的神秘、院的灵镜，与这个清朝大国的帝王将相、名门世家，于冥冥中缔结着一种不解的渊源。

海棠晓月 地址：宽巷子7号

整个四合院倚着一棵枝繁叶茂的大树搭建起来。老板很注重细节，吃完饭后，可以信步楼上，在大树下品茗，享受成都温暖的阳光。

见山书院
地址：宽巷子22号

在宽窄巷子，你可以品茗晒太阳，也可以就茶聊尽天下事，还可以捧起一本书在慵懒的阳光下和淡淡的墨香中，度过一段美好时光。而见山书院就是集合了以上几桩美事的地方。

兰亭叙 地址：宽巷子29号

西式的优雅，搭配川式的慵懒闲散，一种另类的中西结合的韵味油然而生。

天趣 地址：宽巷子20号

天趣擅长宫廷菜，让您能够在现代的时空里享受穿越百年的美食，传统的特色包房使人仿佛置身于富丽堂皇的古蜀少城。

三块砖 地址：窄巷子1号

会所的经营者保留了两段残破的旧墙，墙中砖混杂着砖红色、灰色和黑色三种不同颜色的砖，三种颜色代表着三个朝代，并隐含着一个豪族盛衰史的传说。

九一堂
地址：宽巷子37号

巷子内最有形式感的餐厅。戏剧化的装饰充满老式的华丽感，菜品从品质到形式都相当值得期待。

大妙火锅 地址：窄巷子11号

超强的设计感是大妙的撒手锏。"上得厅堂"的气质使得成都人很喜欢在这里宴请外地客。包间以成都街道命名，菜品精致。

龙喧 地址：窄巷子26号

龙喧，原为清代名将年羹尧驻扎少城时的旧居。庭院里的池塘水波粼粼，花香鸟语萦绕耳际，浪漫诗意的情怀与宽窄巷子相得益彰。主要为官府菜和新式川菜，南北风味的碰撞和融合让食者体验到了绝佳的味觉享受。

隐园 地址：窄巷子28号

私房菜馆。相当低调，大门虚掩，让外面的人难窥一二，却为里面的人留得半分清静和隐逸。典型的大隐隐于市，富贵闲人做派。

公馆菜 地址：窄巷子45号

旧时成都上流社会的美食体验。菜品和用餐礼仪都非常讲究"范儿"。

味典 地址：井巷子6号

"味典"不大，但处处显精致，非常有老成都的风味。"味典"的买卖很成都，甚至很草根，汇聚了成都小吃最大众最具人文色彩的全部精华。

荷欢 地址：井巷子16号

如今的荷欢已经一改昔日的印巴风情，摇身一变成为一处饮茶的好去处，小巧院子非常适合渴望偷闲半日的都市人。

尝西餐

瓦尔登 滴意

瓦尔登 地址：窄巷子30号

成都窄巷子30号，旧时法国传教士的院落，而今为瓦尔登少城店，是美籍华人黎氏兄弟所创办的瓦尔登咖啡西餐连锁机构的又一力作。院落本身看点就很多：大门两侧八字照壁，门旁老墙嵌有红砂石材质拴马石，门头顶部冠之宽窄巷子内唯一歇山屋顶，高大气派；正房廊檐外保留的罗马柱是成都最早的罗马柱建筑之一。1856年，法国传教士洪广化曾住于此。
青砖灰瓦的四合院，树荫婆娑，恬淡闲逸。浪漫的木制火焰纹窗下，古老的罗马柱之间，有沁心曼妙的音乐，还有亲切而专业的西餐顾问和靓丽的服务员……
从环境到服务的每一个环节，瓦尔登都匠心独运，无不彰显中西文化的完美融合，让每一个造访者切实地体悟最好的美式西餐。

滴意 地址：宽巷子33号

"滴意"的老板是一个法国华裔，他爱老成都的风味，于是巧妙地将正宗的法餐与典型的中国建筑融合在一起。下午享受咖啡和茶，晚上则品尝正宗的法餐，好不惬意。

喝茶去

听香 可居 茶马古道 里外院 MY COFFEE
星巴克 碎碟音乐咖啡 一丁咖啡

听香 地址：宽巷子6号

在门口看到的是灰墙青瓦，推开门却是沙发小桌，一派洋作风，果真是别有洞天。墙上玲珑的壁灯，散发着柔和而梦幻的灯光，院落的细节处，女性感十足。这里的中堂庄重典雅，这里的西式洋楼内敛含蓄，曾经的主人在西洋文化思潮猛烈冲击传统中国文化的时代，给自己的女儿修建了这座西式的二层闺房，以寄托一个父亲对女儿的关切之情。在院落中喝茶聊天，徜徉在成都温暖的阳光下，如同置身在地中海的室外花园，一杯咖啡拉出无限的情绪。

可居 地址：宽巷子17号

精致的可居。与茶有关，与时空长度概念大小模糊的名字，源自一位爱茶者的斋名，寓意：事事都像流水、行云一样，渡过。无需抱怨、亦不需懊悔。推开明清木门，既见一个镶着雕花映着灯光的吧台，是存茶、取茶、接待之处，亦置茶及茶具于此展示。精细的木雕装饰、繁复的中式画柜、各色的纱幔垂帘的青瓷、柔和的灯光……古典、怀旧，品茗于此，闲适、安然，时光已经忘却。

里外院 地址：窄巷子8号

此院为唯一的连通宽巷子和窄巷子的院落。是一个以精妙的建筑设计、视觉设计、园林景致作为视觉呈现的院落建筑空间。里外院分为内外两个院落。街铺以"乐活"生态健康的理念，提供来自云南、泰国的新鲜果饮及相关产品。以相对私密的空间组织和庭园格局构筑的一个格调高贵舒适，环境优雅静谧的休闲空间，同时设有书画收藏、艺术品鉴赏等展演功能，主要是为固定的会员和专业人士、名人名家提供专属的会议、小众聚会休闲交流的空间。这里是藏在巷陌深院中成都人的心灵原乡和精神家园。

星巴克 地址：窄巷子22号

坐落在窄巷子中的星巴克咖啡，保留了川西民居风格的建筑形式，并在其中融入星巴克咖啡独特的第三空间建筑元素，于是我们在中国的四合院中也能够同时体验到西方的建筑艺术：视觉的温馨，听觉的随心所欲，嗅觉的咖啡香，在古老的宽窄巷子中，透过雕花的木门或是巨大的玻璃窗，看着熙来攘往的人们，看着灰墙老砖，轻轻啜饮一口香浓的咖啡，生活的节奏在这里慢下来，让我们一起品味它的芬芳。

MY COFFEE 地址：窄巷子18号

高先生所倡导的"MY COFFEE"咖啡馆，是以世界各地文化为主导，为追求品位、个性的人士提供专业优质的休闲服务。馆内陈列着来自世界各地的艺术收藏品和陈设，是高先生亲自设计收藏的。这一件件凝聚着设计心血的艺术摆件和家具，使馆内处处散发着文化的气息。值得一提的是店内优雅别致的灯光概念设计出自于灯光大师关永权先生之作，犹如光与影的交响曲，MY COFFEE集商业、娱乐、休闲于一身，立志带给每位到访者"一杯咖啡，一片天地"的感受。

茶马古道 地址：宽巷子27号附4-5

这家店是宽窄巷子的"老住户"了，美名早已远播。墙上粗略地画着茶马古道的路线图，贴着沿线的风景图。再就着四川的特色小吃，会不会有种穿越感？从老成都穿越到了茶马古道。

一丁咖啡 地址：宽窄巷子南北通道

来宽窄不得不去品尝专属于宽窄味道的咖啡。这里有咖啡与茶的浪漫邂逅，露天的院落里清新的民谣歌曲在弥漫。如果再加上阳光，这里便是茶与咖啡的天堂。

泡酒吧

白夜 偶尔 品德 隔壁子 点醉 柔软时光
胡里酒吧

白夜 地址：窄巷子32号

这是女诗人翟永明的酒吧和艺术集散地。室内装修充分体现了女诗人的文化烙印。老院落保留了民国时期的四柱三山式西洋门头，院内有一垛清代老墙，其中夹杂汉代残瓦。进入店堂，一面特别"墙"上放置着黑白老照片、诗人早期发表的诗歌作品、通信手稿及20世纪80年代的油印诗歌刊物。酒吧内堂中有艺术家何多苓的素描和帅进滇的装置作品《云》。这里会定期举办视觉、诗歌、电影类先锋展览和讲座，而旁边还划出了一个区域专门设置成画廊，出售和展示成都本土画家的作品，更增添了这里的文化氛围。

碎碟音乐咖啡 地址：窄巷子19号

成都著名原创咖啡，音乐是其最大卖点。这里的电脑存着海量音乐库和电影库，每个人都能找到自己的挚爱。

品德 地址：窄巷子13号

据说是成都进口啤酒最全的店。有些品牌在成都范围内仅品德独家售卖。又一个爱酒人的福地。

点醉 地址：窄巷子21号

很正的葡萄酒吧。在酒吧下面，有真的酒窖。是宽窄巷子中最别致的一处消费空间。

偶尔 地址：窄巷子2号

简洁的大堂装修一如这栋建筑的外观，灰色砖瓦，黑色钢筋，叠立在窄巷子的巷口，传递出一种简单的生活方式。

隔壁子 地址：窄巷子17号

站在往门里望，小桥流水，别有一番风情，古色古香的桌椅，确实让人想不到这里是一家活色生香的酒吧。

柔软时光 地址：窄巷子29号

酒吧，丽江范儿。有舒服的川西竹椅和好声音的歌手。

胡里酒吧 地址：窄巷子35号

胡里是成都首个将酒吧、餐吧和红酒馆结合起来的超大规模"娱乐航母"。喜欢混搭的别错过。

淘玩意

囧Box创意盒子 莲上莲 锦华馆 熊猫屋

莲上莲 地址：窄巷子40号

这里曾是著名画家李华生的旧宅，修复前院内建筑出自画家的亲手设计，具有建筑美学的宅院受到建筑界人士的称赞。坐西朝东的正房，蜂巢格木门，局部的抬梁屋架，以及轻巧的木制楼梯，画家的艺术品位在对比和融合中得以展现。

如今，在这个充满异域风格的美丽小院内，人们能欣赏到异国风情的艺术挂件，享受到异国匠人纯手工宝石饰品定做服务。蓝、灰、黄成为了小院，色彩的主色调，美丽、神秘，又与窄巷子四合院的感觉融为一体。

囧Box创意盒子 地址：宽巷子26号附2号

当你来到囧Box创意盒子，就等于来到365天的创意市集。创意市集是囧Box的精神来源和本质所在，哪里有创意市集，哪里就有人们无限的猎奇新鲜和乐趣淘宝狂体验。囧Box打造365天的创意市集，带来365的创新生活和惊喜。盒子虽小，却样样俱全。囧Box的每一天都是创意市集的人气盛会。

熊猫屋 地址：井巷子20号附2号

国宝大熊猫是我们中国独有的千年活化石，而它那黑白相间、憨态可掬的模样，更是深得世人的喜爱。熊猫屋，以大熊猫为主题，以"来自熊猫家乡的问候"为内容，是展示和销售大熊猫系列旅游文化商品和四川传统工艺品、民俗产品的国际化旅游文化商品连锁零售平台。它以大熊猫形象产品以及"来自大熊猫故乡-成都"的特色商品、土特产、工艺品等为核心商品群，同时还拥有大量自主知识产权、原创开发设计的旅游纪念品。

来到成都，走进宽窄巷子的海内外朋友可以在熊猫屋内看到琳琅满目、特色突出的四川特色产品，带走四川地方文化特色的新颖大熊猫礼品。

锦华馆 地址：宽巷子24号

极具民族风情的羌绣和现代服饰完美结合，是这里的亮点。再加之"羌绣扶植计划"的慈善计划，足以让这里成为宽窄巷子最容错过的地方之一。除此之外，设置在院子里的茶座，也让人忍不住在这华衣美服之间穿梭流连，不像商店，更像旧时某位大家闺秀的私家客厅。

住下来

龙堂客栈 德门仁里

德门仁里 地址：宽巷子8号

这里以前是体验老成都生活的一个院落，真实还原了川西人家某一天的生活情景；这里也曾是电视剧《林师傅在首尔》取景地之一。现如今，这里华丽转身成为一家精品酒店，充分展现了宽窄巷子古典与现代的完美结合。十间房，每间房名都取自描述成都的优美古诗词，雅致而经得起玩味，这是它古的体现；每间房的内部又用极具特色的当代艺术品来烘托出其时尚氛围，这是它现代的一面。一古一今，相得益彰，让这座原汁原味的川西院落焕发出鲜活的生命力。在这里，白天出门可尽享成都大好美景，夜晚入门则栖息宽窄巷之间，枕一夜好眠，梦回少城旧时光。

"德门仁里"四个字是由当代著名作家流沙河所题。德门是指巷子西口的明德坊，仁里是指地处的宽窄巷子原名兴仁胡同，合为德门仁里。店名不仅指出了酒店的方位，更体现了成都"德"、"仁"的文化传承。这家酒店的前身为老成都原真生活体验馆，为了让人们更加深入地体验老成都的原真生活，在不破坏原有建筑的前提下，精心打造为以老成都文化为主题的精品酒店。

宽窄巷子曲径通幽之处，德门仁里隐匿在城市之心的都会桃源，将城市中心的方便、快捷与宽窄巷子的静谧、写意和极致舒适融为一体。当人们跨进门槛，古建筑散发着现代舒适的情调，穿越了空间，超越了时间，身处都市，心游桃源，物我两忘于成都文化的内敛雅致和个性奢华中。这是一个需要用心去丈量的地方，独有的历史厚重感为世人沉淀出一片纯净的身心休憩之所。这里的每个房间都有一个诗意的名字，"喜雨"、"梦蜀"、"花卿"、"明河"、"竹枝"、"酒垆"、"书事"，取自古人描写成都的诗句中，跨过千年时光，感受文化成都。她是所有没有来过的人心之向往的"桃花源"，但你来了，这里就是你的德门仁里。

龙堂客栈
地址：宽巷子27号

"西装革履者恕不接待"一度成为龙堂门口一句个性招牌。龙堂最大的特色就是这里有家的感觉。这个感觉也成了龙堂从室内风格到服务上的全部体现。前台放钥匙柜子是放各味中药的老柜子。天井的正上方，还挂着一块中国古代大户人家中的牌匾。既如家般地随意与温馨，又将中国与西方特色融合在一起。

第七章

宽窄人文：

细品慢琢悠享精致生活

中国情怀精致臻·雅韵古味记忆存

第一节

优品介质·珠联璧合
公共生活与日常美学实践

　　也许宽窄巷子留给很多人的印象，是一种中国式的精巧与幽隐，这是经过历史积淀的深邃华美，任凭窗外物换星移，小巷依旧春去秋来。宽窄巷子的精致生活来源于中国传统的生活方式，根深蒂固地植入于国民的日常习惯之中。所谓生活方式（Lifestyle），是生活主体同一定的社会条件相互作用而形成的活动形式和行为特征的复杂有机体；这个词自19世纪中叶以来，开始作为科学概念出现在学术著作中。生活方式是一个内容相当广泛的概念，它包括人们的衣、食、住、行、劳动工作、休息娱乐、社会交往、待人接物等物质生活和精神生活的价值观、道德观、审美观，以及与这些方式相关的方面。

　　宽窄巷子里的小市民大生活，同时也是都市快节奏里的悠闲慢生活。如果说生活方式可以被理解为，在一定的历史时期与社会条件下，各个民族、阶级和社会群体的生活模式；那么宽窄巷子的精致人文生活得益于成都人乐天、洒脱、享受人生的态度，其中还蕴藏着对文化、艺术和美的热爱与追求。下面一组记录能很好地说明这一点：

　　2008年，路易威登老爷车巡游展，宽窄巷子将作为此次巡游展的中国第一站，进入世界视野；

　　2008年6月，张国立主演的电视剧《大生活》在宽窄巷子开机；

　　2008年6月14日，开街体验活动，包括书画义卖对话名人，张贤亮和流沙河等名流进行的宽窄巷子文化活动，《中国国家地理》杂志举办的"宽窄开讲——行走在震后四川旅游线上"讲座等；

2009年，导演张艺谋执导的成都宣传片——一座来了就不想走的城市，以宽窄巷子为主镜头；

2009年，歌手张靓颖在四川成都宽窄巷子拍摄MV；

2009年，马赛克乐队成都宽窄巷子夏季音乐季演出活动；

2010年元旦，跨年音乐会：马赛克乐队、海龟先生乐队、育婴堂、降临等成都重型乐队为铁杆摇滚歌迷带来欢畅淋漓的时刻，成都最HAPPY的SKA乐队热超波则引领了全场最欢快的狂舞；

2010年7月23日，宽窄街头音乐季；

2011年1月12日，张国立现身成都宽巷子宽云窄雨会所，试菜、品茶、赏画；

2011年8月20日，美国驻华大使骆家辉到宽窄巷子；

2011年10月24日，第51届国际小姐世界大会全球总决赛70余位佳丽一行来到了最成都的宽窄巷子，在古韵悠长的巷子里尽情展现各自的魅力。手拿中国风情的油伞，70余位佳丽行走在巷子里，笑颜如花，成为一条流动的美丽风景线。在以羌绣创意产品为主题的锦华馆里，众佳丽纷纷被色彩浓烈、纯手工绣制的羌绣产品所吸引，而现场展示羌绣技艺的羌族绣娘更是引来了众人的围观，无不为独特的羌绣艺术赞叹。之后，国际小姐又在井巷子市集上流连忘返，那些民俗小玩意让各国佳丽爱不释手，纷纷"以吻易物"。

宽窄巷子用古老的形式承载了多元的生活，新与旧和谐地穿插，过去、

图7-1 闲在宽巷子　　　　　　图7-2 品在窄巷子　　　　　　图7-3 泡在井巷子

现在和未来描绘出一屏绚烂多姿的浮世图景。历史街区的保护建设蕴含着新旧交融、调整优化。吴良镛教授指出："旧城整体保护意味着减负、疏解、转型、复兴、宜居（生活质量、环境质量不断提高）。现实棘手的问题要正确对待，必须千方百计把问题作认真研究。而历史名城的文化质量、艺术面貌还要有新的提高。即寻求全面的、科学的解决问题之道。"[1] 这需要专业的工作者以全面的大局观和历史视野谋求对策，努力改善。在历史文化街区中兴起的精英文化、生态文化和大众文化拼贴释放了现实主义激情，将社会历史、生活愿景、消费梦想和审美之境有机营造在一起。这种现代性的意义重构与意义消解同步进行着，最终形成一个文化整合、重塑与植根（Rootedness）的连续体，其流衍及嬗变恰好构成了日常生活审美价值的生产消费。

诚然，当今为满足人文享受的审美形象接踵而至，为服务于情绪体验而制作出来的情境式消费场景大量涌现，艺术和娱乐等审美活动充满我们的生活空间，消费性动机是促成审美氛围扩张的一个重要因素。法兰克福学派的阿多诺认为文化已被物化："具有典型文化工业特征的文化不只是商品，更完全是彻底化的商品。"[2] 显而易见，宽窄巷子中的特色院落正是传统文化、时尚与消费主义相交的契合点，意味着人文统摄之下艺术醇境的定格。市场的繁荣决定了这种现象存在的合理性，但仍不应放弃社会审美的本质回归。宽窄巷子历史街区是文化习性积累和多元价值杂糅的结果，当感性和理性统一，物质和精神协调之际，人的自由状态才能最大限度地得到释放。

在这样的人文魅力吸引之下，众多文化名流纷纷入驻：诗人翟永明开了白夜酒吧、诗人石光华开设川菜餐厅、诗人李亚伟开设民间精品菜……这样独具特色的宽窄巷子，吸引力自然不可言喻。2009年9月22日，中央电视台中文国际频道（CCTV4）播出了《行走第一街》，这一集的内容是《宽窄巷子最成都》，节目隆重介绍了宽窄巷子的历史建筑和人文情怀：

> 宽窄巷子是成都的一条著名街巷，在那里您能触摸到历史留下的痕迹，也能体味到成都最原汁原味的生活方式，宽窄巷子被认为是最成都也是最世界的、最古老也是最时尚的老成都名片和新都市会客厅。请随我们的《行走第一街》特别节目去那里转一转：
> 宽窄巷子始建于清朝，是成都市三大历史文化保护区之一，由宽巷子、窄巷子和井巷子三条老式街道及它们之间的四合院群落组成，是北方的胡同文化和建筑风格在南方的唯一见证。
> 如今的宽巷子是老成都生活的再现，在这条巷子中游览，能感受到老

①《北京城市总体规划修编（2004-2020年）》专题 北京旧城保护研究（上篇），《北京规划建设》，第28页，2005年01期。

②T.W.Adorno, The Culture Industry, Edited by J.M.Berstein, Routledge, P.86.

成都的风土人情和几乎要失传了的老成都的民俗生活场景。窄巷子则基本是充满现代气息而不失典雅的餐厅、酒吧以及各具风情的工艺小店，主题繁多。宽窄巷子虽然历史久远，但用作商业开发却是在几年前开始的。截至目前，累计接待境内外游客1200万人次，每个月大约有50万人光顾。

戴维是位法籍华裔，在窄巷子里开了一间原汁原味的法式餐厅，生意不错。他第一次来成都是2007年的12月，那一刻他已决定留下来，并开创自己的事业。戴维的餐厅真正开起来是在去年的5.12大地震之后，他认为，这次地震让全世界看到了中国人的爱心：

戴维认为，他的法式餐厅之所以经营得还不错，和中国民众对生活多样化的选择密不可分。他说，过去在欧洲听到中国的发展评价非常多，但仅以游客身份来到这里是不足以体味到其中的实质的，在成都创业的一年多以后，他认为自己对这个话题有发言权。

入夜后，宽窄巷子呈现热闹一面，新锐音乐人偶尔也会出现在这里，引来无数追随者。WORDY是圈内知名的DJ，宽窄巷子给他的印象很特别：

2007年美国《时代》周刊有篇文章题目是"成都，最中国"，成都人并未因此受宠若惊。因为，在今天的中国，历经2000多年而城名未改城址未变的地方，成都算得上是唯一了。

朱成是一位职业公共雕塑艺术家，也参与了对宽窄巷子的修缮和改造。他认为："在城市化进程中，宽窄巷子算是一个幸存者。我们把它做了尽管是很多的商业利用，但是我觉得在利用和保护方面，相应做得比较平衡，就是不是说过度的利用，或者不是过度的商业，它把文化和商业利用结合得比较好，而且在其中保存了很多文化的载体。"

今天，经历过大地震的考验，四川变得更为坚强，成都也越发成为人们的向往之地，成为很多人心中"来了就不想离开"的城市。

不同寻常的生活境遇在街区空间和建筑艺术中可以被赋予无限可能，历史得到了延续，现代精神亦巧妙地注入其中，它最大程度地考验了想象的边界。"想象力是自由的，却又是自发地和规律性的，亦即它带有某种自律，这是一个矛盾，只有知性才提供规律。"[①] 在这种情境下，现实和意识重叠了，人们在潜意识中通过丰富多变的想象缝合了真实与虚像的裂痕。艺术本身并非是对生活现实的实录和复制，而是一个重新构筑和创造出来的"审美真实"世界。历史文化街区是仿象与现实的连接，并因此具备审美体验的共时性功能。建筑艺术作品中的情境是经过了加工和生产的"再创作"，将本真的状态最大限度地加以强化，带给人们别致的体验。

①[德]康德.判断力批判.邓晓芒译.人民出版社，2002.77.

历史文化保护街区如何避免灵韵消逝？如何保持源源不断、可持续发展的活力？原成都少城建设管理有限公司副总经理徐军认为："在建设过程中一直坚持的是按照原来的风格来恢复，尽管后来从功能上看有些地方在实用性方面做得是有些问题的，但是现在回想起来当时怎么去满足实用等方方面面，也不是个特别容易解决的问题；另外，不同的商家和不同的使用者想法也不一样；从整个做法上来讲，还是在尽可能地沿用一些传统的方式，这里面就存在着一些时过境迁的状况。毕竟现在工艺、技法和材料已经变了很多，完全用以前那些东西做也有一些障碍。"

　　徐军说："像我们在这过程中遇到比较大的困难就是，这种街区的做法在现行的规范和标准中不太有相对应的内容去查证。当然在这一点上，清华也做了大量的工作，至少没有不符合规范的东西在里面，还是很下功夫的。等于是完全自己摸索出来的，依据清华传统古建的一些章法规制；实在是无从借鉴也很难考据，在做一个全新的东西，那么就得有很多谨慎的考量和大胆的创新。这样也难免会有没法尽善尽美之处，有些地方比如尺度上你们可以看到，还是存在一点不协调的。举个例子，那栋法式建筑，就是井巷子上的小洋楼，其实现在看来在尺度上有一些问题，房子有点小，广场略大。原来法式建筑在街区里还是比较显眼的，因为周边的房子比较矮一点。现在，小洋楼保持原样，周围的建筑长高了，长大了，现在小洋楼就显得不那么壮观了。如果周边房子按原貌重建，连人都进不去，以前的檐口才2米多一点，所以建筑上有所调整也是必须的。有些东西真的很怪，尤其是窄巷子，在古时候宽巷子进去是主人的通道，窄巷子是佣人的通道，是建筑物的后门，入口很小，给仆人帮佣们专用的，和主人是分流的。所以可以看到原来的后门非常小，查看窄巷子的老照片也能发现门洞都很小，檐口也很矮，那这种情况在恢复时就有问题了。从尺度感上来说，窄巷子很多户都很矮小，那是因为以前下人们通行包括马夫都在此活动，所以调整之后整个尺度就发生了变化。实际上如果想把以前的风貌延续下来，这种改变是必然的，井巷子的尺度也比原来更大，最早井巷子并没有被纳入三条街区的保护，井巷子原来甚至还有很多五六层的高楼，道路边靠内侧有些还没拆掉，以前有很多都是这种楼房，后来就拆掉了，按照历史街区的格局来恢复，加设了文化墙等，都是为了让街区更原汁原味，整体上更协调。"

　　有人说这三条巷子依次变小，徐军则介绍到，最早这三条都是兵丁胡同，但是后来在历史演变过程中，井巷子被拆得太厉害，破坏了原有的风貌，拆掉了很多原来的建筑，建成了很多五六层的住宅楼，大多是简易楼房、家属院之类的，所以就破损毁坏得比较厉害。从清华安地分级统计的资料来查的话，在院落品质评价上，井巷子是占比例最少的。那么恢复的时候尺度就有变化，相当于把原来五六层的房子拆了，变成现在一二层的房子。

所以三条巷子在不断调整中，跟原来还是有些变化的，包括尺度方面，大的变小了，低的变高了。徐军比划了一下："尤其窄巷子原来门很矮，大概就这么高，你现在还能看到，有一个吊门洞保留着。"有些加高是这次做的过程中加高，有一些则是以前的人们也加高过。在徐军看来，"实际上是反映了原来测绘的高度，就是清华测绘的时候按照比例关系推算出来的高度，比如瓦尔登旁边有个小洞，拿砖堵着，那就是一个进院的门洞，有几个还是木质门，很小很小，后来是按照测绘的成果来恢复，测绘成果罗德胤老师也是觉得这个地方可能就是个后门、小门。"在羊角家也能发现一些痕迹，据他说好像是从清代开始建筑就不断地在加高，一进来正堂的门柱就加高了好几次，从院子都能看到。对此徐军解释道："这其实是一种自发的行为，各家各户自己就在调整，历经不同年代一直在变，我们后来也尽可能考证，清华在测绘的时候力求恢复当初的原貌。"通过这一系列的测绘工作，古红缨和陈禹夙几乎认识了所有的原住民，最早刘聪、宁阳等人跟着罗德胤去测绘（古建测绘实习，后来还补测过），宽窄巷子最大的一个院子——三进大户宽1，就是由他们测绘的，画了详细的测绘图。

现在游客是极其欢迎的，他们很喜欢，包括一些成都人觉得很自豪，他们都会推荐说宽窄巷子就是一个名片，但也有一些原住民，比如以前住在里面的老街坊邻居，他们会认为有点破坏了原来街巷的氛围，邻里关系被一种新的现代性关系替代了，还有一些居民就是觉得现在利益可能过于集中。然而商家则不这么认为，这也恰是适应当代生活所需要的一种改变。对此徐军认为："其实应该这么看，至少通过改造，改善了原住民的生活环境，提高了生活品质，同时又为城市作出了贡献，应该从这个角度来看这个问题。"不能光把它保起来，原封不动地封存起来，观点要灵活一点。徐军说："比如宽度，一味留存不加以改造对它有什么好处，房子还是破破烂烂的，上下水都不通。而一些搬走的居民，他们的生活水平得到了极大的改善，改善自身的同时也给社会作出了贡献，这是必然的。后来到宽窄巷子的人就比较多了，成了全国知名的一个地方，成都人觉得挺自豪。"

宽窄巷子保护与创新的平衡，被发挥得淋漓尽致。有些特意留存的老物件，能充分展示当年风物，生发着整个街区浓郁的历史气息。宽窄巷子现存3个拴马石，分别位于宽巷子11号和窄巷子32号的老墙上。拴马石虽然已风化得斑驳，但它仿佛是宽窄巷子乃至成都的一块独有的胎记，述说着这里的前世。百年前的宽窄巷子是北方满蒙八旗及家属的居住地，他们保留了北方游牧民族骑马出行的习惯；拴马石是北方文化在川西的符号性表现，是原汁原味的历史本初，让人遥想富贵门第门口熙来攘往、车马不息的景象，与现代都市遥相呼应，予想象留白空间。

宽窄巷子是成都文化的集中体现，记载了老成都的城市历史和生活记忆，孕育了现代成都的生活精神，体现和延续了成都人的生活态度。宽窄巷子项目定位是以"成都生活精神"为线索，将历史文化保护街区与现代商业相结合，在保护老成都原真建筑风貌的基础上，形成汇聚民俗生活体验、公益博览、高档餐饮、宅院酒店、娱乐休闲、特色策展、情景再现等业态的"院落式情景消费街区"和"成都城市怀旧旅游的人文游憩中心"，形成具有"老成都底片、新都市客厅"内涵的"老成都原真生活情景体验街区"。同时根据三条巷子的不同特点分别确定了"宽巷子老生活"、"窄巷子慢生活"、"井巷子新生活"的不同定位。

第二节

巨细靡遗·鲜活标本

安逸宽巷子

简·雅各布斯在《美国大城市的死与生》里有如下论述："当我们想到一个城市时，首先出现在脑海里的就是街道。街道有生气则城市有生气，街道沉闷则城市沉闷。" 城市是一个不断进行着新陈代谢的有机载体，街道贯穿其中如血脉网络。宽巷子是中国式院落街景生活的集大成者，这里有令人垂涎欲滴的美食，有琳琅满目的商品，有特色深度游的体验，也有那木尔羊角等深具代表性的原住民。异乡旅客和本地人在此不分你我，一起欢度好

图7-4 宽巷子里的传统成都美食

时光。如果宽巷子可以被深描，那将是南方溽热的夏天，木华卉毓，画栋飞甍，繁花锦盛，玉砌雕阑。夫天地者，万物之逆旅。光阴者，百代之过客。而浮生若梦，为欢几何？蜀都人多安于现世，天生带着审慎的乐观主义精神和随性的英雄主义情结。这条巷子亦有着张弛的豪放，精致的品位，优雅的格调，闲暇的舒适。

古人亦曾在此流连忘返，唇齿生香，念念不忘。陆游《梦蜀》诗曰："自计前生定蜀人，锦官来往九经春。堆盘丙穴鱼腴美，下箸峨眉栭脯珍。联骑隽游非复昔，数编残稿尚如新。最怜栩栩西窗梦，路入青衣不问津。"又有《成都书事》诗曰："剑南山水尽清晖，濯锦江边天下稀。烟柳不遮楼角断，风花时傍马头飞。茗羹笋似稽山美，斫脍鱼如笠泽肥。客报城西有园卖，老夫白首欲忘归。"

常言道"民以食为天"，美食是成都人引以为傲的一个标杆，所以有着"食在四川，味在成都"的美誉，细腻丰富的味蕾如花般绽放，如今的宽巷子真正成为了享受美景美味的好去处。这条街集中了整个街区最多最完整的老建筑，共有20多家特色院落，多数都留下保存完好的旧时门脸，充满怀旧气息，是街区人气最旺的地方。独门独院，取法禅境，围合庭院宅邸。因此宽巷子在外观上明显比其他两条巷子拥有最为怀旧的样式。在这里再现了成都休闲生活样本，每个人都可以在此品盖碗茶，吃正宗川菜，体验老成都的风土人情。

行走在宽巷子，你会感受到一种悠闲。宽巷子的业态以蕴含深厚文化

图7-5 宽巷子街景

图7-6 宽巷子夜景

①吴良镛.北京旧城与菊儿胡同.北京：中国建筑工业出版社，1994.68.

②单霁翔.城市化发展与文化遗产保护.天津：天津大学出版社，2006.139.

的特色餐饮、茶馆等业态为主。在宽巷子，古老而传统的生活形态，让我们体验历史与文化的积淀。这里是老成都的"闲生活"。宽巷子在清朝宣统年间叫做"兴仁胡同"。胡同是蒙语的音译，是指蒙古人在草原上扎起的蒙古包之间的通道。据说这里所驻的是镶红旗中官衔较高的军官，出入都是用马车，所以路面宽度有7到8米。而到了民国年间，在中国一片反帝反封建的革命风气下，改名为"宽巷子"。宽巷子是老成都的"闲生活"，宽巷子代表了成都最市井的民间文化。在宽巷子中，老成都原真生活体验馆成为宽窄巷子的封面和游览中心，集中展现宽窄巷子所代表的成都生活精神。在业态上宽巷子形成了以精品酒店、私房餐饮、特色民俗餐饮、特色休闲茶馆、特色客栈、特色企业会所、SPA等为主题的情景消费游憩区。

吴良镛先生说过："要树立任何改建并不是最后的完成（也从没有最后的完成），它是处于持续的更新之中的观念。"①街区的生命力是缓慢流动的，随着时间的推进，也不断发生着有益的变化。《华盛顿宪章》指出："与周围环境和谐的现代因素的引入不应受到打击，因为这些特征能为这一地区增添光彩。"对于历史街区内的传统建筑一般应当在保持外貌的前提下，改造内部，改善居住条件，满足现代生活的需要②，即所谓的"动态保护，有机更新"的观念。古红樱老师也曾在一次讨论中谈到，历史文化保护区到底要恢复成什么样，如果实测的时候就是现在这个样子，那么是要按照现状还原，还是要推演到更早之前，甚至到最早最久远时期的样子？可随着时间流逝，有些形式和功能已经发生变化了。原成都少城建设管理有限公司副总经理徐军对此也表达了自己的理解："不仅如此，而且随着人口的变迁，自发地满足自身改善需求的改造也在做，羊角家旁边的那栋房子就是个典型，恺庐隔壁现在经营烧烤的那个院子，叫'宽度'，主要卖烧烤小吃等食品，他家的院子比外面低了好多，院内比路面低了起码有60公分，里面是沉下去的，实际上是因为外面的街道在不断被垫高，也许原来的房屋和门槛都很高，但路在变化，院子没有动过，所以随着路面加高就沉降下去了。可是不可能按照看到的高度来将就着修房子，那样会有问题。"把这些痕迹都保留是很有意思的，因为它反映了历史的变迁，不是静止的或孤立的。这也是一柄双刃剑，势必会破坏一些历史的东西。"这是没有办法的"，徐军补充道："而宽窄巷子是活的，动态的更新的，你都能看到它过去的影子，同时又是现代城市功能的一个配套，很好地诠释了城市有机组成部分，而不是一个静态的观赏物。"弓箭则从建筑设计和实施的细节过程来评价，宽窄巷子建筑的特色是把川西民居"宜居宜商"的风貌尽可能地保留，同时又把街巷空间的尺度能够做到很宜人。一方面给予充分的保护，一方面也给足创新的发挥空间。

建筑上有很多要求。宽窄巷子最大的魅力是在民居中引入新的生活方式，在保留了原真建筑风貌的同时，又让新的生活方式倾注其间，让传统焕发新的活力。现在这种模式越来越得到认可，大家都希望现代生活在老的街区中能够植入并存活下来，同时很好地发展下去。以前住在历史街区的人们习惯了去上公厕，院子里有个水龙头就行，老院子冬暖夏凉，夏天不需要吹空调，冬天阴冷穿多点也能扛过去。随着时代发展，现在的生活方式跟以前完全不同了，人们也追求更高的舒适度，对老院落的要求就更多，造成的危险也更大，会有很多的变化。在这种转变中，传统建筑风貌和建筑形式得为现在的生活提供多种可能性，谁也不愿意为了保护而"受罪"；如果让住在历史街区的人们牺牲享受现代生活的权利，那也是不公平的。

如果让人们住在这儿是"受罪"，还不如让人们在这里吃饭、喝茶、游逛体验来"享受"，宽窄巷子正是朝这个方向努力的。让新的一批人包括业主和使用者等，能够在不破坏现有的街区风貌和建筑形态的前提下，从事经营活动，这种模式通过摸索如果能够很好地发展下去，就是"你好"、"我也好"、"大家都好"的结果。如果在探索中产生了矛盾，那就看看到底是哪儿出了毛病，这个问题怎么去解决；反正目标明确，坚定地去执行去努力就会有结果。

宽窄巷子到底有多少原住民留了下来，我们始终没有得到官方的权威数字。根据我们自己的统计，原来944户居民最终有110户留了下来。不过留下来的大多是富商，还有井巷子多层住宅里的人，关门闭户，对"繁荣景象"没有多少贡献。所剩无几的原住居民中，把自己转变成宽窄巷子"景观"和"样板"的，最著名最有代表性的就是羊角，他在宽巷子的"恺庐"——那个民国灰砖门头已经成为"到此一游"照片的经典背景，人与物都是宽窄巷子的"招牌"。他说，不少人都以为"恺庐"这两个大字建造之时留下的，其实是他自己用钟鼎文写成，用石灰所砌。"恺庐——破房子，但我住得很快乐。"羊角本人以及貌似古迹的"恺庐"，有很多奇异的标签，比如他是"宽巷子里最后旗人后裔"，本名那尔木·羊角，蒙古族，以前是四川音乐学院的老师，这几年开始研究满文和少城历史。他的祖父属镶红旗三甲等级，是信使，原也住在少城，家里还留下一个"御赐养老"的腰牌。宽巷子这座房子解放前是刘文辉部下、川西电台台长陈希和的住宅，蒋介石也曾来过。"刘文辉、邓锡侯、潘文华几位将军很可能是从这里给解放军发去降电。"这两年羊角又在门内照壁上加了一个满族吉祥图案，吸引了更多人进来喝茶。室内空间不够，在天井里也摆上了桌椅，由儿子照管着。羊角觉得宽窄

图7-7 访谈照片：在羊角家泡茶（注：并收获羊角先生专访手记与相关照片资料）

巷子里太吵，搬到外面去住，偶尔回来帮新开的商家题题字，蒙文、满文对照。他如今已经不满足于把院子做成"蒙满文化会所"，而是要再扩大成"四川民俗会所"。①

宽窄巷子的故事多多，但真真假假，演绎的成分比较多。今天是这么说，明天的说法又变了，连他们自己都搞不清楚。他们也懒得搞清楚，能作为喝茶时摆龙门镇的谈资就足够了，这也许就是成都人的性格，就是成都的风情，所以听故事的人也别太当真。宽窄巷子培养了一批"文人"，原来根本就和宽窄巷子不搭嘎，现在俨然已经变成了这里的主人，"津津乐道"、"眉飞色舞"，谁都能白活两句儿；如果穿上对襟儿的麻布长衫，留一副花白的长髯，蒲扇那么一摇，那个神仙劲儿啊！宽窄巷子去得多了，这些人见得多了，也就一笑了之了。

古红樱老师在测绘时有若干宝贵的手记和照片，记在一个精致的小牛皮

① 参见三联生活周刊副刊专题《宽窄巷子里的微观成都》

笔记本上：如"730～1924年公文，严禁乞丐进街"[1]和相关考据论证等。古老师还记得宽窄巷子的一些趣闻轶事，比如在20世纪80年代曾挖出1米多高的石佛像，现存放在省博物馆。而最早宽巷子建龙堂的时候（大约90年代）也挖出过一尊佛，当然，现在的龙堂已经今非昔比。2012年7月11日，我们在成都市宽窄巷子街头进行了随机访谈。龙堂客栈位于宽巷子深处，当我们进去的时候，住在龙堂的老外背包客大多都骑着车出去玩了，有几个中国人留在大堂间，其中有个清秀的女孩坐在一进门前台边的沙发里，正在听着音乐翻看着书，听到我们的来意，她很爽快地聊了起来。

　　这个开朗的女孩就是李小姐，河南人，26岁，职业是老师，现在放假期间，跟叔叔一起出来玩。住在龙堂的原因是亲人跟这儿的老板是好友。她说龙堂现在已经在成都开了三家青年旅社，还有两个分别是乐福和工厂店。李小姐来了两天，"觉得各方面还不错，就是人有点多，我以前没来过成都，去过北京的南锣鼓巷，感觉跟这儿挺像，也去了锦里，比宽窄巷子更商业化。我昨晚在成都的朋友家做客，说住在宽窄巷子后，朋友很不解，认为人太多了不会安静。但我叔叔说自己的梦想就是住在宽窄巷子里面，他就是喜欢这里，而且出来逛街吃喝玩乐都很方便，于是我说那好我们就住在里面。来成都以前我和叔叔早就听说过宽窄巷子了，不论北京的还是成都的朋友都给我们推荐过这里。"

　　如果用一个词来形容，李小姐觉得是"惬意"。她说："本来以为这儿是个很悠闲的地方，没想到还挺繁忙的；但是晚上的时候会很舒服，大概八九点以后，游人会稍微少一点，10点以后大家就坐在外面喝点东西，茶

①见《成都文物》1986年第3期，《成都满城考》

图7-8　龙堂客栈挂出的牌子，上书"西装革履者恕不接待住宿"的字样

或者咖啡，聊聊天，特别惬意。我也在巷子里吃饭，饭菜还挺地道的，口味好，价格略高，但可以理解，旅游景点都没办法便宜的。"如果打分，李小姐会给宽窄巷子至少85分，她笑称："老外们可喜欢这里了，晚上玩好了回来还要上上网，挺融得进来，很生活化的。"

龙堂客栈一直是老外聚集的地方，我们在龙堂门口的树荫下、宽巷子街边邂逅了一位青春靓丽、活力四射的金发白人美女，出于礼貌我们没有问她的年龄。她说自己是大学生，来自美国华盛顿，到成都游玩。她很喜欢这里，觉得这儿很漂亮。这位开朗的美女说和朋友们一起来的，她一直走路以至于有点疲倦了，朋友们还兴致高涨地在隔壁的创意小店铺里购物，而她先

图7-9 龙堂客栈内景

图7-10 访谈照片：龙堂客栈门前的美国女孩

第七章 宽窄人文：细品慢琢悠享精致生活

265

买好了一些东西，所以在此等候。她目前只来过中国的两个城市，北京和成都，来成都是想看大熊猫，北京的建筑则更能代表典型的中国、古老的东方。她爱上了这里的美食，如果吃饭的话就会直接选择在宽窄巷子里面吃。她说喜欢这儿不仅是因为有迷人的古建筑，还有很棒的氛围，人流量刚刚好，在中国本来可以有更多人的，宽窄巷已经足够好了，不觉得会很喧闹，满足了她的期待。如果用一个词来形容宽窄巷子，这位美国女孩很豪爽地说那可不够，她要用两个词来形容，"scenic & quaint"，就是风景优美、古色古香、精巧有趣的意思。

宽巷子隐园餐厅后门，穿过一个通道可到达窄巷子，四位穿着白大褂、戴着厨师帽的师傅在休息、抽烟。

周师傅44岁，陈师傅18岁，大李师傅25岁，小李师傅21岁。周师傅就是本地人，陈师傅是德阳人，两位李师傅是本家兄弟，成都市人。他们都在宽窄巷子隐园餐厅工作，自我感觉在这里工作很好，"现在人特别多，外地人都爱来"。

大李师傅介绍道："平时生意很火爆，也是分季节的，下半年秋冬有火锅，爱吃辣的多，就非常红火了。隐园卖的是正儿八经的川菜，地道成都味道，里面有表演，需要预订。"

周师傅乐呵呵地说："跟居民楼下的小馆子不同，宽窄巷子多是高端餐饮，南门的高档餐厅也比较多，但消费群体不一样。宽窄巷子的消费水平比其他地方要贵一些，厨师们也是很有水平的，很多是从成都其他很火的餐馆请过来的，有的还是很厉害的大主厨，做得一把拿手好菜，那绝对是地道的四川风味，欢迎大家都来品尝。"

见山书局里有一对高大的银发夫妻，来自欧洲荷兰。他们很愉快地接

图7-11 访谈照片：隐园的
三位厨师

受了访问，恩爱乐天的两人一直笑声不断。老太太爽朗地说道，这次他们
参加了一个11人的旅行团队，跟很多友人一起出发，打算慢慢品味中国的
美，记住这美好时光。在成都一共游玩了5天，不虚此行，明天将带着满满
的好心情离开这儿去西藏，然后回到北京。他们多年前在香港待过，来四川
成都还是第一次。如果选个词来形容宽窄巷子，老先生竖起了大拇指说是
"impressive"（印象深刻的），他们很喜欢这儿，不仅是可观的建筑，还有
其他很多独特的地方。老先生喜欢买书，是位漫画收集者，所以这样有特色
的小书店他怎会错过，一定要进来看看的。因为马上要去西藏了，所以他想
买点关于西藏旅游、介绍那儿风土人情的书，可惜翻来翻去都是中文版本的
看不懂，想找本英文的。

　　宽巷子"中国红"边上坐着一位民间艺人，他就是老成都"汪一刀"，
曾经上过《三联生活周刊》。汪一刀是宽窄巷子的原住民，他的拿手绝活有
很多，其中一个易于表演的就是大刀削苹果，他以前每次收费20元，成名之
后，宽窄巷子的游人也越来越多，于是现在就收40元一次了，还是有很多
看客高兴地围观他的拿手好戏。他说原来离这不远有位老宋，之前卖盖碗茶
的，生意还可以，现在家里有点事回农村去了。

　　宽巷子里很值得一提的是，张采芹先生与宽窄巷子的不解之缘。爱国

图7-12 访谈照片：身怀绝
技的民间艺人"汪一刀"

画家张采芹于193~1944年曾居住于宽窄巷子，宽巷子35号是张采芹故居。
1941年4月1日，成都成立了四川美术协会，张先生被众人推举为协会常务
理事兼总务。在这期间，宽巷子张先生旧居曾接待过张大千、徐悲鸿、齐白
石、傅抱石、谢无量、黄君碧、周千秋、吴作人、黄宾虹、潘天寿、李可
染、丰子恺、陈树人、赵望云、吴一峰、关山月、岑学恭、刘开渠、陈子庄
等名家巨匠，并每每解囊协助解决食宿，举办展览。现在张采芹故居纪念馆
在成都市宽窄巷子西段35号，门楣上方悬挂着"思贤庐"匾额，为著名书法家
李树荣先生所写，这是当今宽窄巷子最大方、最靓丽的一块金字招牌。大门
左边的"张采芹故居"刻石，以及掩映在竹丛中的《张采芹故居赋》，都是
在张采芹的入室弟子张礼先女士的张罗下完成的。1954年文化部曾购其名作
《墨竹》赴日本展览，1979年国务院总理出访英国，曾携其《墨竹图》赠予
英国女王，至今仍藏于英国皇家博物馆。

张采芹与张善孖、张大千兄弟并称为画坛上的"蜀中三张"，他们之间
有着深厚的情谊。谢无量（孙中山先生的秘书长，后任国家文史馆副馆长）曾
写诗赠张采芹，诗云："张姓连天故绝伦，益州图绘久清新，寻常花鸟堪娱
性，莫羡君家画虎人"，把三位大画师相提并论。张泽（字善孖，一作善子，
又作善之，号虎痴，张大千是其八弟）善画虎，抗战中游历海外，卖画募捐

图7-13 访谈照片：张采芹故居门口摆烟摊的谢大伯

图7-14 谢大伯的烟摊和新闻照片

图7-15 张采芹故居门口的刻字

支援抗战，1940年病故后，张采芹先生亲作挽联致悼。35号院张采芹故居门前有位谢大伯，他说张采芹故居其实是他的学生为了纪念他而在后来建造的，张采芹先生曾在这里居住过十来年，后来这个大院就成了谢大伯单位的房改房。谢大伯是位名声在外的人，上过电视，比如中央电视台、东方卫视台、四川台、成都台等，网络上也有很多关于他的报道。他是个低调的人，电视台来采访问他姓什么都笑而不语。谢大伯现在卖着当地特色的叶子烟草，在台面上还压着一张大照片，是开街以后小有名气了、2009年世界小姐来做活动时跟他铺子的合影。正聊着游客过来买烟了，现场点燃抽了几口后说，不冲不辣，口感还可以，最重要的是当年这可是毛主席也抽过的烟。

宽巷子张采芹故居后面的院子里，住着一些老人家，我们采访的孙大爷就是其中的一位，他已经快九十岁了（2012时年88岁），谈起宽窄巷子的历史如数家珍，以下是他口述的回忆录。孙大爷在宽巷子住了大概十八九年，尤其是20世纪90年代以来，携家属一起搬过来的人多了，1993年孙大爷的单位成都市规划局在这里修建了职工安置宿舍，当时是5套房子分给了5户人家，从1994年入住后直到今天都没搬走。孙大爷介绍了张采芹的情况。他是一位著名的爱国画家，抗日战争期间在宽巷子居住。那时候原来的老建筑就已经全部毁掉了，是重新盖的平房，还空出了一块，因此房管局就把这块地交给规划局，建成了单位宿舍。搬来之前，孙大爷他们特意了解了一下这儿的历史，原来张采芹就曾住在此地，房子产权不是他的，是找房东租来的，房子主人在房管部门资料里有据可查。

孙大爷娓娓道来：宽窄巷子是成都少城的珍贵遗存，满城是清朝康熙年间开始修建的，过去住清代时期的八旗军，驻兵之用。格局由很多小胡同组成，一共42条街，骨干就是现在的长顺街，顶头有一座威武的将军衙门，八旗军首领大将军年羹尧率兵驻扎此地，就在现在的金河宾馆那一圈，包括民房原来都是将军府，是很大一片地。形成了一种格局就是将军衙门为头部，后面一条干道，干道两旁生出很多小胡同，形态上像一条蜈蚣虫，又很像鱼刺，这个结构在成都很特殊。秦以前还没有成都都城，只有古蜀国开明城，究竟什么样子不知道，罕见历史记载。成都市中心过去是皇城，现在展览馆一带。秦朝随着贸易的发展开始在成都修建街道，慢慢形成市场，就是后来的大城。秦张仪开始建大城时按照北方建都城的方式，正南正北建城，可怎么也建不成。后来就平行于河流水道按自然地形而建才建成。这跟成都气候有关，这里的主导风向是东北风，城市正好也是一致的东北向，按现在的科学来解释就是把主导风引导至城市中心来，减少城市的热岛效应。日照也有一定的影响，西北向东南，因此正轴线也是偏东北的，这些原因造成整个大城是北偏东的，有点倾斜。虽然整个城市是偏斜的，但成都的皇城都是正南北向的，上接西裕隆街，下接陕西街，东门是西顺城街，西面是现在的东城根街。这一整块由城墙围合，叫做"九里萧墙"，圈内所有街道建筑都是正南北、正东西向，跟大城方向不完全一致。少城名为兵营，实则是住宅区，因为格局是每条街上修了很多院落，每一个官员或士兵都住一套院，官员的面积会更大些，都允许带家属，这样形成了上千个小院。一开始也没有商业，全是纯粹的聚群居住，这点与其他两个区不太相同。成都市就出现了奇怪的三城同城现象，大城以商业为主，作坊兼住户，前店后坊式，北面和东面主要是此类格局。中间地块是蜀王宫时期留下来的经济政治中心，管理部门聚集于此。少城则是幽静的住宅区，满人在这是拿俸禄的，由皇家供给工资，也不用打仗，出征的都是汉人。过去八旗军是要配等比的汉人，比如五千的八旗子弟就有五千汉人配套。朝廷安排满人为骑兵压后阵，汉人为步兵开路冲锋，所

图7-16 访谈照片：和蔼可亲的张大爷和他最爱坐的竹板凳

图7-17 张采芹故居内部

以少城又叫"骑城"或"满城"。宽巷子、窄巷子、井巷子被划归历史文化保护街区，这一片很少有高大建筑，都是古建筑为主，被划定保护起来了。少城时期由于北京的胡同文化移植到成都来了，宽窄巷子一度被叫做"兴仁胡同"，民国时期全部改成街道、巷子的名称，随着历史变迁，后来就一直叫做宽窄巷子了。常言道"宽巷子不宽、窄巷子不窄、井巷子很窄"，改造后的街道大体上保留了原来的宽度。

孙大爷介绍到，张采芹从1937年左右来宽窄巷子住了十多年，而后这里沉寂了多年，在约二十年前重新修缮。张采芹是四川美协的常务理事，实际上是负责人，因为他在这儿住的地方比较宽敞，协会也很近，就在人民公园那儿的祠堂街，解放前一个银行的楼上，还挂了一块牌匾，现在张采芹的弟子们打算把那里也腾出来搞成纪念馆。张采芹在宽窄巷子住的时间很长，抗日战争时期大量文化机关迁川，顿时成都人文荟萃，很多省外画家、艺术家移居到成都来，协会就接待了他们，在张采芹居住的院子里活动，一起商议、参加爱国行动。张采芹以各种方式积极支援抗战，慨然资助抗日活动，把美协的活动开展得很出色。他帮助许多来川的美术家举办画展，大力筹措经费，切磋办法，直至共同泼墨，总是不辞辛劳，尽心尽力。比如张大千、徐悲鸿在抗战期间都来宽巷子拜访过张采芹，徐先生主持当时已迁重庆的中央大学艺术系，常带学生来成都教学。他们举办画展也由张采芹一手安排，在地方搞过多次展览和艺术交流，所以这三位画家的交情非常好，有两件事情可以说明，这都被张采芹的两个儿子以及一批文人画家在故居举办纪念活动时写成了一篇赋，挂在墙上，由一个全国知名的书法家题字。他们说，当时张大千和徐悲鸿来成都都是由张采芹接待、一手安排画展，一方面是因为张采芹的活动能力很强，在美术方面也是全能，花鸟鱼虫样样精通，特别擅长画竹子，所以人称"张竹子"。徐悲鸿跟张采芹的感情很深，有一点可以证明，那就是徐悲鸿给张采芹画了一张全身像，而徐悲鸿给别人画像向来不画全身只画半身，唯独给他画了全身，这张画像已经收入了张采芹百年纪念画册里面。徐悲鸿去世后，他的家人在北京举办了百年纪念画展，这张全身相也特意被送去参加北京的展览，所以张采芹的百年纪念画册里用的是当时参展前拍的照片，原件送回去了，足见二人交情深厚。

1944年，张大千在成都的时候曾经和张采芹合作创作了一幅画作《雪鸦图》，张采芹画竹子，张大千画花鸟，并题写："甲申三月廿六日，友人从青城携雪鸦见赠，君墨、采芹、孝慈诸公来赏。采芹道兄对影写生，命予补老干新绿，并为记之。大千张爰"，也收入了百周年纪念画集。张大千去世的前两年在台湾，思乡情切，也非常怀念老朋友，1982年他亲自作了一幅西蜀名花垂丝的画叫《海棠春睡图》，由二女儿张心庆（另有一女张心瑞）从台湾绕道美国来成都，把这幅画带给张采芹，画上题有："七二十一年四月写呈采芹道兄赐留，老病缠身，眼昏手掣，不足辱教，聊以为念耳。大千弟爰，八十有四岁，台北外议座摩耶精舍"，绝句一首："锦绣果城忆旧游，昌州香梦接嘉州。卅年家国关忧乐，画里应嗟我白头。采芹老道兄教正，大千弟爰。"两位老人都非常感动。第二年也就是1983年，张大千在台湾心脏病复发不幸去世，非常可惜；而张采芹是1984年去世的，此前他在宽窄巷子住了有一二十年时间，然后搬到外面，先去支矶石街住了二三年，又去老文化宫后面的内江街，和他侄儿住在一起。现在这个侄儿应该也已经八十多岁了，比孙大爷小不了多少。张采芹的儿子张思孝说："《海棠春睡图》和

图7-18 宽窄巷子俯瞰风貌

《雪鸦图》在我家已经有几十年保存历史，看着这两幅画我们会经常思念父亲和大千先生。我们会一直保存下去。"如今，宽巷子35号的张采芹故居吸引了无数中外游客，成为了宽窄巷子富有意义的一景，它将永远纪念这位爱国画家传奇的一生和卓然天成的艺术风采。

宽巷子·闲

·1号附1号：碧塘宽月／1号附5号：半坡饰族／2号：正旗府／3号：宽巷子3号／

·4号：宽坐／6号：听香／6号附2-3号：香／7号：海棠晓月／7号附1-3号：四川三宝／

·8号：德门仁里精品酒店／8号附1号：天工物／8号附3号：KOKO casa／

·15号：宽度／16号：花间／17号：可居／17号附1号：潘豆／17号附2号：而已／

·18号：香积厨1999／19号：三只耳（试营业）／20号：天趣／22号：见山书院／

·23号：二十三号会馆／24号：锦华馆／24号附1号：水绘／25号：子非／25号附4-6号：茶马古道／

·26号：龙堂客栈／26号附1号：善食／26号附2号：囧BOX／

·27号：宽云窄雨／29号：兰亭叙／29号附4号：不二／29号附5号：木九十／

·31号：中国红／33号：滴意／37号：九一堂／42号：观颐／44号附1号：上海故事／44号附2号：谭木匠／

·46号附1号：蜀江锦院·锦绣精品馆／46号附2号：翠玉阁／50号：环太·民族风情园／

作为成都慢生活的典型代表，宽窄巷子里饮茶之所随处可见，院子里多是高档茶楼茶艺茶馆，零散摆在原住门口的茶摊也有，但是保留老成都竹椅、木桌、盖碗、黄铜大水壶的却只有张老七一家了，主打老成都盖茶碗。张老七茶馆面积不大，20平方米左右，可以放下五六桌桌椅，门口的路沿上还可以搭上3桌，晚上关门上10快门板，就是一家人的生活空间。这房子是店主张世建的岳父母解放后买下的，传说民国初年旗人最初的卖价是一石米。巷子拆迁时他不想走，搬走的话一家的生计就断了，不如留下茶馆，也留给儿子一个谋生之道。张世建说他家的房子还保持着几十年前的原样，一层的墙还是黄泥巴抹的，正对店铺的墙上贴着大副的毛主席像，边角已经破损，两侧墙上贴了些他和家人的老照片，还有宽窄巷子曾经的明星狗"西西"。以前很多人来喝茶就是为了来看"西西"，巷子里只要喊一声"开会"，西西就会叼起凳子送他去会场。前两年女主人杨大姐生病去世，西西站在门口哀号了很久。"其实巷子改造后文旅集团也知道它能成为招徕旅客的景物，很想留下他，但是留下西西，别人的狗怎么处理？"

茶客从街坊变成游客，总爱闹笑话。"要喝什么茶？""不是盖碗绿茶吗？""都是盖碗茶，茶叶不同，有绿茶有花茶，都是本地有名的茶叶，绿茶是竹叶青，花茶是飘雪。"一天人最多的时候是下午两三点和晚上七八点钟，不像那些老茶馆，往往上午10点多摆龙门阵的老人最多。

张世建喜欢里里外外地闲逛，招呼一声"喝茶不"，给客人们用短嘴的黄铜水壶续续水。他说："这个水壶才是老茶馆用的东西，长嘴茶壶只是这几年兴起的东西，冲茶没有味道了。"老竹椅靠着非常舒服，一碗茶一个客人往往都要来个三四泡，七八个热水壶灌满门口，客人也可以自己续水。天南海北的人聚在一个茶桌前也学着成都人摆龙门阵，本地游客会讲讲记忆里儿时的老成都，磋磨上一两个小时。茶馆就是给人坐下来休闲时光之处，一位客人头泡茶还剩了一半就走了，张家二姐不明白："怎么没喝完就走了，走那么急呢？"她没有收拾茶具，盖碗在桌上又放了很久，她总觉得那位客人还会回来把茶喝完。

老茶馆是宽窄巷子院落商业之外的留白处，营造出一个市井生活的场，张老七茶馆周围，有两种声音引人驻足，一个是卖小吃三大炮的摊位，"梆梆"制作中铜锣声作响，另一种声音则比较柔和，铁器震动发出清脆的颤音，来自巷子里"采耳"的技师，手里拿着一种形如镊子的器物。"这个叫音叉，成都人叫它响夹，听到就知道，采耳师傅来了。"女技师张燕说。所谓采耳，就是掏耳朵，在成都已经有1000多年历史，现在已经成为与茶馆文化共生的独特市井文化现象。

张燕说不清家里是从哪一代开始以采耳为业，她从小就在父母亲身边耳濡目染，20岁开始跟着父母在塔子山公园和附近茶馆等固定点服务。宽窄巷子做采耳的定点位置只有4个，两个在龙堂客栈门口，两个在恺庐附近。开街时张燕父女看好景点生意，就转移到宽巷子。"一开始外地游客好奇但是感到害怕，不敢尝试。现在慢慢了解后才知道采耳真是很舒服的事情。"采耳时，技师头上戴着头灯照亮，左手往往会拿着近20件纤细的工具。主

图7-19 宽巷子掏耳朵的师傅和惬意享受服务的游客

图7-20 宽巷子的街头节
目采访，主持人请路人猜
词，答对有奖

图7-21 宽巷子的街头秀和
茶楼

要是各种大小的挖耳勺、毛刷子和镊子，这些都根据每个人具体耳道大小
选择使用。客人放松地靠在躺椅椅背上，技师先用细长柄的挖耳勺轻轻在
耳道中刮取，然后用小镊子夹出，感觉非常轻盈，甚至感受不到器物与耳
道壁有接触之感。"采耳眼要准，手要稳，甚至连呼吸都要放慢、放轻，
以防影响手的动作。"之后采耳重要的享受环节就是耳道按摩，头部一撮
细白绒毛的细长柄小刷子被插入耳道，那撮毛是鹅毛，而且是鹅尾巴间上
那撮细毛。接着音叉派上用场，技师用一只手的拇指和中指在音叉没开口
的一段拨弄，再用颤动的音叉去触碰刷子柄，高频率的细微震动顺着刷子
传导到耳道中，细鹅毛轻轻按摩着耳道壁，原来音叉是传统社会由人力驱
动的震动按摩动力源。 张燕说，采耳能在成都盛行不衰和成都对安逸舒
适的生活追求密不可分。①

①参见三联生活周刊
副刊专题《宽窄巷子里的微
观成都》

第三节

见微知著·贯隐于市

沉静窄巷子

窄巷子凸显着慢生活，是反映小资情调的载体，也承托着建筑美学与历史文化，各种东方的西洋的显隐样式在这里恣意地释放着对精致生活的理解。朱光潜先生在《给青年的十二封信》里动情地说道："我时常想，做学问，做事业，在人生中都只能是第二桩事。人生第一桩事是生活。我所谓'生活'是'享受'，是'领略'，是'培养生机'。"在窄巷子，有丰盈多姿的文化产业和特色经济，有诗人、音乐、酒吧、咖啡和电影，浪漫的现实主义和精明的生意之道螺旋般交织，商业价值和品牌的力量厚积薄发，人文内涵和生命的意义喷薄欲出，正可谓：

> 结庐在人境，而无车马喧。
> 此中有真意，欲辩已忘言。

"品在窄巷子"，来到这儿的人一定不会错过此起彼伏的精彩亮点。窄巷子的业态以餐饮、休闲、文化、商业等为主。这里是幸福生活形态的集中体现，是最成都的生活，在巷子里品味悠闲的下午和时光的停驻。窄巷子，感受幸福时刻的成都。窄巷子是老成都的"慢生活"，改造后的窄巷子展示的是成都的院落文化，上感天灵，下接地气。成都是天府，窄巷子即为成都之"府"，这种中国式的院落文化代表了一种传统的精英雅文化。通过改造，窄巷子绿植主要以黄金竹和攀爬植物为主，街面以古朴壁灯为装饰照明，临街院落将透过橱窗展示其业态精髓。窄巷子如今的业态以各西式饮食文化、轻便餐饮、咖啡、艺术休闲、健康生活馆、特色文化主题店、会所、主题文艺商业为主的成都休闲精致生活品位区。

窄巷子在清代名为"太平胡同"，清兵的进驻给了战乱中的成都人希望，胡同的命名也代表着人们对生活的美好希望。巷内多为清末民初的建筑，整体上吸收了西洋风格。由于传教士的活动，成都地区一度盛行天主教，后期的外国商人为了寻求教会的庇佑，也在窄巷子购置房产、改建房屋，使得窄巷子的建筑风格带有明显的西洋特征，同时又不失传统风格，形成了中西合璧的包容文化。如今的窄巷子既有清末民初的建筑，也有早期西式洋楼，精致和格调是这里的代名词，最能体现宽窄美学的地方。

《行走在宽窄之间》这样描写了窄巷子，说它是"一条小资最爱的情调延长线"：

> 如今，时尚品牌把窄巷子继续熏陶成风味和情调各异、精致与格调相竞的高品位街区。跟宽巷子一样，这里也有二十几家院子，只是偏向走西餐、咖啡和艺术休闲的路线，所有的商铺都充满了中西合璧的特色。青砖灰瓦之下，看上去显得很古典的四合院内，一杯香茶或者咖啡，融散着小资们最爱驻停的那种温馨情调。
>
> 在那里，艺术家做出了朦胧，连一碗小面也体现着形而上的学问，在那里，咖啡的味道其实是对一截时光的唯美理解。空气里飘着些图画出的语言，当中有西洋的哲学和东方的玄道，在肤浅中深邃，感觉全在毫无道理的某一瞬间，由此，情浓而语淡，臆想便撒在店家无处不在的创意中间。

在窄巷子的星巴克，我们偶遇了一位阳光时尚的年轻男子孙先生。他自我介绍说今年33岁，是成都本地人，自己偶尔会来宽窄巷子，主要是跟朋友一起喝咖啡，来这儿休闲小聚。虽然他是成都人，其实平时都不在成都，每次回来待的时间并不长，因为长期在澳洲留学，但只要回国就会来宽窄巷子坐坐，觉得这里的气氛比较好。孙先生在墨尔本生活了9年，专业是金融学，他认为"宽窄巷子的建筑空间很难得保留下来了，因为以前'破四旧'的时候弄坏了很多有价值的建筑物，现在难能可贵地保留了这么一大片，可能修缮了一点，基本还是把原样给留下来了，小时候对这一带的印象也跟现在差不多。几乎都是按照恢复原貌的那种修法给修出来的，感觉是修护性的，不是那种破坏的建设，这点很难得。很多这样的老建筑都没有了，本来成都有几大城门，已经推倒消失了。成都跟北京一样是古都，有很长的历史，可惜渐渐地很多历史的东西就见不到了。"

孙先生喜欢到宽窄巷子的一个重要原因是："别的地方都太类似了，没什么好去的，到处都修得差不多，比如星巴克在别的地方都一个样子，但在这里却古香古色，很有特色。我会选择人少的时间来，不过觉得现在人还是很多。"我们的访谈并不在上班时段，此时的宽窄巷子已经快被熙熙攘攘的人群给挤满了。孙先生正在等候朋友的到来，为了消磨时间，他坐在星巴克临街的藤椅上翻看着一本书。他说："成都好玩的地方挺多的，但是要看是什么目的，我爱跟朋友约在宽窄巷子聚会，却不愿在这里吃饭，因为感觉这里挺贵的（虽然从没吃过），似乎这里的餐饮都是针对游客的，本地人还是以休闲为主，来宽窄巷子坐坐聊聊，喝喝咖啡，泡茶放松，但如果只是为了吃饭过来还真没想过。"

孙先生还记得"童年时候的宽窄巷子是住人的，一整片居住街区，现在以旅游观光为主，做成了这样子感觉还蛮好的，童年记忆也延续了。我在澳洲有很多朋友，包括华人和外籍人士，这两年知道宽窄巷子的人越来越多，以前是武侯祠、锦里比较有知名度，而现在宽窄巷子的名片打出来了，名气的确得到了大大提升，比如电影《功夫熊猫》号称就是在这里取的景，把宽窄巷子和青羊宫的东方感觉融合了起来，老外对此很感兴趣的。"

今后回到澳洲学习工作，孙先生还会继续把中国文化介绍给朋友，并把宽窄巷子推荐给他们，而朋友们若是到成都则肯定会带他们过来。如果评分的话，100分是满分，孙先生会给宽窄巷子打85分以上，他认为从各方面来说对这里还是比较认可的。

在窄巷子中段路边座椅，我们和徐先生聊了起来。他是安徽合肥人，35岁，干练大方，见多识广，来成都出短差，下午转一下明天就走了。"虽然已经来过成都好几次，可这回才有空第一次来宽窄巷子。"徐先生说自己出差比较多，"全国各地都跑遍了，所以已经不太喜欢旅游了，但通过很多方式太知道宽窄巷子了，无论是电视台、网络媒体还是报刊都看到过；而且别人还推荐，说如果你来成都，你一定要去宽窄巷子，我说那好呀，下午正好没事就过

图7-22 访谈照片：窄巷子星巴克孙先生

来溜达一下，于是就一个人来了。现在转了一会之后有点想法要留下来吃晚饭，但听说有些馆子是要预定的，否则还进不去，那就吃点小吃也不错。"他笑称估计只要来成都旅游的人都会来宽窄巷子转转的，名气太大了。

徐先生走南闯北去过很多地方，他认为"宽窄巷子算是留下挺不错印象的地方，最大的特点是宽、窄和井巷子三条连在一起，很有特点。之前并不十分了解这儿的历史，但来了之后通过看到建筑的样貌、很多中式的风格，就会有了历史的感觉。这里保留了原来街巷的特点，有老的味道。"

徐先生还找到了宽窄巷子和别的地方之间的差别："比如中国有很多老的建筑，无论是在安徽、江苏、浙江，什么乌镇、同里、周庄等很多很多，我认为宽窄巷子更好之处在于，如果人们来了成都不到这儿，就根本体会不到什么叫休闲。别的地方商业街都大同小异，高楼大厦玻璃钢筋，可宽窄巷子是在高楼大厦里藏了起来，带有原汁原味的地道的小街小巷情调。这里多多少少能增加一点文化的元素和人文的气息，强烈的历史的感觉能让大家走得很快的脚步放缓一点，我觉得这点很好。宽窄巷子现在成了一个旅游的景点，商业的气息有点重。这里吃的可能不是那么地道，要到老百姓居住的地方会吃到更地道的美食，就是那种苍蝇小馆子才更有效果。但是宽窄巷子可以走一走，看一看，还有文化的气息，挺好的，再听一听、讲一讲这儿历史的传说就更好了。"

徐先生对建筑也很感兴趣，他说了自己的发现："宽窄巷子跟徽派建筑不同，不是那种粉墙黛瓦，刷白墙，这里的屋檐、门柱、木托墩子都不同，有四川民居甚至北方建筑的影子，恰恰是那句口号'宽窄巷子最成都'，非要来了这儿才能感觉到什么叫成都，真是个缩影。"他还希望"整个成都城里面都是宽窄巷子这个样子，可惜不行了"。徐先生说，是"因为最早没规划好，现在更做不到。如果能多保留一点该多好。比如去浙江绍兴，留着很多老街，而且还没有商业化，就是原来的老街修一修还住着人，也挺有意思。我盼着以后在老街周边新盖的建筑也仿造类似古旧的样子，以达到浑然天成的效果，这样无论建筑风格、色彩都比较接近，会更自然"。

在访谈完徐先生后，我们继续前行，在窄巷子铜人大树石台附近，迎面被两位端着长镜头单反相机的潮人抓拍了几张照片。走过去一问，他们是好朋友，郑先生和李先生，都是本地人，40岁，摄影发烧友，自由职业者，"经常来，一般午后就过来，不会特意挑周末。我们喜欢拍人文的片子，觉得宽窄巷子的人文气息比较浓，也很自然；人们在这里的表现非常和谐，在这里不需要跟拍、摆拍，随便走来都是风景。也去过锦里，觉得那边购物的气氛更浓，游客比较多，而宽窄巷子购物是不留痕迹的，商家都要进

图7-23 访谈照片：窄巷子里采风的两位摄影发烧友

第七章 宽窄人文：
细品慢琢悠享精致生活

279

门买卖，相对创造的氛围更好，临街的这一面营造出轻松自由的感觉，如果到处都是买东西、满街的购物没什么意思。"郑先生和李先生一般在这里拍人像，不同系列，有街巷环境的烘托容易出效果。他们殷切希望"商业味不要太浓，邻里关系、亲切自然才像老成都。四川现在打造不少外地人喜欢，但本地人不觉得地道的地方。还比如说丽江，已经变成完全是购物的地方，人们去那儿消费却体现不了人文，可能是中国人把赚钱放在了文化前面导致的，经济是第一位，文化第二位。"

几年前，成都诗人石光华写了本《我的川菜生活》。有些讽刺意味的是，这比他之前20年的诗卖得都好。正在招商的文旅集团因此找到他，让他把纸上川菜变成现实，来宽窄巷子挑个院子开餐馆，租金减半。石光华自嘲说，成都人真是爱吃，诗人也都开了餐馆了。

他挑了宽窄巷子里最开阔的一个院子，灰色民国建筑中西合璧，围合的庭院正好有一棵巨大的梧桐树。对石光华来说，这样的院子里有诗，有酒，有月白风清就已经足够；不过真正开个餐馆并不是文学想象，"遍地是钱，满身是铜"。他找来合伙人，做成经营高档川菜的"上席"，由川菜大师黄敬临坐镇川派慢餐，比如牦牛头方取的是牛的头皮，硬而不易嚼，最早和夫妻肺片一样被厨师视为下水，黄敬临则用 8 个小时来煨汤，直到酥香如豆腐。"上席"最低消费每人380元，石光华平时并不在这儿吃饭，去宽窄巷子的另一个诗人李亚伟开的"香积厨"，那里才是这个圈子的食堂。

石光华的隔壁，是好朋友翟永明的酒吧"白夜"。院内最显眼的是两段土墙，用玻璃罩着。翟永明直言自己买这个院子太冲动："看到这堵墙，就喜欢上了。还有这棵枇杷树，我一看就像，可以在树下搞枇杷诗会。"被石光华拉来这里，让翟永明想象一种院落式的生活："门口让设计师做了装置，水池上刻上了一些诗，有薄薄一层水漫过。"她最初担心这么商业化的地方能否有那种圈子氛围，如今看来成都文化人什么地方都能适应，每个月都要搞一次上百人的诗会、影会，高峰期每天营业额上万元。刚来宽窄巷子时石光华开玩笑说，什么时候把"上席"开个门，把隔壁"白夜"给吞了。现在"白夜"生意更好，翟永明说要开个门把"上席"吞了。

合作愉快，文旅集团一度又想让石光华在宽窄巷子里再开个火锅店，"别人开每月最低每平方米140块钱，你只要70块"。石光华说，这不是因为他开餐馆有多年，而是文化人的活招牌，代表的是成都当代的活着的文化。"成都的风景、建筑都拿不出手，但一直是一个诗人之城。80年代到现在，诗歌、艺术一直在边缘化，成都却是个例外，这是由成都平原的气候、格局、生活带来的，也没有那么文人之间的观念、派别之争，就是大家在一起玩。"石光华认为，宽窄巷子里有很多所谓文化是在贴标签，而文化是慢慢浸润、生长出来的，人的基因更重要。他提起自己早年一句诗："梅花树下种胡豆"，是在成都郊外看到一幕真实场景的还原，让人想起阳春白雪和下里巴人共存的意象。如今，梅花树任栽，胡豆少了。

一群学规划设计的人做餐饮，窄巷子"三块砖"会所负责人方显东说这个跨界还是充满了各种磕磕绊绊的经历，好在包间少，厨房供应几个包间的菜品就够了，还是在主题上下的工夫更多些。预约时他们会跟客人沟通，请的什么人，什么性质的聚会。比如面对官员，推出一个以"竹"为主题的菜品，"竹子开花节节高，寓意能够高升"。他们还想以周易和古琴为核心，形成一个文化圈子。"我们弹古琴都是古曲，能不能一起搞些古琴创作？"

每晚20点，窄巷子"成都映像"里的川剧锣鼓就喊喊嚓嚓响起来了，大厅里再也找不到一个空座，食客都变成了观众。川剧无疑是成都标签，只是近几年渐渐被遗忘了。这里又把人带回了传统的戏园子，雕梁画栋的环形空间里，楼上楼下都是喝茶听戏的人，一座古雅戏台在中央升起。这座"窄天井"剧团的团长熊剑对我说，这是传统的万年台，四周雕刻着二十四孝图样，让他想了小时候在县城大庙门口看戏的场景，戏台搭在庙门口，陶醉的观众仰望着。

①参见三联生活周刊副刊专题《宽窄巷子里的微观成都》

熊剑和台上唱戏的人都是成都川剧院的演员。2008年，"成都映像"的老板找到川剧院演员副队长熊剑，说想在宽窄巷子建一个剧场，演传统川剧。熊剑心里没底，他们平时接的商演都是娱乐性的，川剧和杂技、评书穿插，带一个CD过去放背景音乐，行头、戏码都不用像在剧场演戏那样准备齐全。正儿八经的传统川剧，观众能接受吗？这间院子地下挖出来的"窄天井"让他惊喜，在院落天井营造出一个独立剧场空间，将一楼餐厅的嘈杂隔开。楼上还有一些小包间，客人可以点戏，楼下可以听戏也可以吃饭。

熊剑的父母都是县川剧团的演员，他3岁就开始登台唱《艳阳天》，从小吃川剧饭长大的，即便如此，在20多岁眼看川剧一路下坡，演员生计艰难时，他也一度转行。"小时候父母根本没时间管我们。早中晚每天3场戏，场场爆满。印象最深的一次，80年代末，有一个名角来县里唱戏，楼上最后一排有 3 张票临时有人退，从县团铁门外伸进来抢票的手，像树林一样。"后来，就一年不如一年了。90年代四川的县剧团都拆了，现在已经波及各地市了。熊剑说，如今团里每一个人都和他们一样，平时在成都各处商演，这已是演员的主要收入。传统演出只剩下每周六下来在悦来茶馆的一场，为下面的300多老观众唱戏。"他们一听就听出我今天哪句唱得好，哪句唱得不好。"

"窄巷子"里的戏台尽管漂亮，但也窄小，"只有我们在悦来茶馆演出戏台的一半大小"。熊剑说，他们要为这个场地和观众量身定做。要有观赏性，但舞台所限，每一出戏都只能有一个人，最多两个；选段要上口，但川剧由五种唱腔糅合而出，找一段上口的并不容易，好在川剧有很多吸引人的"绝活"：变胡子、藏刀、牵眼线。当然还有变脸。不过，熊剑还是希望尽量在几出戏里展示川剧的不同侧面，四功五法、手眼声法。"如果说川剧是一大锅水，变脸只是其中一小瓢。"无论如何，宽窄巷子的演出行头都跟悦来茶馆里的传统演出一样，熊剑说，希望能把更多的年轻观众从这里吸引到悦来茶馆，听一场完整的大戏。①

窄巷子·品

- 1号：三块砖 / 2号：偶尔 / 3号：王红E定制 / 3号附1号：莲花子 /
- 3号附2号：群英绘 / 4号：尽膳河鲜馆 / 8号：里外院 / 11号：大妙火锅 /
- 12号：MY GYM / 13号：品德 / 13号附5号：吉娜与牛 / 16号：成都映象 /
- 17号：隔壁子 / 17号附1号：枕中记 / 18号：MY NOODLE / 19：碎碟音乐咖啡 /

- 20号：MY COFFEE / 21号：点醉 / 22号：星巴克 / 25号附1号：竹叶青 /
- 26号：龙喧 / 28号：隐园 / 29号：柔软时光 / 30号：瓦尔登 / 32号：白夜 /
- 33号：琉璃会 / 35号：胡里酒吧 / 38号 上席 / 39号：蓉荟会馆 /
- 40号附3号：73·村工皮艺制品创意空间 / 40号附4号：追银族 /
- 40号附5号：莲上莲/ 45号：公馆菜 / 51号 景德镇瓷艺 /

第四节

包罗万象·御世浮绘
繁华井巷子

留存记忆的文化墙，凡尘中一处逍遥景，是井巷子让人印象深刻的地方。纪念、追思、致敬，非物质文化遗产和手工艺者在此得到了最大的尊重。日常生活审美化，注入人文内涵和历史韵致，昔日好时光的侠骨柔情和快意恩仇氤氲在风中；这里发生着诸多故事，也有厚重的过往。著名学者雷蒙·威廉斯（Raymond Williams）在其《文化分析》一文中指出："每一代继承者接受着前辈的训练，沿袭并重铸着社会文化模式。"[1] 文化和艺术是最常见的传承形态，而且在不断改善中演化，这也是历史文化街区作为历史事实赋予人类社会文化进程的意义。它们的现存状态并非静止不变，而在未来的作用是不可预料的，从留存记忆到记录过往，均保有独特的重要性。

人们试图借此抹去现代文明和工业社会的痕迹，回归无欲无求的自然状态。每个时代都有属于自己的印记，承载着社会群体记忆、经验、观念的集合。这个过程伴生着历史的崛起和文化的影响力，它们与人们怀旧心理的关系微妙，以一种特殊的存在方式，收放自如地书写着历史，相得益彰地建构起一座绮丽的文化景观。伯纳德·鲁道夫斯基这样说过："街道不会存在于什么都没有的地方，亦即不可能同周围环境分开，街道必定伴随着那里的建筑而存在……其生存能力就像人依靠于人性一样，依靠于周围的建筑，完整的街道是协调的空间。"紧邻窄巷子南面的窄巷子亦如此，踪影心迹，处处可循。

泡在井巷子是很多人的梦想。不离于尘，不囿于世；不越灵天，不

[1] 雷蒙·威廉斯.文化分析.转引自：罗钢，刘象愚主编.文化研究读本.中国社会科学出版社，2000.132页。一代人训练自己的后继者，在社会特征或一般文化模式方面获取尚好的成功，但是，新的一代人将有其自己的感觉的结构，他们的感觉结构好像并非"来自于"什么地方。文中指出极为独特的是，在这里变化的组织产生于有机体中：新的一代人将会以其自身的方式对他们继承的独特世界做出反应，吸收许多可追溯的连续性，再生产可被单独描述的组织的许多内容，可是却以某些不同的方式感觉他们的全部生活，将他们的创造性反应塑造成一种新的感觉结构。一旦这种结构的载体死去，文献式的文化是我们接触这种重要因素最便捷的途径。

困心渊。井巷子的业态则以酒吧、夜店为主，吸引了大量年轻人前来此地。试想一下，落日熔金，暮云合璧，云霞尚满天，当夜晚悄然降临，人们渴望在繁华的一隅浅酌，别样的洒脱从容，应了孔子所说，"直在其中矣"。这不仅是一种生存方式，更是自我觉醒的生活态度，而井巷子恰好提供了绝妙的场所。这里是成都的时尚前沿发布站，是国际流行趋势的风向标。沿袭了宽窄成功的商业模式，窄巷子有精准的商户统计和精挑细选的业态。开放多元的消费空间让现状得到了最大的改善，回归服务同时注入了风情，这里立即显得与众不同。从某种层面上来说，井巷子象征着老成都的"新生活"，意味着充满想象力，无限可能的未来和希望充盈于此。摩登的现代生活为井巷子注入了强大的活力，带来源源不断鲜活的能量。

井巷子过去名为"如意胡同"，后因巷北有明德坊，又称"明德胡同"，辛亥革命后改名井巷子。据说康熙年间，大批的清军驻扎在少城内，人口的密集使得这条巷子的用水成了一个问题，于是就在巷子西口凿井取水，井巷子也因此得名。

如今的宽窄巷子一面为原有街面，一面为历史上各个历史时期的墙和民俗影像。在井巷子有一段400米东西朝向的墙体，用最古老的建筑物质元素——砖，垒砌台、城、墙、壁、道、碑、门、巷的历史文化片断，羊子山土坯砖、秦砖、汉砖、唐砖、宋砖、明砖、清砖、火砖、七孔砖、民国砖、水泥砖、瓷砖，阐述千年古都，演绎百年老宽窄巷。井巷子的这段文化墙是宽窄巷子历史文化保护区重要的文化节点，在保护区占有独特的地位。在2008年5月12日，彼时刚竣工的井巷子文化墙在5·12汶川大地震中丝毫未损，经受住了8.0级强烈地震的严峻考验，正如四川人坚韧自强的品性。这段砖墙是国内唯一的墙体"砖"历史文化博物馆，它代表的不仅是建筑和艺术，同时代表着历史和魂魄：它既是成都建筑史的展示，是一座城的记忆；又是成都兴与废交替的建筑史的展示，是一段历史的承载。文化墙巧妙嵌入宽窄（井）巷子历史文化街区，具有独特的物质文化气质及非物质文化元素记忆。

如果说宽巷子、窄巷子完美阐释了成都人的休闲与安逸，那么井巷子则是典型的民俗成都缩影。除了引人入胜的墙文化，井巷子还汇聚了成都特色小吃、民俗玩意儿，展现着地道老成都生活的独有味道。

位于井巷子11号的大妙火锅店，2014年3月25日着实火了一把。因为这天，美国总统奥巴马的夫人米歇尔访华，携女儿们来到了这里。既然到了成都，怎能不吃火锅？[①]据了解，"大妙"2010年起在宽窄巷子营业，能容纳200多人用餐，美国驻成都总领事馆工作人员常来光顾。该店24日下午才

知悉美国第一夫人米歇尔将前来吃火锅，此前只是被告知将有外宾到访。据
大公网报道：下午5点，米歇尔一行来到最具成都特色的宽窄巷子游玩，并
在一家名为"大妙"的川味火锅店就餐。据该店介绍，米歇尔一行6点40分
抵达，随行还有美国驻成都领事馆以及中方陪同人员共40余人。米歇尔一
家四口坐在"大妙"大厅右前方的卡座位置，陪同人员则散坐四周。据悉，
米歇尔对澳洲肥牛情有独钟，吃完之后还特地再叫了一盘。这道菜也是该店
卖得最火的一道。7时许，表演节目开始。舞蹈节目《红灯笼》，京剧《扈
家庄》、《美人鱼》，选秀舞，《春到御花园》以及川剧《变脸》六个节目
相继上演。米歇尔及家人对《变脸》最喜欢。"他们观赏时都看呆了，节目
结束时拍掌也最为热烈。"临走时，米歇尔还拉着表演的姑娘不断说"神
奇！""她很注重细节，也很体贴。"工作人员说，她在给米歇尔一家添菜
时，米歇尔发现盛有红酒的酒杯阻碍了操作，于是轻轻移开酒杯，待菜加完
之后，又将酒杯移回原位。8时15分许，米歇尔一行离开。该店负责人称，该
店计划推出美国第一夫人火锅套餐，吸引更多食客。

　　通过规划改造，延续传统、焕发创新的井巷子将是宽窄巷子的现代元
素密集地，也是宽窄巷子最新潮的空间。井巷子将形成以酒吧、夜店、甜品
店、婚场、小型特色零售、轻便餐饮、创意时尚为业态的时尚创意娱乐区。
准确的定位实现了宽窄巷子从原有的单一居住功能向居住、商业和文化多元
化、多功能的转变与和谐共处。

　　《行走在宽窄之间》里记录到：

　　　　改造后的井巷子只剩下半边街面，在街的另外一面建起了一道历代砖
　　文化墙和民俗留影墙，而在留下的那一边，有十几家各具特色的院子，经
　　营着趣味横生的大众口味饮食，被认为是市井老成都的情景再现。

　　　　民俗留影墙上有一些老成都的表情，它用过去的照片喷绘成巨幅，再
　　用雕塑做成有实物感的浮雕墙面，让人过路时间就能够看到过去成都人杂院
　　堆藏、天井搓牌、院前喝茶、街沿斗鸟、雨天卖菜、当门刨饭的生活场景。

　　　　作为著名的宽窄巷子中一个完全合理的组成，井巷子所具有的品质与
　　前面两条巷子有着同样的历史分量，如今半边街的模样更加表明了它的沧
　　桑。在有商铺的一边，它们是所有宽窄巷子中排列的延续，同样精致畅心
　　的庭院，同样人声鼎沸、熙来攘往的街市。

　　据说当年居住在井巷子的满人地位较低，多为仆人、家丁，所以房屋比
较破旧，时过境迁，现在井巷子就只有半条街了。这段墙是28中学的围墙，

①酒斛网报道：账单
上显示，美国第一夫人这顿
火锅总共花销1316元。一瓶
杰卡斯的珍藏西拉，花费518
元。另外，菜单中最贵的是
188元一份的澳洲肥牛——
澳洲酒配澳洲肥牛。这一顿
200美金的晚餐，既不奢侈，
也不寒酸，既享用了美食，
也领略了传统特色文化。火
锅，无疑自然是最好的选
择。饕餮之味来得痛快，成
都的朋友们，赶快照着这份
单子来一份吧：香菜丸子，
澳洲肥牛，土豆，花菜，菇
类拼盘，大妙神豆花，干
面，大白菜，鹌鹑蛋。

艺术家朱成因地制宜地打造了这段国内唯一的墙文化博物馆，长达380米，是他最拿手的二维半雕塑。他搜集城砖从几年前就开始了，还专门找了一个干过搬迁的包工头给他通风报信，去搬迁现场搜寻砖瓦、门牌号，甚至是花台、洗衣台。现在他把那些收来的不同年代的砖集中在一起，创作了这面巨幅历史场景。

历史文化景观墙的"砖"是通过民间征集、捐赠等方式获得，并从中精选而成，是文化墙的物质载体。"成都曾有1400多条巷子，现在除了宽窄巷子，只有这些残墙了，只有这些砖瓦里还留下些历史信息。"从这些搜集来的城砖中，朱成选取成都3000余年历史中各个朝代的代表，还原当时的材料和砌法，比如早期的金沙竹泥、羊子土坯，一直到明末毁城、保路砖牌，甚至是近现代的火砖、蜂窝煤砖等。他在宽窄巷子也发现不少旧砖，小洋楼的院墙中就混合了唐、明、清历代的城砖，他拿来一部分嵌在了文化墙中。朱成希望来宽窄巷子的人也来看看这面墙，感受每一块砖里的信息，像面对老成都的历史一样。

朱成明白，他在宽窄巷子里做的文化墙，实际是把消失的古城变成现代城市里的一片"景片"。他采用"二维半"的手法，将二维照片展示的近现代市井生活嵌入三维的历史文化砖墙中。在拴马石遗迹旁，他做一个马的照片，马头部分以半浮雕突出，成为游客争相拍照的背景。这种"疑似景观"的"景片"也像照片一样，有多次传播功能，游客们由此对传统建筑的发现、合影、争议都可能成为一种新的文化景观。[①]碑刻上记载着：匹匹历代古砖到片片近代老砖又到块块现代新旧砖，其中残断、印痕、斑迹，以独特的装置、垒砌、陈列与历代地图、图像、图景嵌合并置，记载、纪实、记录着消失的时空气质与信息记忆。整段砖墙分为三个篇章，历史的背影：宝墩遗城、金沙竹泥、羊子土坯、秦筑城郭、汉砖遗风、唐建罗城、宋砖古道、明末毁城；历史的直面：满城残阳、保路砖碑、法楼窗棂、皇城残影、万岁展馆；历史的表情：巷窄回眸、夹道洗刷、公馆封门、街沿斗鸡、杂院堆藏、天井搓牌、专门喝茶、土墙鸡琢、砖混篱笆、半巷刨饭、窄巷水凼凼、宽巷暖烘烘。

其实，变化并不是一种难以接受的事物，有些变化甚至是必需的。在都市夹缝中创造生活，在历史变迁中创造片区。著名城市地理学家大卫·哈维在《巴黎，现代性之都》中指出，现代城市改造和重建始终面临着一个内在困境，即"理性规划"以"创造性改变"为前提。这就使得原来城市的历史传统和文化风貌成为需要克服的对象，而且历史、文化和社会传统越深厚的城市，越需要经历这种过程。藤本壮介说："我的概念是'反问建筑之初'，即重新解读和创造建筑与自然的关系、内部与外部的关系、身体与建筑的关系，接着将它们转化为新的空间与生活环境。"用虔诚的智慧构筑新生活，改造和创想未来的居住环境，建设不仅合理而且美丽的历史文化保护区，井巷子作出了有益的尝试，风物长宜放眼量。

①参见三联生活周刊副刊专题《宽窄巷子里的微观成都》

井巷子·泡

·6号：味典/ 8号：市井生活 / 10号：西蜀映象12号：莲花坊 / 16号：荷欢/20号附5号：古今茶语 / 20号附2号：熊猫屋 / 20号附3号：漆重门/

——悠游宽窄

不同时段，宽窄的美和乐趣都不同。

宽窄的闲，渗透于巷子的每一处。那些半躺在巷口竹椅上悠闲喝着盖碗茶摆龙门阵的老人们，那些放学回家唱着儿歌在巷子里闲嬉的孩子们，那些在静静的岁月里独自葱郁凝翠，幽闲爬满灰砖矮墙的藤蔓和野花们……无一不体现着宽窄的闲逸美学。而当夜晚来临、华灯初上时，宽窄巷子又会换上另一副"变"的魅惑面孔。音乐、美酒、佳肴……

成都最恣意最个性的一面在这里尽情展示。开放、多元、动感的空间，在宽窄对立又统一，兼容并包、为我所用的时尚性、现代性在这里体现。

宽窄，有最成都的界面、最成都的节奏、最成都的滋味。

10：00——成都生活，大有可观

宽窄的一天可以从井巷子开始。井巷子的文化墙，是全国唯一以砖为载体的博物墙，成都历史浓缩于此。走进四川唯一一家以熊猫为题材的礼品创意零售店熊猫屋，感受"滚滚"们无敌的可爱。旁边就是民俗家具馆古今茶语，各种传统手工家具够你瞧上一阵的。巷子里琳琅满目的花车，完全是成都民俗文化的缩影，走马观花就能了解个七七八八。女性特别推荐窄巷子40号莲上莲，异域风情的服装和饰品，另类的时尚，成都的新鲜、时尚尽现于此。

转去宽巷子和窄巷子，许多的小店也让人不虚此行，从瓷器到珠宝，充满设计感和质感；本土化的纪念品则令人耳目一新，是最有心意的手信代表。巷内随处设置的小景，是休息和拍照留念的好地方；上午各个院子大都没太多客人，闲逛再合适不过。

看点：砖文化墙、熊猫屋、拴马石、院落、光影艺廊

12：00——百菜百味，各院各景

享受成都，享受成都人对美食的精致追求，宽窄是再好不过的地方。地道的

小吃，精致的大菜，豪华的大餐，异国风味的西餐……宽窄简直就像万国美食博览会。

在宽窄，你可以按照主题来吃：有养生主题，有豪放主题，样样精彩；也可以按照派系来吃：川菜、粤菜、湘菜、江湖菜，派派好味；可以跟着名人一路吃将过去：那里是高文安的面店，这里是王菲品尝过的川菜，那边还有李亚伟的餐厅，在宽窄，遇见美食的同时也邂逅名流，几乎已经成为这里的惯例。

宽窄的神奇之处就在于，贵贱同台，一元一支的烧烤同场PK成千上万的鲍鱼花胶，完全不输场。你可以站在路边随口叫上一份三大炮，有吃有看，乐趣十足。也可以在私家会所包下整个红酒窖，来场奢华派对。随性随情，自由自在，才是宽窄美食精神的关键所在。

吃处：成都映像、市井生活、大妙、宽坐、九一堂、宽度、茶马古道

14：00——不闲不算来过宽窄

体会成都，体念成都的那份闲情逸致，方可一窥成都精神的精髓所在。宽窄巷子，品茗，休闲，缠绕出生活不同的情调。

和煦的午后，慵懒散漫的日子。在闲庭碎步间，掠过宽窄巷子斜长的身影，柔软时光的游离。茶香通幽的巷子，弥散着老成都的慢节拍。巷子中每一处品茗的院落，同是茗茶处，却能品出不同味。这里有轻纱曼罗的"可居"，仿佛穿越了时光。这里有园林景致的"里外院"，沉淀浓醇香茶的艺术蜜意。这里有"见山书院"伴流水，感受盖碗茶的闲情小调。

在宽窄巷子喝茶其实很容易体现成都人的平和心境，老老少少，嗑嗑聊聊，芸芸众生在这里倾诉他们的家庭琐事，喜怒哀乐。通常，几杯香茗下肚，什么眼涩、神疲、烦恼都一股脑扔到爪哇国去了。到了黄昏时刻，起风，树叶发出沙沙的响声，细小的花瓣和落叶径直往茶杯里扑，有人站起身准备回家。也有人望着渐渐降临的暮色而恋恋不舍。

品茶：可居、听香、花间、黛堡嘉莱、瓦尔登、碎蝶咖啡、星巴克、见山书院

20：00—斑斓巷陌

对于宽窄的夜生活而言，和世界任何一座城市并无本质区别，只是这里有最好的关于旅行的故事，有大屏幕，也常常举行各种活动。拥有不一样的心境，就有不一样的娱乐。也许坐在你身边的那个貌似文弱书生的男孩，正在神采奕奕地讲述登上哈巴雪山的故事；也许你身后的那个妙龄少女一边端着酒杯豪饮，一

边自豪地讲述自己走过的惊险旅程，而下一次的旅途你正好与她同行。听着颇有情调的音乐节拍，思绪可以任意飘忽。安静起来像一个隐蔽深山的两个人的咖啡馆，热闹起来又如一次狂欢的旅途。

　　泡吧：柔软时光、白夜、隔壁子、品德

第八章

宽窄模式：

以立体文化为轴心的未来和有机更新的战略思想

复礼兴雅谐自然 · 智谋慧能安人居

凤凰涅槃·一飞冲天

宽窄巷子的重生与复兴

悟以往之不谏，知来者之可追。

"历史街区更新不是简单的房屋修缮和物质形态的封存，而是涵盖了对政治、经济、文化和社会等诸多问题的综合解决，更重要的是实现城市的复兴，为城市的未来发展寻找新的方向。"清华大学副教授、北京华清安地建筑事务所有限公司总经理刘伯英，作为始终在历史街区保护和更新最前沿的实践者，在《生活的重生—成都宽窄巷子历史文化街区景观工程后记》一文中提到，宽窄巷子历史文化保护区2003年就开始了"重生"。它是成都仅存的三处历史文化街区之一，是体现成都少城传统民居特色的旧居住区，其主要特色为"鱼脊骨"形的道路格局、安静闲适的居住环境、清新恬静的居住氛围、淡雅朴素的建筑造型、丰富多变的庭院空间、素净雅致的街巷景观、灵活巧妙的处理手法、类型丰富的近代建筑。随着人口增加，交通发达，原有的街道模式和民居形制已经受到很大程度的破坏，传统民居变成了拥挤喧嚣的大杂院，基础设施十分落后，建筑质量日益恶化。生活在那里的人们似乎被城市的快速发展所抛弃，离现代文明越来越远。这是突出的民生问题，政府不得不管，我们设计师该又该如何面对？该如何让老街区保持传统韵味，重新焕发出其特有的魅力；让生活在这里的人们的生活品质有所提升，感受到老街区的现代气象，是第一步要思考的。

刘晓健也做了如下总结："宽窄巷子接待了上千的团队，都是外地、全国其他城市专门过来的，甚至省委书记都亲自带队来，大家都对宽窄巷子评价很高。但咱们自己要反思，要找经验教训。大家觉得效果非常好，但我感觉还有不足之处。严格地讲如果按照一个文化保护的精品来看，我们把自己看做是一个建设者，对宽窄巷子情有独钟，我们在保护过程中由于客观条件只能边搬迁边建设，我们是很想把它做得更好，整个过程没有发生什么大的事，还是很成功的。项目在细节上是有遗憾的，在保护性建设中要精雕细琢，打造精品，要花更大的精力，要花更多的时间。现在看有些地方是显得粗糙了一些，工期在那影响着，在细节上在材料的感觉上没办法尽善尽美。政府对项目是有时间要求的，然后不管发生任何情况，中间面临多大困难，到了时间你必须做出来，为了完成任务我们克服了很多难题，也难免仓促造成疏漏。"

刘晓健说："此外，在对历史文化的挖掘方面还不够深，还可以进一步做。每一个院子都是一个故事，藏着很多历史文化底蕴，以后咱们再升级的时候都是可以考虑的。比如传说很多名人曾在这里住过，刘伯英老师也晓得当年在宽窄巷子留下的故事，很多名人来过这里，可以再进一步考据，这些很有价值，很多游客非常好奇，我们去外面旅游也想了解这些生动的历史。"

宽窄巷子最大的正面意义包括社会影响力，作为历史文化街区保护，刘晓健认为："现在影响这么大，宽窄巷子的定位比较成功，现在社会本来是穷人和富人，老百姓和有钱人在社会地位、心理上都有无形的隔阂，确实是融不到一起。而我们的定位能够做一个成都市文化旅游、传统历史文化街区保护的一个典范，属于所有人民，贵贱不分，这样来打造它。如果这么好的一个街区少城公司只是为了赚钱，那就是另外一种做法了。但我们没有去为了赚钱来建设它，我们想的是为成都市、四川省、全国的历史文化街区保护做一个先例，做一个探索。在我们启动的同一时期，全国做得比较好的同类项目并不是很多，包括三坊七巷也是后来才做的。"宽窄巷子逐渐成为一个标志，并承载着示范功能，起到了重要的宣传作用。

2013年成都财富全球论坛期间，场外的一项重要活动是邀请中外嘉宾到成都宽窄巷子"家宴"会客。2013年财富全球论坛于2013年6月6～8日在成都举行。这是该商业盛会继1999年在上海、2001年在香港和2005年在北京举办后第四次落户中国，这也是该论坛首次落户中国中西部腹地城市。论坛的主题是"中国的新未来"，日程聚焦中国国内经济的演进、中国西部地区的发展以及中国在全球视野中所扮演的新兴角色。中心议题包括：中国世纪、资源解决方案、创新与技术、全球金融与经济复苏。那么，安排在宽窄巷子的这场"家宴"想让中外宾客看到什么样的成都？四川省旅游局党组书记、局长郝康理接受四川在线记者采访时指出，为什么在财富全球论坛期间，安排到极具成都特色的宽窄巷子？是想将正在发展、快速发展的四川和成都展示给全世界，让大家共享丰富的资源。财富论坛涉及经济，更多地将推动经济和产业发展。要吸引企业家到四川投资，最重要的一个细节是当地的生活，是否适合生活，是否适合在这里发展。"这个会一个很重要的内容，是让他们了解一个真实的四川、一个真实的成都。外地宾客来四川，不仅是在看景，更是看这里的生活，体验这里的生活。"

新华网做了题为"成都宽窄巷将成《财富》全球论坛活动举办地 — 一砖一瓦都是对历史的还原"的报道，文中称：论坛活动的酒会和晚宴在成都宽窄巷子举行。如今，宽窄巷子这个糅合了成都历史建筑、传统文化与生活方式的历史文化街区，已成为城市的一张名片。成都青羊区特色街区打造领导小组办公室负责人方诗武说，宽窄巷子的建筑不同于其他地方的仿古建筑，这里的一砖一瓦，每个院落的格局，都是对历史的还原。位于成都"老皇城"区域的宽窄巷子，由宽巷子、窄巷子和井巷子3条老式街道及院落群组成，是较成规模的清朝古街道。这里既有康熙时期的传统文化，又有清末民初的西方文明元素，更有成都人"逍遥自在，行云流水般，安逸神仙似"的生活痕迹。就在十年前，宽窄巷子还只是一条建筑破败、道路破损的老旧街巷。在各地高歌猛进的旧城改造浪潮中，历史街区应当如何保护和合理开发？成都市于2003年启动宽窄巷子历史文化片区保护改造工程，决定在保护原有建筑的基础上，"修旧如旧"形成以旅游、休闲为主的，具有鲜明地域特色和巴蜀文化的复合型文化街区。2008年6月，改造后的宽窄巷子开街。几年来，开发后的宽窄巷子成功取得了社会效益和经济效益的双丰收。井巷子创意市集、宽窄茶会、跨年倒计时晚会等已成为成都著名品牌。"到成都，必到宽窄巷子走走，这已经是很多外地人的共识。"山西游客刘文佳说。不过，在宽窄巷子长达5年的改造过程中，围绕"改"与"保"的争议一直就未停息过。有人认为历史建筑经年累月，风吹雨蚀，已经破烂不堪，应当改造；有人认为改造会破坏历史建筑原真性。方诗武说，如今的宽窄巷子可以看到加固的旧门头、旧砖墙，还能看到用玻璃罩保护起来的清代泥墙、老墙上斑驳的拴马石。即使是不能再用在建筑上的老砖，也将其取下，修为花坛，或作为文化墙用砖。"宽窄巷子的成功之处在于'文态、形态、业态、生态'四态合一，最大限度地展现了宽窄巷子的特点和吸引力。"成都文旅资产运营管理有限责任公司总经理杨建勇说，宽窄巷子的形态是"千年少城的城市格局"和"百年原真的建筑遗存"；文态是"成都生活精神"的典型样态；业态根据总的定位，为宽、窄、井三条巷子分项植入了不同的商业类型组团。方诗武说，近年来，很多地方将历史建筑"一拆了之"，或者"拆旧建新"，虽然商业租金高了，但是文化丢了、祖宗丢了，是非常可惜的。

宽窄巷子一直受到社会各界和国内外媒体的关注。刘晓健说："当初我们刚开始启动这个项目时，《成都商报》就有来采访过，大幅标语写着这里是'成都第一会客厅'，觉得这里很经典，确实是这样的……从保护利用的理念来讲，这是一个范例，另外作为成都历史文化名城来讲，宽窄巷子是老成都的第一个新都市会客厅，这方面它应该是发挥了重要的作用。按照建设部的要求，现在历史文化名城至少得有三五个以上的历史文化街区，才能达到标准，不能什么都不保留，成都作为历史文化名城，像宽窄巷子这样的历史文化街区应该多一些。"

2008年，宽窄巷子被四川省文化厅评为了"四川文化产业示范基地"；同年12月，在国内创意产业最具权威性的奖项——2008第三届中国创意产业年度大奖的评选中，宽窄巷子荣获年度"中国创意产业项目建设成就奖"；2009年10月，宽窄巷子被中国步行商业街工作委员会授予"中国特色商业步行街"的荣誉称号，是成都市第三条升级为国字号的特色商业街；2010年1月，宽窄巷子又被评为了"四川服务名牌"，同时获得了多个市、区级的殊荣；2010年9月，宽窄巷子荣获"建设成都杰出事件奖"。10月，在成都市义工联合会2010年年度大会上，成都文旅资产运营管理有限责任公司及宽窄巷子特色街区支部被授予了"爱心企业"荣誉称号；同月，宽窄巷子特色街区在江西南昌荣获中国元素国际创意大赛之文化贡献奖社区奖。

2009年宽窄巷子荣获"中国建筑学会建国60周年建筑创作大奖"，这是由中国建筑学会为迎接新中国成立60周年，从1949新中国成立后所有的建成项目中选出300项，授予"建筑创作大奖"，可以说是中国建筑设计的最高荣誉奖，宽窄巷子名列其中，也是宽窄巷子荣获教育部、建设部优秀勘察设计奖之后，获得的规划与建筑设计最高奖项。鹤鸣九皋，声闻于野，这些有如泉涌的成就让宽窄巷子蜚声海外，名著天下。

刘伯英老师认为："文化是创造城市吸引力的重要资源，我们称之为文化资源。文化资源也有硬的和软的、物质的和非物质的。软的就是习俗，像川剧、京剧，包括故事这种文化传统，这是非物质的。硬的、物质的就是历史建筑、院落和街道，历史建筑包括那些有很高价值的东西，比如文物；也包括一般的，作为城市基底的，价值不那么高但是和老百姓特别贴近的建筑。发现、管理、利用这些文化资源，然后植入一些新的功能，让现代城市生活所需要的东西在这里能够展现，才能够让这些有价值的东西为今天的城市服务。"

文化是城市战略的核心元素，这让宽窄巷子的前景、典藏意义和范本价值显得尤为重要。天行健，地势坤，多维度创建历史文化名城保护街区的大未来，必须以科学规划、建筑品质和景观美学为核心，尊重生态人居和历史本体，从个体到环境、从微观到宏观统一协调，注重细节和艺术感的营造，构筑一个鲜活美好、丽藻春葩的历史文化街区。宽窄巷子的街道、院落和建筑像一盘棋，又像一弦乐，大珠小珠落玉盘；仙音激荡，余韵绕梁，久久不散，留下了无尽的遐想空间。而宽窄巷子的规划建设也是一部学术与实践交相呼应的教科书，全程有着丰富的可供研究和探讨的真实案例。

稽古振今·行成于思

宽窄巷子的体会与反思

一、建设的心得

纵观成都市几个历史文化保护区的保护实践，宽窄巷子历史文化保护区总体来说是取得了成功，这无论是从民众舆论、专家学者、政府领导，还是建设、设计、施工等具体实施的人员，都有很深刻的体会。当然整个8年多的保护与更新过程是曲折的，经历了许多坎坷与困境，从风口浪尖众矢之的，到风平浪静雨过天晴，所有身在其中的工作者都有着不同的心路历程。

1. "政府主导、多方合作"是基础

宽窄窄巷子历史片区作为成都的三大历史片区之一，其保护工作一直都是由成都市统建办、各区政府主导下开展。2003年初，由成都市政府牵头，成都投资集团和青羊区政府共同出资组建成都少城建设管理有限公司负责宽窄巷子历史文化保护区保护更新的具体实施工作，作为项目业主来承担整个宽窄巷子的保护、建设以及今后的经营管理。至2007年3月成都文化旅游集团责任有限公司正式组建成立，专门成立了文旅资产运营管理公司，全面负责宽窄巷子项目招商、运营和管理，以市场为中心，站在城市营销的平台和高度上进行运营和推广。

政府的主导地位能够充分统和各方面资源，一方面能够宏观把控各方利益，不致出现失衡或偏颇；另一方面也使项目能够比较接近理想的状态，尤其是在文化传承和城市品牌树立方面。同时在解决搬迁及产权等方面的问题

时，政府主导更加有效，有更多的变通和选择。

另一方面，宽窄巷子历史文化保护区保护实践的成功，是各方面共同努力的成果。从市政府领导的专门负责，市规划局牵头组成的保护区专家组重点把关，建委、规划、市政、消防等部门通力合作；到负责实施工作的文旅集团、少城建设公司的大力运作，以及参与设计的清华大学建筑学院和清华安地公司设计研究人员的精心设计；还包括关心保护区工作的建设部领导、历史文化名城委员会的专家、成都市文化界、艺术界、新闻界的知名人士高度关注，片区内的居民广泛参与，使得宽窄巷子历史文化保护区的实施工作始终遵循着"保护为先"的原则。注重经济文化社会环境的综合效益，不是一个开发建设项目，而是一个从城市整体出发，打造城市吸引力，提高城市软实力，持续的系统工程。

在前期调研与设计阶段，保护区专家领导小组始终监督工作进程，确保保护工作落实到位；而历史街区的保护工作与现行城市建设的有关政策与法规产生矛盾时，市领导高度重视，组织相关职能部门协商解决；设计研究人员8年多来一直努力不懈，力求将保护设计尽善尽美……所以宽窄巷子能够成功保护，是与各方协作努力、踏实工作分不开的。

2. "挖掘历史、明确价值"是关键

历史文化保护区必须遵循着"保护为先"的原则，这是我们一直所强调的，但是，更重要的是在具体的保护工作重点一定要明确"保护什么？"。许多城市的经验教训告诉我们，如果在进行保护工作之初，不能够明确宗旨，清晰地认识到保护重点，那么很容易陷入"保"与"拆"的争论中去。事情并不是看似的简单明了，"保"并不一定完全正确，关键是看"保"什么，怎么保；同理"拆"也不一定完全错误，同样要看拆什么，拆完了干什么。

通常来说，历史街区在城市中都有着相当重要的历史地位，都是其所在城市历史文化的重要组成；而且历史街区地处城市中心，传承城市发展的政治、经济、文化的脉络。所以要研究保护历史街区，必须将其放置到大的城市环境中去，明确其在城市整体中的地位，确立历史街区的发展方向及有效措施。因此，历史街区保护工作便不能仅仅停留在一时一物的表象上，而脱离城市历史的渊源；应充分发掘城市历史文化内涵，赋予历史街区新的城市使命。同时要利用保护工作的契机，充分发掘历史要素，使历史街区从保护前的单一居住功能向更全面的城市功能过渡，从城市的盲区向新的活力增长点迈进。从而彻底摆脱破旧与落后，成为历史与现代的有机融合。

在这一场博弈中，把握重点就是关键。在改革开放初期，城市建设的重点是"旧城改造"，许多历史街区被一拆而光；随着保护思想意识的增强、政策法规的不断完善，历史街区和历史建筑被纳入到文物保护的范围内，"全面保护"的思想逐渐被理解成"全体保护"，于是产生了"保"与"拆"、保护与发展、"贫民窟"与"富人区"、"真古董"与"假古董"的尖锐矛盾中，"全面保护"陷入资金压力与操作困难的漩涡，出现了历史街区只能继续"历史"下去的痛心景象。因此，在调研、测绘、设计过程中，必须要强调真实的原则。保护的目的，是要使后来人清楚地知道历史文化保护区的过去、现在和我们将要做的事情，即使最后的实施不能按照最初的理想实现，至少我们能够留下珍贵的现状资料作为今后工作的依据。

因此，成都宽窄巷子历史文化保护区在工作伊始就较为明确地把握住保护重点与保护模式，同时结合城市规划与历史文化名城保护规划，确立了保护区的城市功能定位。在大原则确立的基础上，研究设计人员编制了符合城市发展要求、具有可操作性的、同时又是最大限度保护历史信息的保护与实施规划。通过实践，我们欣喜地看到宽窄巷子的街巷格局与尺度、院落空间与布局、民居体系与形式、建造方法与艺术表现、古树名木与昂然绿意被充分的保护下来。尽管大多数木结构建筑都进行落架重修，有些进行了修改与调整，并增加了市政设施与辅助房间，但这些并不影响人们在古老的街巷中、沧桑的门头下怀古思幽；同时设计与施工工匠又花大力气加固传统院墙、门头，保留并尽可能使用原有建筑上的门窗、挂落、垂瓜等装饰构件，重复利用拆除下来的旧砖，完全依据传统木结构施工工艺，使得整个街区的历史风貌完整保存下来。

最终成都宽窄巷子历史文化保护区成功地挖掘研究其历史根源，充分展示出成都市城市发展的脉络，从而总结出宽窄巷子与成都市"三城相重"的城市格局的关系、宽窄巷子体现的少城（满城）文化、宽窄巷子的规划特点建筑风格和景观特色，确立了宽窄巷子保护区在成都市历史文化发展中的重要地位。

3. "循序渐进、动态更新"是精髓

历史文化保护区的保护工作一般来说都是艰苦而漫长的过程，不可能一蹴而就，更不能只是"献礼"工程。例如平遥古城、丽江古城、周庄等地都非是短时间内建成，福州的三坊七巷保护区更是经历了十年的周折，才刚刚走上保护的正轨。成都也是如此，宽窄巷子历史文化保护区经过了8年多的努力，文殊院历史文化保护区一期工程2004年开始，2006年10月竣工，二期工

厂2007年开始，2010年完成，总耗时6年时间。最先启动的大慈寺保护区一直停滞不前、进展缓慢，项目卖给太古集团后才开始有实质性进展。历史文化保护区需要时间慢慢雕琢，而在保护进程中，任何一成不变的保护模式都有可能犯下致命的错误，在保护规划的"保护"下毁于一旦的历史街区令人更加惋惜。

宽窄巷子历史文化保护区的保护实施进程并非一帆风顺，其间的波折与辛苦几度使得计划搁浅，是就此妥协还是另谋出路？经各方专家与工作人员研究探索、反省自身的得失，终于体会出一条不断修正错误的保护之路。从最初的"整体保护"到"重点保护"，从"整体动迁"到"部分动迁"，从"商业运作"到"居民参与"，从"舆论封锁"到"全面宣传"，从"单打独斗"到"政府支持"，从"全面动工"到"循序渐进"，从"先进技术"到"传统工艺"，种种举措都是设计参与者审时度势的判断后修正的结果。

认识到保护工作的艰辛而不断修正错误，使之能够始终遵循着保护的主线展开进程。应该通过持续的"有机更新"走向新的"有机秩序"。所谓"有机更新"即采用适当规模、适当尺度，依据改造的内容和要求，妥善处理目前与将来的关系。许多历史街区保护与更新案例的实施，都是分期整体进行，这样即使发现问题，也能在第二期工程进行修改；而有的历史街区大刀阔斧的一次改造完成到位，如果出现偏差连修正错误的机会都没有。"有机更新"需要"有机秩序"，既要有战略，也要有战术。要目标明确，措施得当，严格执行。

宽窄巷子历史文化保护区的操作模式是以院落为单位逐一进行保护性整治，如果在第一个院落施工中发现问题，第二处就会改正；同时在第一处院落总结的经验，又会在以后的院落中的实施中得到发扬光大。整个保护区共有四十二个保护院落，以及少部分暂保建筑和新建建筑，施工周期大约为三至五年，当最后一处建筑建成时，第一个保护维修的院落已经经过五年的时间，完全融合进宽窄巷子历史的印迹中，这就是"循序渐进，有机更新"的效果。

二、实践的反思

尽管宽窄巷子历史文化保护区的保护与更新工程还没有结束，但已经出现的种种问题甚至是已经解决的难题和克服的困难，都值得我们及时反思，分析其成因及解决甚至避免的办法，予以总结，作为宝贵经验用于今后的工作。

1. 政府职能

在历史文化遗产越来越受到全社会重视之时，相关的政策法规却处于滞后或缺失的状态，以至于保护工作无法可依，乱拆乱建的"保护"趁虚而入。《文物保护法》针对历史街区和历史建筑着墨不多，新颁布的《历史文化名城保护规划规范》在各地方具体执行时也会绕着走。宽窄巷子历史文化保护区项目就遇到许多政策性问题，随着时间的推移，包括《城市紫线管理办法》、《历史文化名城保护规划规范》、《城市房屋拆迁管理办法》等法规相继出台，加上八年的不断摸索磨合，终于使得宽窄巷子历史文化保护区的实践逐渐走上正轨。

由于政策法规的不具体、不到位，使得政府有关职能部门在建设、审批等环节无从下手，导致历史文化保护区的保护工作进展缓慢。在宽窄巷子历史文化保护区的实践过程中，规划局无法给出用地红线和规划条件，建委无法工程验收，国土局无法办理土地手续，没有部门能明确保护建筑的施工图如何审查，消防部门几经努力才勉强的批复了消防设计。其他历史街区中的道路退线问题、停车问题、日照问题、绿化问题等等，都需要在现行的规范中开辟"特区"，否则历史街区的保护寸步难行。在实施过程中这些非技术性的工作消耗了大量的人力、物力与时间。

2. 政企合作

历史文化街区的保护有多重模式，中国根据社会制度和管理条件，提倡"政府主导、企业运作、居民参与、属地管理"的模式，政府寻求一家国有公司投入资金进行保护区的保护与更新。保护区的保护与更新如果遵循保护理念与原则，不可能达到经济上的平衡，更不要说从中渔利。因此参与运作的企业如何获利，是项目之初就需要明确的，这样才能保证企业在保护实施过程中不受经济因素困扰。负责宽窄巷子历史文化保护区实施的建设单位是成都少城建设管理有限公司，是由国有企业成都建设投资集团与青羊区政府合资组建的房地产开发公司。项目伊始就确立了不从历史文化保护区项目中赢利的原则，实施过程中充分尊重保护专家、政府职能部门、设计研究人员共同制定的保护原则，充分考虑搬迁居民的经济利益，比较开放与宽容的对待舆论监督，才有了今天这个结果。

3. 居民利益

历史文化保护区的实践工作涉及土地性质变更、居民搬迁、市政设施调整、舆论压力等多种因素影响，会发生意想不到的事情，对项目产生意想不到的影响，所以在工作中要本着公平公正的原则。历史文化保护区是整个城市的财富，不能是城中村，也不能成为绅士化的富人区；其核心是保护原住民的利益，保证城市历史文化的延续。

居民是历史文化街区中的弱势群体，强调保护工作的政府职能作用主要就是考虑居民的根本利益。但是保障居民利益要根据具体实际情况，并且要掌握方式方法，避免出现极端情况。保护区的首要工作就是明晰产权，单位、部队、公管房、私房、私租户、违法户等等要区别对待。要真正考虑私有产权居民的合法权益不受侵害，真正解决居住条件困难的居民生活，合理安置或协调解决单位、部队等产权人的归属。对少数利用职务权利、社会关系或一些违法行为希望得到更高利益的人或单位要坚决予以反对。

成都市经过近二十年的城市建设，特别是府南河的改造，市中心成片的传统民居已经不多，宽窄巷子片区无疑是最具代表性的一处，这在历年来的成都市总体规划与历史文化名城规划中都有体现。但是传统建筑为主的民居聚落，同时又是居住条件与市政基础设施最落后的地方；经过调查，绝大多数居民希望通过搬迁来改善生活质量，同时又希望政府能够保留下成都市为数不多的历史记忆。在这样的前提下，宽窄巷子历史文化保护区开始了艰难而执着的保护实践历程。

过程中，动迁环节出现了许多反复，动迁政策也作了许多调整，虽然最终不是百分百的满意，但大多数居民的利益还是得到了有效保障。宽窄巷子留下了一些"钉子户"，但是这些"钉子户"是经过业主精心"挑选"的，他们是宽窄巷子中所有居民的代表，他们从保护更新的"寻租者"，最后变成了街区复兴的"受益者"和"宣传员"，变成了宽窄巷子历史的"解说者"。特别提到的是，保护区中一些既得利益者利用自身的便利条件，希望在保护区的实施过程中获得高额回报，当这种诉求没有成功时候，就百般阻挠或是利用"话语权"制造负面影响，使一些不明真相的居民拒绝搬迁，致使保护工程一度进展缓慢。但居民是可以被教育的，态度是可以发生转变的，从开始的对立、激化矛盾到无奈、再到接受和认可。从灰头土脸的"走"，到欢天喜地的"回"，他们为自己居住过的宽窄巷子变成了今天的繁华感到骄傲，感到欣慰。

4. 设计立场

宽窄巷子历史文化街区既是城市中心区域，又是老成都原真文化的聚集地，具有现代经济和历史文化的双重价值和竞争力，是成都市民乃至全国人民的共有财富。保护更新项目的成败，是能够影响成都城市形象，关乎城市利益和社会民生的大事。

历史街区保护项目的"盈利"与否，不能仅仅从经济收益的角度衡量，而应更加注重其为城市的整体形象、城市品牌以及在文化旅游的吸引力方面带来收益，即对其综合价值的估量和评估。同时在项目实施过程中，目标、方针以及各种利弊的取舍，更应站在历史文化价值的保护和传承，及民生改善的角度来衡量取舍。

所以，整个项目的历史研究与保护设计工作的质量，取决于设计人员的专业素养、立场与态度。合格的专业服务团队的首要任务，就是要对历史文化街区的价值有充分认识，并在文化历史街区的保护理念上能够最终和政府主管部门取得共识；其次是对历史文化街区的保护、修复等具体操作方面，具备充分的经验和设计能力；最后，对于历史文化街区保护这种综合性项目，需要统筹整个建设项目整个过程的专业能力。

承担历史文化街区的规划设计工作，必须具备强烈的历史使命感，具备良好的专业素质与崇高的敬业精神。缺乏历史使命感，缺乏道德价值观，无疑会成为不良开发商的帮凶；而缺乏良好的专业素质与敬业精神，面对复杂问题你就会束手无策、无从下手，使保护沦为空谈。

安地公司作为宽窄巷子历史街区保护更新项目的主要设计负责单位，自身具备历史街区保护规划、建筑设计及景观设计的能力，同时和少城公司对宽窄巷子的定位及保护理念较为一致，在项目过程中通力合作，完成项目的规划、建筑、景观和装修等专业的设计，并提出了符合保护原则的商业策划、旅游规划、招商运营等相关领域的建设性意见，同甲方另行委托的专业咨询机构充分沟通，通力合作；与此同时，还与市政、消防、交通等建筑外延的设计单位合作，在保证历史文化街区保护的前提下，提高建筑的使用标准和保证使用安全要求。

在宽窄巷子历史文化保护区的保护实践中，我们本着尊重历史、立足现在、放眼未来的原则，充分考虑市场经济规律与居民利益的关系，保护了城市珍贵的历史遗存、解决了居民生活窘困、丰富了城市发展空间、同时也满足了运作企业的资金平衡，达到了多赢的局面，这才是真正意义上的成功。事实证明，宽窄巷子目前已经成为成都的城市名片之一，利用其吸引力和影响力，增加了成都的城市魅力，为成都带来了更多更大的盈利。

5. 舆论导向

历史文化保护区保护是全社会关注的话题，而拥有强大话语权的媒体则担负了"弃恶扬善"的社会职能。焦点访谈等节目就曝光了许多违法拆除文物保护单位、破坏历史街区建筑的行为；许多经媒体报道过的历史文化保护区和历史建筑得以"刀下逃生"幸免于难；还有许多历史街区、名村古镇在媒体宣传过后，游客如织，发展旅游，焕发了新的生机。由此可见，舆论监督与舆论导向对历史文化保护区的作用十分巨大。正面客观的宣传与报道可以使保护区"起死回生"，但是片面甚至错误的失实报道则会挑起甚至激化社会矛盾，不利于街区保护。

宽窄巷子历史街区作为当时成都仅存的一片尚未改造的历史街区，自从2003年保护更新项目启动以来，社会关注度一直很高。保护实施开始之时，只在专业层面进行研究讨论，没有充分重视媒体宣传，社会上对于历史文化街区保护的具体情况无从了解。一些居民出于对搬迁补偿的不满，或其他不合理要求得不到满足等各种原因，向媒体爆料，放大保护过程中的不足、掩盖积极的一面，蒙蔽视听，造成很大的负面影响。政府及时发现了问题并采取相应的措施，一方面调动媒体、文化、历史等领域的学者以及规划、建筑方面的专家，对项目的意义和进展情况及时点评和解释，引导舆论，加强正面宣传，全面而公开地展示了我们的保护理念和设计成果，及时澄清普通老百姓对街区改造的误解，逐渐赢得群众的信任与支持，方案公示和样板房展示是这种公平、公正、公开原则的体现。另一方面，也正是通过与社会舆论的互动，调动百姓参与，发挥各方面积极性，尊重和获取各方的利益诉求，在项目进行中及时调整，以保证最终达到双赢和多赢，取得了良好的社会反响。

条修叶贯·通功易事

宽窄巷子的程序与模式

历史文化街区保护更新项目并非单纯的地产开发项目。除了常规的经济价值，历史文化街区首先包含更大的历史价值、文化价值和社会价值，因此历史文化街区的保护更新必须杜绝短视和急功近利。既要旗帜鲜明的反对"大拆大建""拆旧建新"，反对"目中无遗产"，任凭历史文化街区变成"棚户区"和"贫民区"，一步步走向衰败；也要避免采取僵化的和福尔马林式的"保护"，不敢摸，不敢碰，唯恐惹上一身骚，让历史文化街区"烂下去"，最后一拆了之。历史文化街区保护和更新的目的，并非为了获得经济效益，而在于传承和发扬其中的历史文化内涵，为社会发展和公众利益服务。历史文化街区保护和更新，不是为了保护而保护，还要考虑发展，在保护的同时创造契机，为街区真正注入新的活力，以及实现历史文化街区长远发展的动力。

因此，历史街区保护更新项目的"操盘手"，不仅应该能够站在城市发展和历史文化遗产和资源保留的立场上来权衡利弊，也要能充分调动社会资源，协调各方利益，圆满解决项目推进过程中的问题，并满足各种更新改造的需要；在具体操作层面，不仅具备对历史文化街区及传统民居建筑的专业知识，还特别要具备清晰的保护理念和掌握扎实的保护方法。简单地交给政府管理，或者委托给某个开发商，都难以全面胜任。因此，涉及学术、技术、市场等领域的专业服务团队格外重要，必须从专业的角度给出建议，协调各个方面，担任项目的总技术负责人，甚至担任项目操盘手。

基于此，我们对历史街区保护更新项目的理想的模式为：由政府主导，以专业开发公司执行，以专业的具有历史街区和历史建筑更新改造设计经验及资质的专业团队为技术总承包商，逐一破解历史文化街区更新中的一系列问题。成都宽窄巷子历史街区的保护和更新，基本就是遵循这一组织模式，依照历史文化街区保护和改造的专业操作流程，逐步推进的。

一、操作程序

宽窄巷子的操作模式就是政企合作，各项工作相互配合，齐头并进。保证高效高质量，确保工期；同时也便于相互监督、控制。操作流程及组织模式可大体概括如下图：

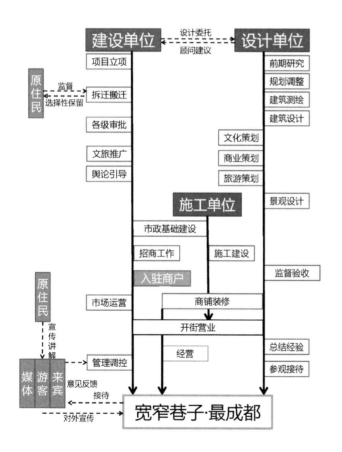

图8-1 操作模式流程示意

在实际操作中，受限于各种客观条件，以及为了满足要求，各项工作由于种种原因还是有不同程度的交叉，如搬迁和建筑设计、施工的阶段就并非是截然分开，而是分期分批交叉进行。而还有一些外围工作，如项目公示、舆论宣传等，则基本贯穿项目始终。

二、工作模式

1. 坚持发展目标——以复兴为目标的更新模式

历史街区包含历史价值、文化价值、艺术价值和社会价值等，多重价值使得此类项目的开发建设有自己的特殊性和复杂性。组织模式、程序和过程相对复杂；操作手段、所需经验和方法的要求也更高。同时，历史街区作为社会的共同财产，其盈利模式不仅仅局限在衡量经济利益，而是应从城市角度，考虑社会的综合收益，如：政府形象、民生的改善；城市形象和品牌效应的提升；文化旅游目的地的塑造等，通过多方面的品质提升，来带动经济发展。

因此，历史街区的改造项目，其根本目标并非简单的改造或是盈利，首要的解决历史文化街区的文脉延续、遗产保护、环境改善、关注民生等方面的问题，提升整个街区的价值，实现历史街区的更新。然而做到这点还远远不够，更重要的是要从长远的角度和更高的层面出发，发掘历史文化街区特有的文化价值，为城市的经济、文化、社会带来综合提升，实现综合效益，最终实现历史街区的复兴。

以城市复兴为目标的历史文化街区的更新具有如下特征：

（1）**组织模式**

由于价值丰富和所牵涉利益众多，历史文化街区改造项目必须由政府主导，由专业项目公司操盘，才能很好地权衡和解决各方需求，并及时解决项目进行中遇到的阻碍和困难，从城市和民生的角度来衡量其产生的综合效益。

（2）**运行程序**

历史文化街区改造项目需要遵循相应的法律法规，项目全过程的组织、研究和设计方法及程序都有别于常规的房地产开发项目，历史文化街区的保护和更新，需要有坚实的学术研究做基础，在更新过程中需要进行文化挖掘和文化推广，实现资源和价值的转化。

（3）**操作方式**

历史文化街区的改造必须是从遗产保护出发，以改善和提升街区内的民生质量为基本目的；所以，历史文化街区改造的操作手段必然不同于普通房地产开发的大规模统一建设，而更需要因地制宜，循序渐进，灵活推动。

（4）**专业咨询**

历史文化街区的规划、建筑设计、景观设计、室内装修设计，文化策划、商业策划、旅游策划，各专业的专项施工，招商、运营、市场宣传等，都需要有专业资质的团队，和具有历史文化街区专门经验的人员参与才能完成。只有常规的房地产开发经验不足以支撑历史文化街区的专业咨询。而对历史文化街区最后能否成功的关键在于如何组织这只强大的专业咨询队伍，并保证其拥有绝对的话语权。调配好各个单位之间的关系，谁在先，谁在后，谁领导谁。

（5）盈利模式

与单纯的房地产开发项目不同，历史文化街区改造项目的盈利模式是更偏向文化和社会性质，不是单纯的经济收益。因此，评估历史文化街区改造项目的收益，不能只算经济账，更要从城市形象、城市文化和城市吸引力带来的城市整体收益，以及民生改善带来的社会收益。

2. 确定保护方法——以院落为单位的微循环模式

保留原住民是历史文化保护区更新的理想，我们在宽窄巷子的规划设计中也希望保留尽可能多的原住民。但哪些人能够被定义成原住民呢？大量在农贸市场做生意的租房客能算原住民吗？人户分离，户口在宽窄巷子，人住在城市其他小区里面的人能算原住民吗？对宽窄巷子历史有深入研究，但并不住在这里，像季富政老师这样的，他们对宽窄巷子的感情难道不需要重视吗？所以宽窄巷子经过"精挑细选"，找到了羊角、老蔡这样一些"名人"，让他们作为"原住民"留了下来，并且变身为宽窄巷子的"招牌"。

以院落为单位的微循环模式，是宽窄巷子历史街区保护更新的核心内容，保证了项目建设的有效推进。最开始建设单位也曾经按照房地产开发的方式，希望快速推进，但遇到的困难始料未及，搬迁问题首当其冲。所以，以院落为单位进行搬迁，解决一个院子算一个院子；再以院落为单位进行更新建设，做完一个再做下一个，循序渐进成为最现实也是最有效的方法。

虽然这种方法在当时的条件下，对于开发者来说可能有迫不得已，或者"被动"的成分；但是，对于历史文化街区保护来说，却是再好不过了，原来的"大干快上"逐渐让位给"循序渐进"，坏事变好事，被动变主动，为调查研究，为搬迁，为基础设施建设，为保护修缮，为缓解社会舆论，为招商运营，赢得了宝贵的时间。不用"一刀切"、不用"大刀阔斧"的方法，而要用"绣花针"和"手术刀"去"精雕细刻"，这就是历史文化街区保护和历史建筑修复最提倡和最好的工作方法。

3. 依靠专业团队——提供综合服务的总承包模式

宽窄巷子历史文化街区保护更新项目是一个综合而复杂的过程，在这个过程中既包括了前期社会调查、项目策划、建筑测绘、保护规划、实施规划、建筑安全鉴定、现状评估、建筑设计、保护修缮、落架大修、文化策划、商业策划、招商运营等一系列技术性工作；也包括在实施过程中对各项工作内容的调整和重新组合，既有内部工作，又扩展到政府管理机构、市场等方面。

因此，在项目组织方面，采用政府主导、市场介入、居民参与的渐进式更新方式，即调动所有的积极有利因素，从现状出发，综合多方利益的情况下具体问题具体分析，协调各方利益，求得实际的最佳解决方案，是必须的。

其次，也是最重要的是，在政府主导的同时，需要有较高专业水平和丰富相关经验的服务团队整体把控项目的各方面，防止因为各个环节的各个负责单位由于利益和偏好而造成的操作上的失控与脱节，清华安地公司在宽窄巷子项目中承担了这一神圣职责。

清华安地公司的设计团队承担了宽窄巷子历史文化街区的规划、建筑及景观的设计工作，即宽窄巷子历史街区改造项目中的主体部分，对项目各方面的情况 掌握的最全面、最深入；作为少城公司和后来文旅集团的技术总顾问，在确定宽窄巷子历史文化保护区的保护方式、原则等大的战略方向上，提供了重要的专业理论支持；在宽窄巷子历史文化保护区规划、建筑、景观、装修等建设全过程中，圆满完成了设计任务；在宽窄巷子历史文化保护区后续的文化策划、商业策划、招商运营阶段，担任了总导演和协调人的角色。

第四节

豹尾撞钟·余音袅袅
历史文化街区保护的对策与建议

历史文化街区及历史建筑保护日益成为人们关注的热点。"城市作为人类物质文明与精神文明的双重载体，应当具有自己独特的地域风貌和人文特色"，在现代城市的高速发展中，文化遗产——作为最能体现城市历史人文与风貌特色的重要部分，正面临着越来越多的冲击，文化遗产保护工作也逐渐成为城市发展建设中的重要内容。从字面上看，"历史街区"囊括了时间与空间的两个维度，20世纪六七十年代以来，城市历史地段和历史街区的重要性进入人们的视野，成为各个城市面临的具有挑战性的课题。

对于历史文化街区的更新改造，人们的观念逐渐发生着转变。从历史建筑到历史街区，从物质环境保护到社会综合问题的解决，历史街区保护和更新经历了一个逐渐深化的过程。1997年，英国首相布莱尔上台后提出发展创意产业，契合后工业时代的特征，依靠知识和创意，为城市寻找新的发展契机。从此以后，历史文化街区的保护和更新开始在新的理念的指导下，有意识、主动地和城市的文化建设、城市营销联系起来。历史文化街区也从重建、改造、更新，走向了复兴。历史地段内的单个建筑可能不具有特别高的文化价值，但是它们所构成的整体环境和空间肌理反映了某一历史时期的风貌特点，或具有同样或近似的建筑理念、风格等等，使之具有某种相同或相似的性质和特征，价值得到了普遍提升。

这类存续了历史感的街区，因为其历史性，往往是一个城市最初形成的肇始之地，因此具有人口密集、商业繁荣、位置优越等特点。对其如何实施保护和复兴，各个国家都一直在进行着探索。从20世纪中叶开始，法国、英国、日本等国家逐渐建立了街区保护较为完善的法律体系，国际社会也陆续出台了有关街区保护的宪章、宣言等。但是随着社会的发展，即使不考虑当今保护对象与保护范围扩展的庞大影响，单就建筑遗产保护中的很多古老问题而言，我们也无法说我们已经得到了终结解答。例如建筑遗产价值问题，原真性（Authenticity）的问题，保护与发展的问题等等。

同时应该看到的是，由于东西方建筑文化和历史建筑情况的巨大差异，在历史建筑的保护的做法方面，一直存在争议。国外历史街区的运作模式应该说已经比较成熟。政府确立街区的整体发展目标，通过配套政策来引导和鼓励居民接受政府的改造意图，政府会有重点地在街区中设立博物馆、研究机构这样的公益场所来进行示范性带动。整个模式是微循环和循序渐进的，时间持续10年以上甚至更长。各国都制定了详细的政策，比如法国，要保护历史街区风貌，建筑改造的费用政府可以担负50%～80%，每年每个历史街区都有6～8户人家享受这一政策，保证历史街区更新的持续性。补贴的多少由专家决定，判断因素在于你的改造结果和政府的要求符合程度。如果改造结果最为接近，政府可以给予100%补贴，如果完全不符合要求，则会拒绝付钱。这就为居民留有宽裕的时间，如果居民近几年经济条件不好，那就可以暂时不改造房屋，等到收入好转时再进行房屋改造，向政府申请补贴。日本也有相应的政策。很多西方的做法和成功的经验，并不能直接照搬使用，并得到预期的效果的同时，又在本身就很复杂的中国历史文化街区保护工作之上，又多加了一层理论的枷锁。同时，反而是同处东亚文化圈的日本的一些做法，特别是针对木构建筑的具体保护措施和保护制度的认知上，更加值得我们参考。

由于日本与中国的历史渊源的原因，其传统历史街区与中国有许多共同点，街区主体多为木结构建筑组成的院落；传统民居的耐火、耐潮、耐水等性能差，容积率低，在一定程度上要进行较大的调整才能满足现代生活的需要，这是中日传统历史街区更新的共同困难和劣势所在。

日本在1975年修改的《文化财保护法》中正式列入了历史街区保护的内容——传统建筑物群保存地区，其概念为"与周围环境构成一体的，形成历史景观的地区，并且自身也具有很高价值的传统建筑群；同时，国家还制定了重要传统建筑物保存地区的选定标准"。日本对传统历史街区的选定主要包括两个基本要素：一是载有历史信息的真实物质实体，二是有特色风貌的地区整体环境。

不仅如此，在木结构建筑为主的街区改造方式上，欧洲砖石建筑的保护方法也似乎同样难以走通，木结构建筑由于自身原因，在历史进程中需要不断地加以改建修补，日本的做法是在尽量保护建筑物传统风貌的基础上，重点保存其外在形式，通过采用传统做法对历史建筑的有序更新；同时内部空间与材质构造做法则可以灵活运用；这种方法，实际上扩大了历史建筑的外延，将建筑技术，传统工艺，甚至是同建筑紧密相关的风俗习惯等建筑文化，看做一个整体加以保护，对我国的街区保护有一定的借鉴意义。

此外，作为城市文脉不可分割的一部分，甚至还是重要的组成，我们是基本赞同对历史建筑及历史文化街区保护修复之后，是要赋予其一定的功能的，即在重生之后，更要实现其复兴，使其蕴藏的巨大价值得到发扬，再次融入城市文脉，再次为城市发展做出贡献。这不仅仅是出于以上对历史建筑和历史文化街区本身这个概念的理论推演得出的结论。同时也是对于历史建筑具有更实际的作用：建筑空置会导致历史建筑的活力丧失，文化价值减弱；也加速建筑的老化。因此适度使用既有利于历史建筑的长期保护并能维持建筑活力。

然而，其关键即在于如何适度。历史文化街区同旅游观光、商业经营相结合，伴随着经济的改善，必然给街区的进一步保护和更新赢得了更大的回旋余地，同时也给老街区带来了新的活力和不断发展的可能性。当然，也有不少人思考，我们在这方面做得是否合情合理，就像弗朗索瓦·邵逸（Françoise Choay）指出的：对建筑遗产过度的商业化、旅游化开发，已经抹杀了很多建筑遗产应有的历史氛围。宽窄巷子历史文化街区，恐怕也难以逃脱这样的结果，我们清华安地的设计者们，好像有先见之明，采取了必要措施。

首先为了防止过度的商业化和商业经营行为对街区内的建筑界面造成根本性的破坏，对宽窄巷子内院落建筑的功能置换没有采用简单的"打开墙面开店铺"的做法，而是提出了"院落式商业"这一新的经营模式，这在当时还是没有的。这样的做法，第一是保护了宽窄巷子传统的院落式的肌理和空间节奏，第二是效避免由于商业界面的开放需求而导致街道的整体风貌遭受破坏，并且将消费人群和游览人群分流，消费人群集中在院内，而游览人群主要集中于院落外的街巷上，避免了相互干扰。

其次为了避免文化历史氛围的迅速丧失，宽窄巷子的招商经营方面更是采取了很多策略和措施。文旅集团的管理者们将宽窄巷子作为品牌经营和策划，商业上主打文化特色，招商保持品质，采取政策倾斜，租金优惠，协助宣传等手段，调整片区内的商业经营类型，使片区内的文化商业占有较大比例，并作为本区的特色推广延续。这样做不仅延续了宽窄巷子的文脉，并且使宽窄文化作为一种能够充分展示成都生活的精品文化，在社会上继续占有较高的文化地位。借助历史的内涵、传统的形态和传统的尺度，将宽窄巷子同现代人的生活结合起来。在开街运营之后，坚持建筑的动态保护和持续监督，意识到了维护文化街区的传统风貌，才从根本上保留了整个片区的商业价值。原住户作为历史文化保护区的活着的"灵魂"，他们的活动和言语，成为旅游人群了解本地文化的最佳途径。

每一个城市和地区的历史文化街区，都有自己的现状情况和文化土壤。历史文化街区具有丰富的根植于地域的历史信息、文化信息和社会信息，遗产价值有着鲜明的地域性。历史文化街区的保护一定要与当地的本土文化相结合，宽窄巷子正是依托了成都的生活方式和文化背景，满足了时代发展的大趋势。随着时间的推演和地域的变化，条件随时随地都在发生变化；社会经济不断发展，价值的评价标准也在变化。因此，不假思索和调查的采用固定模式，甚至照搬其他城市的成功做法，从本质上说，同历史文化街区保护的初衷是相违背的。

从某种意义上说，宽窄巷子是成功的，但不要神化它，更不要模仿它！还是那句话：因地因时制宜，循序渐进发展，目标设定明确，专业高效操作，希望其他历史文化街区从宽窄巷子历史文化街区的更新和复兴中，吸取到经验和教训，获得更大的成功！

附录

1.大事记

成都宽窄巷子历史文化保护区工作纪要

2003年9月11日

成都少城建设管理有限公司一行赴北京上海等地考察设计单位，与清华设计人员进行初步交流。

少城公司成员：刘晓建、周晖、徐军、任毅等

清华安地成员：边兰春、黄靖

2003年10月14～16日

清华安地公司赴成都洽谈宽窄巷子项目设计有关事宜，并初步现场调研。

清华安地成员：刘伯英、黄靖

少城公司成员：郭卫平、刘晓建、周晖、徐军等

2003年11月3日

设计组成员赴成都宽窄巷子现场考察，少城公司领导介绍项目情况

设计组成员：刘伯英、黄靖、罗德胤、陈挥、云翔、刘明瑞

少城公司成员：郭卫平、刘晓建、周晖、徐军、

田民、张燕等

2003年11月4日

设计组成员赴成都宽窄巷子现场考察、与规划局有关专家座谈了解情况

设计组成员：刘伯英、黄靖、罗德胤、陈挥、云翔、刘明瑞

成都市规划局、规划院专家：张樵、王松涛、郑晓明等

少城公司成员：徐军、田民、张燕等

2003年11月5日

设计组成员在琴台路、黄龙溪、洛带镇考察。

设计组成员：刘伯英、黄靖、罗德胤、陈挥、云翔、刘明瑞

少城公司成员：徐军、任毅、田民、张燕等

2003年11月5日

成都少城与清华安地正式签订关于宽窄巷子项目规划与建筑设计合同。

2003年11月6日

设计组成员赴成都宽窄巷子现场考察、与成都市市场调研公司、四川大学品牌战略研究中心、健

鹰策划公司座谈；在芙蓉古城、陈家桅杆、顺兴老茶馆考察。

设计组成员：黄靖、罗德胤、陈挥、云翔、刘明瑞

少城公司成员：徐军、任毅、田民、张燕等

2003年11月7日

设计组成员在清华坊、雅安上里古镇考察。

设计组成员：黄靖、罗德胤、陈挥、云翔、刘明瑞

少城公司成员：徐军、任毅、田民、张燕等

2003年11月8日

设计组成员在高颐阙、平乐古镇、大邑刘氏庄园、文殊院、大慈寺考察。

设计组成员：黄靖、罗德胤、陈挥、云翔、刘明瑞

少城公司成员：徐军、任毅、田民、张燕等

2003年11月9日

设计组成员在崇州街子古镇考察。

设计组成员：黄靖、罗德胤

2003年11月10～12日

设计组成员在宽窄巷子现场具体调研工作，并向少城公司作出初步汇报。

设计组成员：黄靖、罗德胤、陈挥、云翔

少城公司成员：郭卫平、刘晓建、周晖、徐军等

2003年11月12日

成都宽窄巷子历史文化保护区居民动迁工作启动。

2003年12月15日

成都少城公司赴清华安地公司听取中期规划方案汇报，并提出修改意见。

设计组成员：刘伯英、黄靖、罗德胤、陈挥、云翔等

少城公司成员：郭卫平、刘晓建、周晖、徐军等

2003年12月17日

成都市发展计划委员会下发《关于成都市宽窄巷子历史文化保护区保护性改造工程项目建议书的补充批复》。

2003年12月24日

少城公司根据清华安地中期汇报的成果，提出《关于宽窄巷子片区规划方案设计工作的意见》，作为下阶段的设计依据。

2004年1月15日

清华安地公司完成三个规划方案成果，并向成都少城公司领导进行汇报。之后少城公司向有关市、区领导和相关专家汇报。

设计组成员：刘伯英、黄靖、罗德胤、陈挥、云翔等

2004年2月12日

清华安地向成都市副市长孙平作项目汇报。成都少城公司对三个规划方案提出深化意见，并提出以一、二方案为主要方向，做好向建设部汇报的准备。

清华安地成员：刘伯英、罗德胤

2004年3月4日

经成都市领导和有关专家以及少城公司提出的修改意见，决定以第二规划方案为实施方案，清华安地最终完成并提交报审规划设计文件。

2004年3月19日

成都少城公司对实施方案提出具体修改意见。

2004年3月24日

由成都市副市长孙平带队，成都市建委、市规划局、少城公司、清华安地参加，向建设部规划司进行宽窄巷子项目进展情况汇报。

清华安地成员：冯钟平、刘伯英、黄靖

成都少城成员：郭卫平、徐军等

2004年4月29日

由成都少城建设管理公司委托，成都市规划局组织召开"成都市宽窄巷子历史文化保护区规划实施方案"专家评审会，由清华安地公司对规划设计方案进行汇报演示。

清华安地成员：刘伯英、黄靖

成都少城成员：郭卫平、徐军等

专家组成员：张樵、郭世伟、季富政、刘家琨、应金华、庄裕光、刘启芝、朱成

2004年5月17日

成都市规划管理局签发《"成都市宽窄巷子历史文化保护区规划实施方案"专家评审会》会议纪要，原则通过清华安地所作规划设计方案。

2004年5月22日

清华安地设计成员赴现场进行第二次调研。

清华安地成员：黄靖、罗德胤、古红樱

2004年5月28日

由葛红林市长为首的市有关领导在规划局听取包括宽窄巷子在内的成都市重点项目汇报。

2004年6月7日

成都市规划委员会办公室下发文件《二〇〇四年成都市规划委员会第四次主任会议会议纪要》，原则通过宽窄巷子历史文化保护区实施规划。

2004年6月7日

清华安地与成都少城公司签订"宽窄巷子历史文化保护区保留院落测绘"合同。

2004年6月7日

清华安地与成都少城签订"宽窄巷子项目招商设计效果图制作"协议。

2004年6月10～18日

清华安地赴成都宽窄巷子进行第一次保护院落测绘。

测绘小组成员：罗德胤、古红樱、李秋香、陈禹夙、刘敏、余猛、梁多林、邓显飞、蔡楠、路旭、郑瑜、蔡凌燕、赵雷、赵霏霏、刘聪、宁阳。

2004年6月14日

清华安地向成都少城策划部提供宽窄巷子招商效果图设计成果。

2004年7月8～15日

清华安地赴成都宽窄巷子进行第二次保护院落测绘。

测绘小组成员：罗德胤、古红樱、李秋香、陈禹夙、刘敏、梁多林、邓显飞、赵雷、赵霏霏、刘聪、宁阳、徐晓颖、朱磊、刘磊、孙燕、孙诗萌、王建新。

2004年7月14日

由清华安地向成都市规划管理局办公会汇报宽窄巷子实施规划方案。

清华安地成员：刘伯英、黄靖

市规划局成员：张樵、郭世伟等办公会成员

2004年8月3日

成都市规划管理局下发《对武侯区5（V.B）-a、b、c控制性详细规划等八个规划成果的批复》，正式批准通过对宽窄巷子实施规划的审查。

2004年8月10日

成都少城公司公布《宽窄巷子历史文化保护区工程项目建设2004年下半年度工作计划》，保护工程正式启动。

2004年8月12日

清华安地向成都少城公司提供宽窄巷子历史文化保护区建筑单体意向性方案设计，并作出汇报。

清华安地成员：黄靖、古红樱、弓箭

2004年8月13～17日

项目组赴九寨沟、黄龙、阆中古城等地考察。

清华安地成员：刘伯英、黄靖、古红樱、林霄、胡建新、弓箭、周珏、云翔、陈禹夙

成都少城成员：徐军、余继陵、田民、张燕

2004年8月18日

项目组成员在宽窄巷子现场调研，与居民代表羊角、李华生、蔡先生座谈。与少城公司商讨下阶段工作计划。

2004年9月9日

成都少城委托清华安地公司承担宽窄巷子东广场及农贸市场立面改造设计。

2004年9月13日

成都市规划管理局批复由成都市政设计院所作的宽窄巷子市政设施规划方案。

2004年10月10日

清华安地完成全部宽窄巷子历史文化保护区建筑单体方案设计成果，并提交成都少城公司。

2004年10月19日

项目组在宽窄巷子现场调研搬迁进展情况。

2004年10月20日

成都市规划局牵头组织"成都历史文化保护区工作领导小组"召开宽窄巷子保护和建设项目建筑设计方案专家讨论会，由少城公司介绍搬迁进度、清华安地汇报建筑设计方案。

专家组成员：郭世伟、季富政、应金华、庄裕光、朱成等

清华安地成员：刘伯英、黄靖、罗德胤、古红樱

2004年10月25日

由"成都历史文化保护区工作领导小组"签发《宽窄巷子保护和建设项目建筑设计方案专家讨论会》会议纪要，通过清华安地公司所作的建筑设计方案。

2004年11月10日

清华安地公司完成样板区六个院落的初步设计。

2004年11月16日

由少城公司总经理刘晓建签发中标通知书，清华安地公司在由成都市蓉咨工程造价咨询事务所有限责任公司代理的关于"成都宽窄巷子历史文化保护区建设项目工程设计"的投标中中标。

2004年11月25日

窄巷子1号正式开始落架重修，标志宽窄巷子维修工程正式进入施工阶段。

2004年12月7～10日

项目组赴杭州、上海、苏州等地考察。

清华安地成员：刘伯英、古红樱、弓箭、胡建新、林霄、周珏、何伟嘉

2004年12月10～14日

清华安地公司进行第三次保护院落测绘，所有测绘任务完成。

测绘小组成员：罗德胤、赵菲菲等

2004年12月15日

清华安地向四川省建委、省政协等单位有关领导汇报宽窄巷子保护设计工作，项目组考察宽窄巷子样板区工程进度，并到文殊院施工现场参观。

清华安地成员：刘伯英、罗德胤、古红樱

2005年1月16日

成都少城公司与清华安地公司正式签定《成都宽窄巷子历史文化保护区保护院落建筑初步设计与施工图设计合同》。

2005年1月28日

葛红林市长主持会议，听取城投集团、少城公司对于宽窄巷子项目进展的汇报。

出席领导：葛红林、邓全忠、张学爱、李家松、王松涛、龙跃永、严宗明、宋学明、冯亚曦、余麟、杨灿智、张思冰、夏捷、刘晓建等。

2005年2月3日

成都市人民政府办公厅下发《关于宽窄巷子保护及建设工作的会议纪要》，传达葛红林市长对宽窄巷子项目的重要指示。

2005年2月28日

项目组考察宽窄巷子样板区施工情况，并参观文殊院历史文化保护区工地。

清华安地成员：刘伯英、黄靖、古红樱、弓箭、林培瑜、何伟嘉、谢阳、董大陆

2005年3月1日

由成都市规划管理局牵头组织，由成都市历史文化保护区专家领导小组、成都少城、清华安地、施工单位、监理单位、青羊区消防大队、市公安局青羊分局、成都市市政设计研究院、成都市电业局供电公司等部门参加，举行"成都宽窄巷子历史文化保护区改造建筑单体初步设计专家组审查会"。会上听取少城公司项目进展介绍和清华安地公司初步设计汇报，专家组进行全面研讨，提出许多有益的意见和建议。

专家组成员：郭世伟、季富政、应金华、庄裕光、张明等

清华安地成员：刘伯英、黄靖、古红樱、弓箭、林培瑜、何伟嘉、谢阳、董大陆

2005年3月2日

项目组与宽窄巷子样板区古建施工单位座谈研究施工工艺，并赴黄龙溪、陈家桅杆考察。

清华安地成员：黄靖、古红樱、弓箭

2005年4月7日

由成都市规划管理局签发《成都市宽窄巷子历史文化保护区改造建筑单体初步设计专家组审查会议纪要》，原则通过由清华安地公司所作的建筑初步设计成果，并提出由市政府有关领导协调消防专项审查事宜。

2005年5月24日

成都少城公司委托四川省建筑科学研究院所作的《宽窄巷子历史建筑安全性鉴定》报告正式提交。

2005年6月7日

成都市委书记李春城视察三大历史文化保护区建设工作，对宽窄巷子保护与改造项目明确指出："要把好事办好。"

2005年6月20日

成都少城公司向市政府提交《关于加快推进宽窄巷子历史文化保护区保护与建设工作的实施方案》。

2005年7月13日

项目组在宽窄巷子现场考察工程进展情况。

清华安地成员：黄靖

2005年7月28日

项目组赴成都考察"锦里"项目。

清华安地成员：黄靖、罗德胤

2005年8月18日

清华安地公司所作的宽窄巷子历史文化保护区工程建筑单体初步设计，由西南建筑工程咨询公司审查设计文件后出具"成都市建筑工程初步设计专家审查意见书"。

2005年8月27日

项目组在宽窄巷子现场考察工程进展情况。

清华安地成员：黄靖、古红樱

2005年9月14日

项目组在宽窄巷子现场考察工程进展情况。

清华安地成员：古红樱

2005年12月2日

项目组在宽窄巷子现场考察工程进展情况。

清华安地成员：林霄、云翔、李匡

2006年2月24日

项目组在宽窄巷子工地考察施工情况。与施工建设单位研究施工验收的程序。

清华安地成员：黄靖、古红樱

2006年2月24日

在成都市消防支队召开"成都宽窄巷子历史文化保护区消防专项审查"会议。

成都消防支队代表：李杰、陈阳寿、李杰、陈平

清华安地公司代表：刘伯英、黄靖、古红樱、何伟嘉

成都少城公司代表：郭卫平、徐军、张燕

其他有关代表：肖宏业、吴国信、艾军等

2006年3月28日

由成都市消防支队、清华安地公司、成都少城公司共同签发《成都宽窄巷子历史文化保护区建筑初步设计消防专业审查会议纪要》，原则上同意清华安地公司提出的消防设计。

2006年5月9日

项目组在宽窄巷子现场考察工程进展情况。

清华安地成员：张冰冰

2006年6月7日

由成都市消防支队正式签发《成都市公安局建筑工程消防审核意见书》，通过宽窄巷子历史文化保护区消防设计。

2006年9月18日

项目组在宽窄巷子现场考察工程进展情况。

清华安地成员：陈挥

2006年10月23～25日

项目组对宽窄巷子样板区竣工院落进行验收，并提出施工过程中存在的问题。同时考察文殊院、大慈寺、水井坊、太平巷等历史文化保护区的建设情况。

清华安地成员：黄靖、古红樱

2.相关重要资料索引、摘要

2.1关于历史文化建筑和街区保护建设的理论研究与政策法规

2.1.1 国际相关文献宪章

· 《雅典宪章》

1933年8月，国际现代建筑协会在希腊雅典召开会议，制定了著名的《雅典宪章》。宪章第一次明确提出城市的四大功能，并且第一次提出了保护有历史价值的古建筑和地区的建议。宪章中规定：有历史价值的古建筑均应妥为保存，不

可加以破坏。真正能代表某一时期的建筑物，可引起普遍兴趣，可以教育人民；应保留其中不妨碍居民健康的；在所有可能条件下，将所有干路避免穿行古建筑区，并使交通不增加拥堵，亦不得妨碍城市有机发展；在古建筑附近的贫民区，如有计划清除后，即可改善附近的居住区生活环境，并保护该地区居民的健康。

· 《威尼斯宪章》

在随后各国落实《雅典宪章》所规定的保护历史建筑和街区的过程中，出现了更多的复杂问题，为此，从事历史文物建筑工作的建筑师和技术人员国际会议第二次会议于1964年5月25日至31日在意大利的威尼斯召开，并通过保护文物建筑及历史地段的国际宪章，即《威尼斯宪章》。宪章从定义、保护、维修、历史地段、发掘、出版等六个方面详细规定了文物建筑及历史地段的性质、保护与修复的原则。关于文物建筑的概念，宪章不仅扩展了原有的内涵，而且做出更加全面、科学的论述：历史文化建筑的概念，不仅包括个别的建筑作品，而且包含能够见证某种文明、某种有意义的发展或某种历史事件的城市或乡村环境，这不仅适用于伟大的艺术品，也适用于由于时光流逝而获得文化意义的在过去比较不重要的作品。在此基础上，宪章更将注意点扩展到范围更大的环境上：保护一座文物建筑，意味着要适当地保护一个环境。任何地方，凡传统的环境还存在，就必须保护；一座文物建筑不可以从他所见证的历史和他所产生的环境中分离出来。

· 《马丘比丘宪章》

1977年12月，国际上一些著名的城市规划师聚集于秘鲁首都利马，以《雅典宪章》为出发点进行讨论，并提出更符合时代发展的理论建议，这便是与《雅典宪章》同样具有时代意义的《马丘比丘宪章》。宪章在文物和历史

遗产的保存和保护部分指出：城市的个性和特性，取决于城市的体形结构和社会特征，因此不仅要保存和维护好城市的历史遗迹和古迹，而且要继承一般的文化传统，一切有价值的可以说明社会和民族特性的文物必须保护起来；保护、恢复和重新使用现有历史遗址和古建筑必须同城市建设过程结合起来，以保证这些文物具有经济意义并继续具有生命力；在考虑再生和更新历史地区的过程中，应把优秀的当代建筑物包括在内。

·《华盛顿宪章》

1987年10月，国际古迹遗址理事会第八届大会在华盛顿召开，并通过了保护历史城镇与城区宪章，这就是著名的《华盛顿宪章》。作为《威尼斯宪章》的补充，新文本中规定了保护历史城镇和城区的原则、目标和方法。宪章主要内容是：对历史城镇和其他历史城区的保护应成为经济与社会发展的完整组成部分，并应列入各级城市与地区规划；所要保存的特性包括历史城镇和城区的特征以及表明这种特征的一切物质和精神的组成部分；当需要修建新建筑物或对现在建筑物改建时，应该尊重现有的空间布局，特别是在规模和地段大小方面；应允许引入与周围环境和谐的现代因素，因为这些特征能为这一地区增添光彩。

·《保护世界文化和自然遗产公约》

联合国教育、科学及文化组织大会于1972年10月17日至11月21日在巴黎举行了第十七届会议。会议中各国专家注意到文化遗产和自然遗产越来越受到破坏的威胁，一方面因年久腐变所致，同时变化中的社会和经济条件使情况恶化，造成更加难以对付的损害或破坏现象。任何文化或自然遗产的坏变或丢失都有使全世界遗产枯竭的有害影响，考虑到由遗产所属国家来保护的工作往往不很完善，原因在于这项工作需要大量投入，而并不是所有国家均具备充足的经济、科学和技术力量。为了保存和维护世界遗产，建议有关国家订立必要的国际公约来维护、增进和传播知识。而现有的关于文化和自然遗产的国际公约、建议和决议表明：保护不论属于任何国家无法替代的遗产，对全世界人民都很重要。部分文化或自然遗产具有突出的重要性，因而需作为全人类世界遗产的一部分加以保护。鉴于威胁这类遗产的规模和严重性，整个国际社会有责任通过提供援助来参与保护具有突出的普遍价值的文化和自然遗产，这种援助尽管不能代替有关国家采取的行动，但将成为它的有效补充。考虑到有必要通过公约形式，为保护具有突出的普遍价值的文化和自然遗产建立一个根据现代科学方法制定的永久性的制度。这便是《保护世界文化和自然遗产公约》。

2.1.2 国内相关政策与法规

相关规范：

《文物保护法》、《城市规划法》

《城市紫线管理条例》、《历史文化名城保护规划规范》

相关地方制定的历史文化保护区规范与管理办法等

相关概念：

·文物

文物是我国对文化财产和文化遗产的一种特殊称谓。我国《文物保护法》中对文物并没有法律性的定义，一般认为："文物一词是人类社会历史发展进程中遗留下来的一切有价值的物质遗存的总称。"

·历史文化名城

历史文化名城是指经国务院批准公布的保存文物特别丰富并且具有重大历史价值或革命纪念意义的城市。根据《中华人民共和国文物保护法》的规定，被列入历史文化名城的城市应符合以下三条标准：城市的历史悠久，仍保存有较为丰富、完好的古迹，具有重大的历史、科学、艺术价值；城市的现状格局和风貌仍保留着历史特色，并具有一定数量的代表城市传统风貌的街区；文物古迹主要分布在城市的市区和郊区，保护和合理利用这些历史文化遗产对该城市的性质、布局、建设方针有重要影响。

相关概念：

·历史文化保护区（历史街区、历史地段）

历史地段是指保留遗存较为丰富，能够比较完整、真实地反映一定历史时期传统风貌或民族、地方特色，存有较多文物古迹、近现代史迹和历史建筑，并具有一定规模的地区。历史地段是国际上通用的概念，可以是文物古迹比较集中连片的地段，也可以是能较完整体现出历史风貌或地方特色的区域。地段内可以有文物保护单位，也可以没有文物保护单位，历史地段可以是街区，也可以是建筑群、小镇、村寨等。

历史街区是历史地段的重要类型之一。我国历史地段的保护首先是从历史街区开始的，这是因为历史街区内涵丰富，是城市生活的一个重要组成部分，它以整体的环境风貌体现其历史文化价值，展示着某历史时期的典型风貌特色，反映着城市历史发展的脉络。2002年修改通过《中华人民共和国文物保护法》采用"历史文化街区"这个法定名词，"历史街区"这个名词将被逐步取代。

1986年12月8日国务院批准的建设部、文化部《关于请公布第二批国家历史文化名城名单的报告》中提出，对于一些文物古迹比较集中，或能较完整地体现出某一历史时期的传统风貌和民族地方特色的街区、建筑群、小镇、村寨等，可根据它们的历史、科学、艺术价值，公布为"历史文化保护区"。历史文化保护区与历史文化街区的内涵基本相同。

·文物保护单位

我国的《文物保护法》规定：革命遗迹、纪念性建筑、古文化遗址、古墓葬、古建筑、石窟寺、石刻等文物，应当根据它们的历史、艺术、科学价值，分别确定为不同级别的文物保护单位。这实际上是将一切不可移动或不应当移动而需要原地保存的文物统称为"文物保护单位"。

·文物建筑和保护建筑

我国在建筑保护中常将"作为文物的建筑"简称为"文物建筑"，这并非是我国对"保护建筑"的官方称谓，而只是一种较为随意的学术用语和民间称谓。保护建筑是指在历史文化名城和历史文化街区的保护过程中，经常可以发现一些有保护价值但未被列入文物保护单位的建筑物或构筑物，应当将这类建筑物或构筑物列为保护建筑一类，按照文物保护单位的保护原则进行保护，条件成熟时，按照程序申报为文物保护单位。

·历史建筑

我国将历史建筑定义为，有一定的历史、科学、艺术价值的，反映城市历史风貌和地方特色的建筑物和构筑物。历史建筑一般不包括恢复重建、仿古、仿制建筑，不包括文物保护单位中的建筑物和构筑物以及保护建筑。这类建筑物、构筑物数量较多，是历史文化街区的主体，保护的方式应当是保存外表、改造内部、改善居住条件，与保护建筑的保护方式有所不同。

·文物体系图（见ppt）

2.2案例分析与比较

2.2.1 国内外知名街区案例

如重庆瓷器口，丽江大研古城、束河古城、榕城茉香，福州三坊七巷等。

- 日本京都
- 上海新天地
- 北京东四三条——八条
- 北京南锣鼓巷
- 广西北海老街

2.2.2 同城横向比较：成都其他历史文化保护区与历史地段

锦里、文殊坊、大慈寺、水井坊……

·琴台路文化商业街

原有老琴台路是成都市的珠宝一条街，大型珠宝银楼在这条街荟萃，也兼有少数规模型餐饮店，街道两侧建筑既有传统样式，又有现代风格，整个街区缺乏统一性，特色不鲜明。青羊区政府投资3000万元的改造工程，于2002年12月30日开街迎客。新琴台路全长900米，以汉唐仿古建筑群为依托，以司马相如和卓文君的爱情故事为主线，展示汉唐礼仪、乐舞、宴饮等风土人情。琴台路在改造过程中注重了特色街区的营造以及同周边环境的结合。

琴台路出在成都市古建筑比较密集的地段，周边有杜甫草堂、青羊宫、百花潭、文化宫等古迹与公园。改造后的琴台路很好地融入这样一片文化氛围当中，同时强化了自身的特点。最具特色的是全长920米的，纵贯整条街道的汉画像砖铺装，这条砖带荟萃了中国目前可考的绝大部分汉画像内容，充分展示了汉代社会现实生活场景。

·文殊院历史文化保护区

文殊院位于成都市旧城北部文殊院街，是全国闻名的佛寺之一，该寺始建于南齐，明末毁于战乱。清康熙三十年(1691年)重建，奠定了现

文殊院历史文化保护区建设完成后 （资料来源：作者拍摄）

附录

321

在的规模。寺院坐北朝南，占地82亩，全寺有殿堂、房舍192间，建筑面积约2万平方米。文殊院为省级文物保护单位，除进行宗教活动之外，还有露天茶座、素菜馆等商业。这里是成都市民休闲的重要场所之一，每逢假日，烟气缭绕、人声鼎沸。

2004年5月文殊院历史文化保护区保护实施规划终于通过审查，保护工程进入实施阶段。保护区北起大安西路，南到白家塘、红石柱街，东接草市街，西抵人民中路，规划面积26.9公顷，其中以文殊院为中心的核心区约10公顷。规划以保护、整治文殊院古迹和历史文化街区为主题，以文殊院、五岳宫街为主要界面，充分完善文殊院历史文化保护区文化产业和商业功能，纵深延续形成宗教文化、民俗文化、传统产业文化和旅游观光产业区。

大慈寺保护区拆迁现场

·大慈寺历史文化保护区

大慈寺始建于唐朝末年，历经宋元两代，明朝先后两次毁于火灾和战乱，清代康熙、光绪年重建，"文革"和后来的市政建设拆除了寺庙的部分建筑，2003年全面整修，形成现在规模。尽管现在的大慈寺的建筑与规模远非昔日可比，但它所代表的一部分文化传统却流传下来。比如川剧座唱、字画拍卖、泥人雕塑等，最典型的是茶馆文化，"大慈寺喝茶"是成都文化圈聚会的方式，经常会在大慈寺的茶棚里见到流沙河、车辅等文化前辈。

大慈寺历史文化保护区位于以蜀都大道以南，东、西糠市街以北，纱帽街以东，东顺城南街和笔帖式街以西除大慈寺外的范围，总用地12.65公顷。一期工程为保护区的西南部分，用地北至大慈寺街，西至纱帽街，南至西糠市街，东至北糠市街，面积约1.5公顷。规划设计通过风貌保护和完善，保留了传统建筑

大慈寺保护区建设现场

格局和传统街区、里、巷、院落的走向，并加以明确化，设计中更多考虑对原有空间的重组、维护，尊重原有空间的院落围合方式、空间尺度，力图唤醒消失的记忆，重现原有街区的邻里感受。规划设计成功地认识到大慈寺片区与社会经济发展的协调，一期用地定位于旅游商业区，不但给大慈寺历史文化保护区"重生"的机会，也是让历史文化延续传承的有效手段。

·水井坊历史文化保护区

水井坊历史文化保护区东邻九眼桥，西靠府河，北与东大街接壤，南临南河，街区包括现在的水井街、双槐树街、金泉街和星桥街，同时街区两侧呈放射状分布有存古巷、黄伞巷、青龙正街等6条街巷，占地约14.1公顷。水井坊街形成于唐宋，繁荣于元、明、清，历史遗迹颇多，街区建筑有商铺、公馆、四合院等传统建筑。1998年8月，全兴公司在技改工地偶然发现地下遗址，经四川省文物考古部门联合试掘，1999年3月正式发掘，国内外著名专家、学者对水井街酒坊遗址考古成果和重要价值予以高度评价。

新规划的水井坊历史文化保护区，以"层楼、廊桥、牌坊"形成中轴线，辐射核心街区，充分挖掘水井坊古窖遗址保护区的历史文化内涵，在遗址西侧已拆迁地块将按官派公共建筑风格进行建设，着力打造具有巴蜀历史文化、酒文化特色和川西官派建筑个性的标志性建筑；遗址东侧的居民房屋将按川西民居并结合官派建筑风格进行保护性改造。依托遗址保护区，将新建全市最大的酒文化广场，重建锦官驿码头，将该片区打造成为以酒肆、茶馆、旅游纪念品以及古玩字画等为主的特色历史街区。

·太平巷历史街区

太平巷位于锦江之畔，安顺桥与九眼桥之间的临江狭长地块。明清以来由于一直是码头工人、贩夫走卒聚居之地，造成酒肆商铺林立，十分繁华，所以有"两桥之间享太平"之说。随着时光变迁，府南河的改造，太平巷成为最后的尚未改造的临河地块，当然也就是最难改造的地块。2003年，武侯区政府下决心将太平巷改造成为临河区井文化街区，提出"太平新巷一成都老房子"的构想。然而最使太平巷历史街区旧城改造出名的是在成都首次提出"不动迁模式"。

武侯区政府在太平巷改造时提出的"不动迁模式"，采取统一规划但不统一征地拆迁的政策，同时鼓励投资主体多元化。即在统一的

太平巷保护区建设完成后

规划与建筑改造方案的指导下，投资主体可以是开发商，也可以是住户本人，政府部门从中穿针引线提供服务，200多住户可以不搬迁，在原址维修翻建，可以自己当老板投资改造，也可以引资、合资或出售多种形式。经过一年多的改造已经初具规模，沿江已形成酒吧、咖啡、水吧、餐饮等休闲文化场所，商业价值充分体现，在统一的规划原则指导下，对原街区内道路格局、尺度空间予以保留，以民居客栈、特色小店、家庭餐饮等形式突出体现川西民居院落特色。

·锦里商业街

2004年10月31日，锦里开街，这条紧邻武侯祠西侧兴建、全长不过340米的小街却在成都市掀起轩然大波：商业的极度成功，依稀可以媲美上海新天地，短短一年多时间，这里不仅成为

成都旅游的必经之地，而且成为成都时尚之街、文化之街，媒体、网络、背包客的追逐之地。

作为商业地产来说，锦里是一个成功的典范；作为历史地段的更新设计来说，锦里也给专家学者和设计工作者以启示。锦里是借用西蜀历史上最古老的商业街道之名，采用清末民初的四川古镇建筑风格的一条商业街，依托武侯祠，以三国精神为灵魂，民清风貌为外表，民风民俗为内涵，将历史与现代有机结合。

2.2.3 成都市几个历史文化保护区的进程比较

成都市的历史文化保护区包括文殊院、大慈寺、宽窄巷子三个国家级历史文化保护区，以及华西医科大学、水井坊、太平巷等几处市级保护区，我们主要比较的是三大保护区以及以"不动迁模式"改造的太平巷历史街区。

宽窄巷子历史文化保护区建设过程

四片保护区的进度不尽相同，太平巷由于地块很小，一期完成后陷入困境，已无法继续更新；文殊院保护区于2006年"十一"期间一期工程完工开街迎客，二期正加紧建设；宽窄巷子保护区一期样板区大约十二个院落和新建的"小观园"青年旅社将在2007年春节前完成，其他保护院落和另两处新建建筑也已经陆续开工；大慈寺保护区进展最为缓慢，目前仅完成寺庙的维修，和两处保留院落的修复，部分已搬迁的民居建筑已经拆平尚未建设，大部分地块动迁工作未结束。

比较分析四处保护区保护工作的得失，可以为今后的保护工作总结经验：

（1）太平巷保护区在成都率先提出"不动迁模式"的居民自建行为，为历史街区的保护与更新注入新的活力源泉，居民充分参与自建维修，政府只起到协助作用，在实践之初，确实取得较好的效果与社会影响。然而随着工程进展加快，缺乏政府职能部门监管和专业技术人员的深入设计，保护与更新工作逐渐混乱，最终停滞下来。尽管太平巷保护区"虎头蛇尾"的保护实践不能算完全成功，但"不动迁模式"还是给我们以启示，并在宽窄巷子保护区的实践中部分采用。

（2）文殊院历史文化保护区在三大保护区中进展比较顺利，以整体动迁模式将全体居民迁出，变更全部用地性质，改成商业街形式；保留了七处有历史价值的院落并将之迁移至一个地块内，其余全部新建仿传统样式建筑。文殊院保护区的最大失误在于丧失了传统街巷的尺度与居民生活，新建成的仿传统形式建筑虽然在高度和院落形式上控制严格，但毕竟是在原有的民居生活土地上建造了新格局的商业街。我们在宽窄巷子保护区的实践中，明确了保护的重点，即保护街巷格局和院落空间，使得宽窄巷子永远留在城市记忆中。

（3）大慈寺历史文化保护区是最先启动的一片，但是由于动迁过程中采用了一些过激手段，导致居民坚决反对，至今项目没有什么进展。宽窄巷子的动迁是在大慈寺风波之后进行的，始终以温和的态度、优惠的条件、耐心的服务处理动迁过程中的问题，虽缓慢但十分顺利。

（4）宽窄巷子历史文化保护区正是吸取了其他几片保护区的经验教训，结合自身的特点与优势，保护与更新工作有条不紊地开展，得到各界人士的好评，特别是少部分居民从反对抵触到支持理解，再到帮助监督，做到真正意义上的居民参与。

3.图纸

3.1 成都宽窄巷子历史文化保护区实施规划图纸

规划用地范围图

美丽中国·宽窄梦

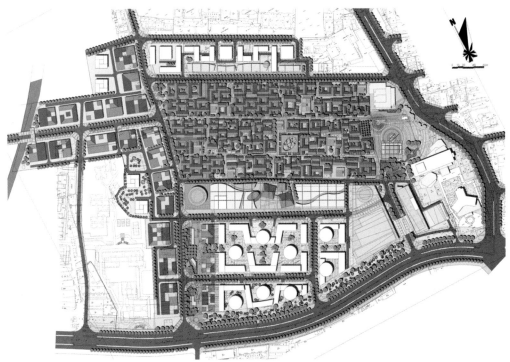

规划总平面图

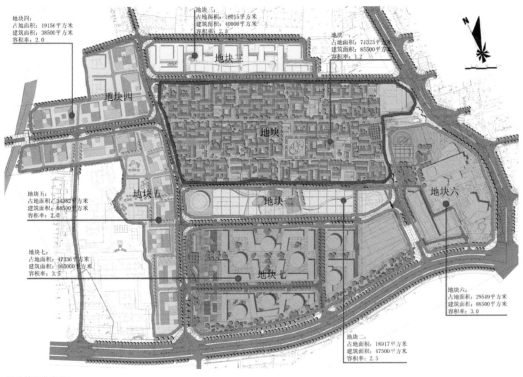

地块四：
占地面积：19156平方米
建筑面积：38500平方米
容积率：2.0

地块三：
占地面积：18015平方米
建筑面积：40000平方米
容积率：2.5

地块一：
占地面积：71323平方米
建筑面积：85500平方米
容积率：1.2

地块三

地块四

地块一

地块五：
占地面积：34382平方米
建筑面积：68500平方米
容积率：2.0

地块五

地块二

地块六

地块七：
占地面积：47336平方米
建筑面积：165000平方米
容积率：3.5

地块七

地块六：
占地面积：29549平方米
建筑面积：88500平方米
容积率：3.0

地块二：
占地面积：18917平方米
建筑面积：47500平方米
容积率：2.5

用地控制指标图

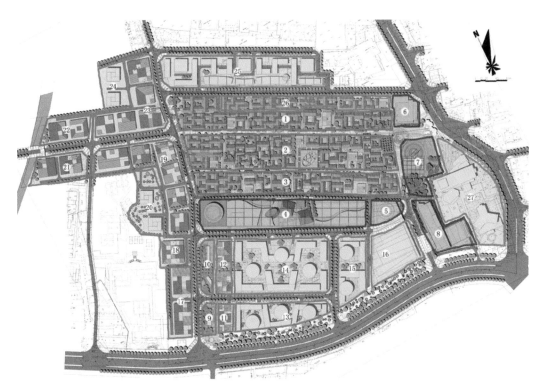

开发强度控制图

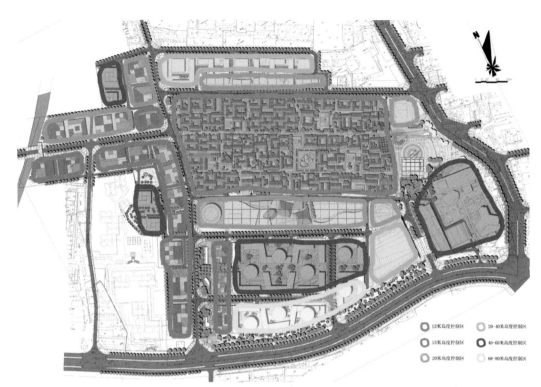

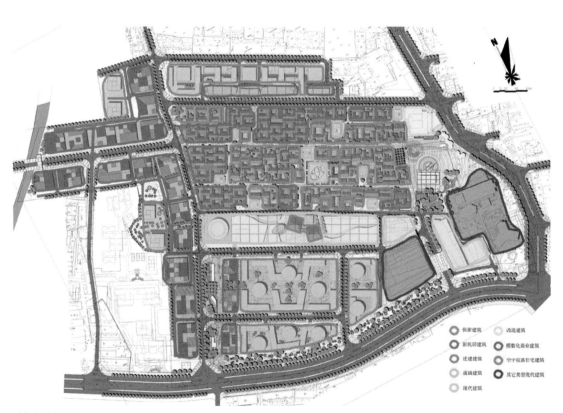

建筑高度控制图

建筑类型分析图

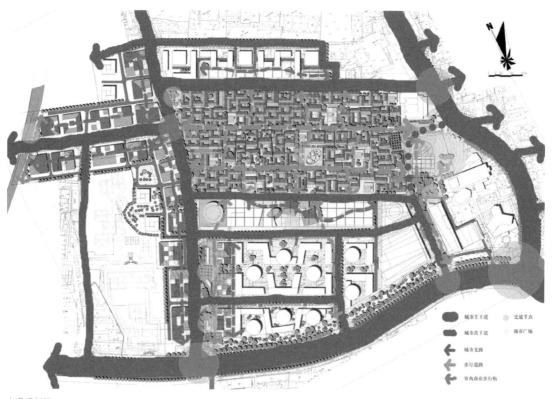

交通规划图

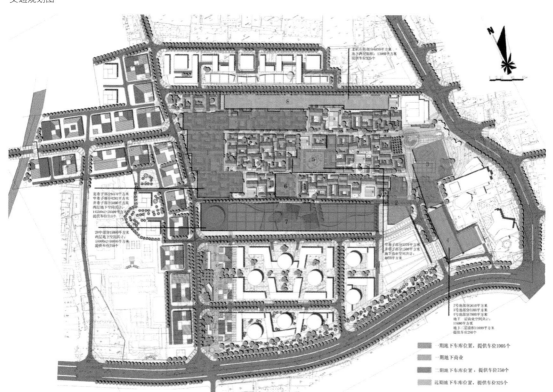

地下空间规划图

规划模型照片

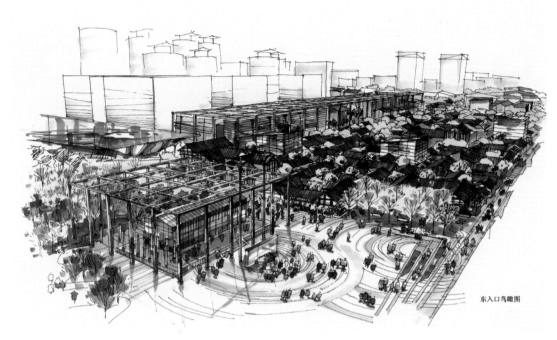

东入口鸟瞰图

总体鸟瞰图

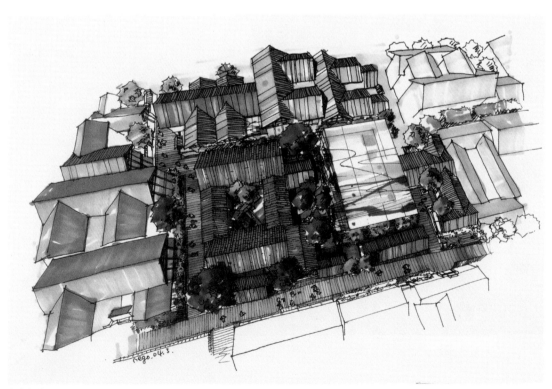

庭院鸟瞰图

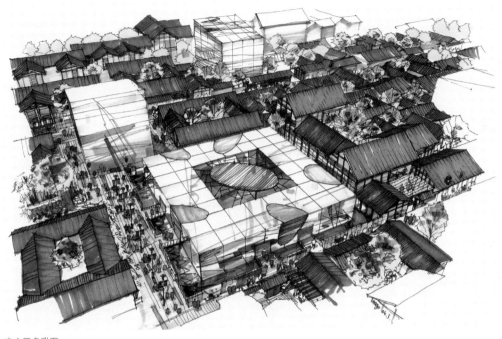

中心区鸟瞰图

下同仁路城墙广场鸟瞰

城墙广场透视

街巷效果图
宽巷子的街景，小院院墙
设计为玻璃的不影响视线
交流；沿街建筑立面增加
商业氛围；边角以植物填
充。

宽巷子街景透视图

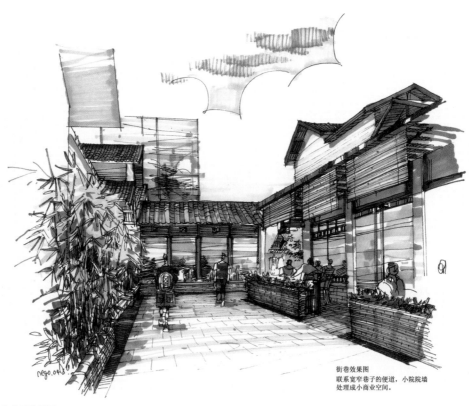

街巷效果图
联系宽窄巷子的便道，小院院墙
处理成小商业空间。

宽巷子效果图

街巷效果图
玻璃盒点缀在实墙上，
形成现代风格的墙体
景观，便于内外的沟
通，空地处放置井台
状水缸花池。

宽巷子效果图

街巷效果图
玻璃墙与实墙交替出
现，道路上点缀盆花
等，与周围的植物交
相辉映，空地处放置
水缸花池。

窄巷子效果图

街巷效果图
沿街建筑立面增加商
业氛围；边角以植物
填充，道路铺装因新
旧面不同处理。

井巷子效果图

井巷子夜景透视

窄巷子展演中心室内透视

新民居透视

传统院落餐饮区透视

建控区商业建筑透视

3.2 成都宽窄巷子历史文化保护区建筑方案设计图纸

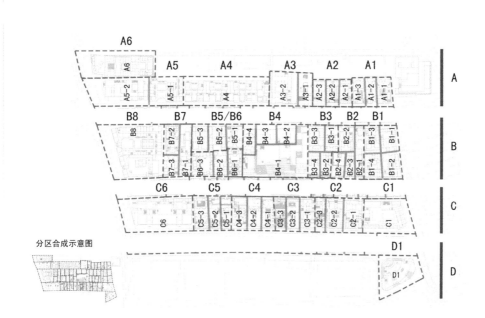

院落分组及编号图

分区合成示意图

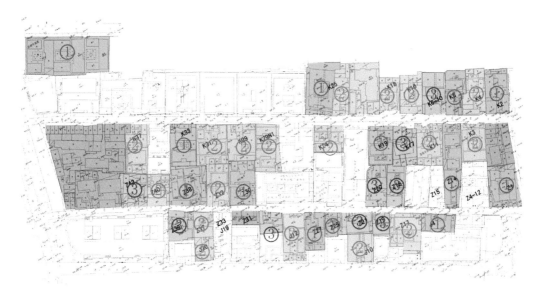

　一类院落　　二类院落　　三类院落　　四类院落

核心保护区现状院落分类图

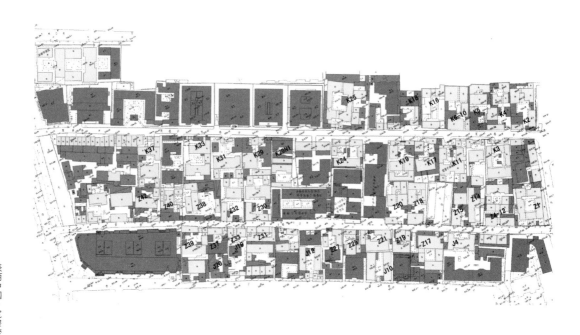

☐ 木构类历史建筑　■ 砖木类历史建筑　■ 新建永久性建筑　■ 临时搭构建筑

核心保护区现状建筑结构分析图

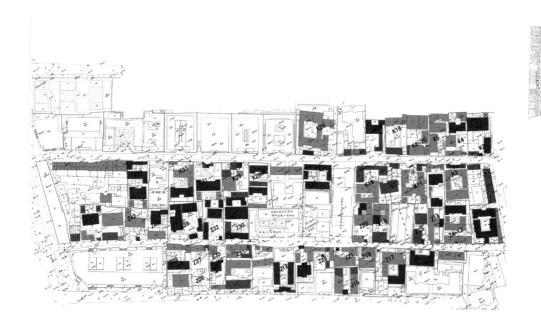

■ 建筑质量较好　■ 建筑质量中　■ 建筑质量差
原结构保存较好　原结构保存一般　原结构破坏较多
原门窗保存较多　原门窗少量保存　原门窗基本缺失

核心保护区保护院落建筑质量分析图

老院墙　旧砖墙　现存原木构门头　现存原砖构门头　井

核心保护区现状门头和院墙分布图

测绘院落

核心保护区测绘院落分布图

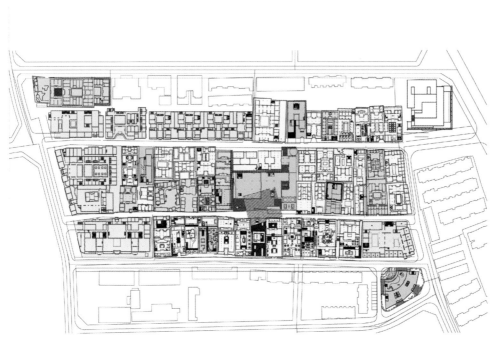

方案设计中保护与更新院落分析图

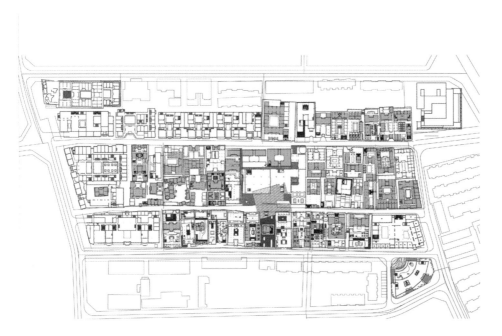

方案预期保留建筑

方案设计中保留建筑分布图

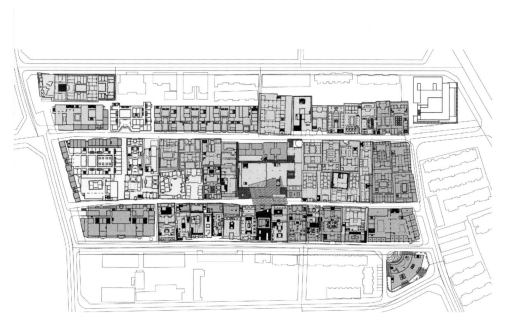

特色餐饮　　酒吧茶楼　　特色酒店　　特色展演　　艺术聚落　　高档会所　　旅游购物

业态分布图

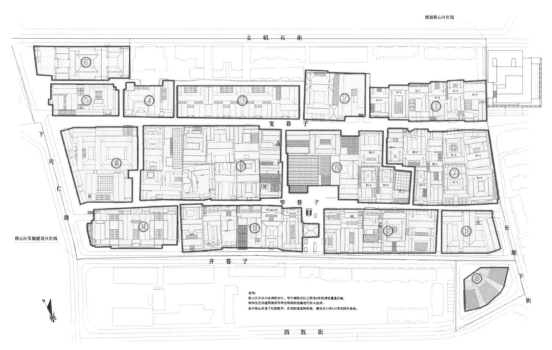

消防分区图

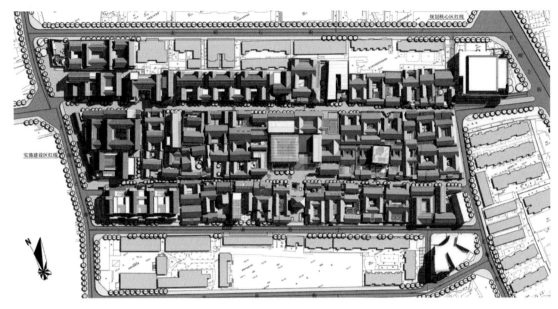

总平面图

一层组合平面图

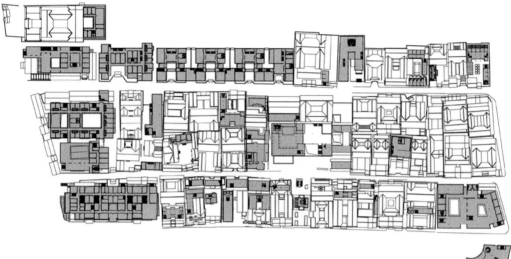

二层组合平面图

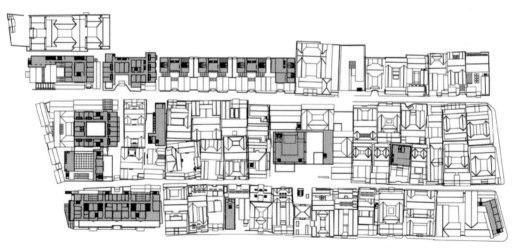

三层组合平面图

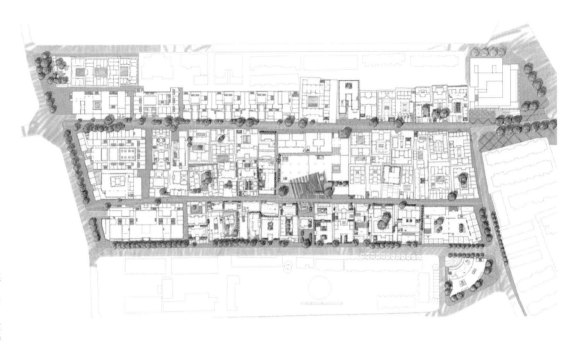

景观设计总平面图

总体鸟瞰图

下同仁路一侧鸟瞰图

长顺下街一侧鸟瞰图

窄巷子夜景鸟瞰图

下同仁路沿街透视图

窄巷子北侧展演中心透视图

长顺上街沿街透视图

宽巷子东广场透视图

宽巷子东段北侧透视图

宽巷子西段北侧透视图

窄巷子中部北侧透视图

宽巷子西段南侧透视图

井巷子西段北侧透视图

井巷子中段沿街透视图

3.3 保护院落施工图设计图纸（以窄巷子1号为例）

宽窄巷子保护院落施工图设计总说明：

成都宽窄巷子历史文化保护区项目分为保护院落工程和新建工程（含保护区相应配套设施）两部分。本次设计为保护区建筑工程的初步设计，此部分的初步设计为以保护、维修、加固和复建为主的设计，不含环境设计、装修的建筑设计内容。屋面瓦及加固等细部做法另行确定。本设计由北京浦华安地建筑设计顾问有限责任公司与北京中元工程设计顾问公司合作共同完成。

一、设计概况：

项目名称：	成都宽窄巷子历史文化保护区保护院落工程			
设计内容	A区	B区	C区	合计
	8个	22个	11个	41个
占地面积（m²）	4752㎡	13934㎡	7693㎡	26379
占总用地面积百分比	18.0%	52.8%	29.2%	
建筑面积（m²）	3739㎡	10193㎡	5078㎡	19010
占总建筑面积百分比	19.7%	53.6%	26.7%	
层数				一到二层，个别为三层，另有部分为二层。
结构形式				木结构为主，有部分为砖木结构。部分破损内保修构件整合为钢结构，其具体设计参与厂家商定后确定。
抗震设防烈度				7度
耐火等级				民用四级

二、设计依据：

1. 《成都市总体规划》
2. 《成都历史文化名城保护规划》
3. 2003年8月《成都宽窄巷子历史文化保护区诚恳规划》（四川西南交通大学）
4. 2004年4月《成都宽窄巷子历史文化保护区实施规划方案》（北京浦华安地建筑设计顾问有限责任公司）
5. 2004年10月《成都宽窄巷子历史文化保护区设计方案》（北京浦华安地建筑设计顾问有限责任公司）
6. 2005年5月《成都宽窄巷子片区部分房屋及门头技术鉴定及咨询服务》（四川省建筑科学研究院）
7. 《成都宽窄巷子历史文化保护区建筑测绘图（一）、（二）、（三）》（清华大建筑学院，北京浦华安地建筑设计顾问有限责任公司）

三、设计规范：

1. 《木结构设计规范》GB50005-2003 GB50165-92
2. 《木结构工程质量验收规范》GB50206-2002
3. 《古建筑修缮工程质量检验评定标准》（南方地区）CJJ 70-96
4. 《古建筑木结构维护与加固技术规范》
5. 《建筑设计防火规范》GBJ16-87
6. 《民用建筑设计通则》JGJ37-87

四、设计要点：

1. 保护宽窄巷子历史文化保护区街道风貌，院落格局和建筑的原制，具体表现为保护其结构形式、材料、装饰、色彩和工艺技术等方面的历史原真特色。

2. 根据对院落的分类，保护完整院落格局并对缺失的院落格局进行补充，通过相关的工程档案、鉴定和结构勘察，确定维修、加固、更新的范围和方法，分别进行门头部修补修缮，并依据院落整体格局的实景进行部分复建或改建。

   1）加固维修：
   主要用于需要完全保护的门门头、木门头、老院墙和部分砖木结构的建筑。根据相应的鉴定报告，在保证结构不变的条件下，进行结构的加固维修修缮。（此项工作不在本设计范围内，由建设单位另行委托相应单位负责。）

   2）幕架大修：
   主要用于传统的穿斗木结构建筑和抬梁式结构建筑，根据工程鉴定和勘察结果，决定对建筑进行全部或局部幕架大修。幕架后的大修应尽可能采用原有构件，并应尽量保护原有构件的损坏严重，不能满足结构安全需求，可采用维修、翻新、替换和更换使用部位等方法，新构件在材料和外观上应与原构件协调。

   3）复建：
   主要用于恢复院落的整体格局并根据审定复建的木结构建筑，在恢复院落的过程中，应尽可能寻证正在损坏状况以及对该地段诸感的主要部分，此类建筑在建筑布局，结构形式，用材，构造、色彩和部饰装修的处理应与原有建筑风貌完全一致。

   4）改建：
   主要用于老院落中为了满足现代化使用需要或加强院格局与部分单体间的联系而新建的部分。

5. 木结构构件的材质防护要求和制作：
   木结构件设计为宽窄巷子历史文化保护区内传统建筑的主要结构形式，对其加固、维修和设计为本项目重点：
   1）木材料质原采用松木或杉木，力学性能大于TC13B的材种，木材使用前应注意干燥，含水率满足规范要求，木结构构件使用的粘结剂强度，耐久性、耐水性应按规范要求。
   2）木结构构件需进行有效的防腐防虫处理，对旧材和更换新材（包括大木作、小木作和其他饰构件）均应用煤焦油加5%五氯酚钠的混合剂浸泡。建筑中各部位的其他施工方法参照《古建筑木结构维护与加固技术规范》执行。
   3）木结构构件整修应当地场的实际情况采取相应的白坊材料处理。
   4）木构件的机械加工应在有剥处理的进行，如因技术原因需作剥碎修整的，必然对木材露的表面涂制料与上述相同的无腐防虫。
   5）对重新利用的原有构件不做更新处理，对新营维的构件需进行做旧处理，以充分体保存作历史信息为原则。原应尽不愿破坏木材的力学性能。
   6）承重木构件其截面要求控制参考《木结构设计规范》4.2.10。
   7）对于木构件之间的连接，按传统做法，并参照结构要求。

六、建筑做法：

1. 屋面（参见总施4）
   1）小青瓦屋面：
   1）卧号厚沟瓦，盖瓦冷铺，槽口做滴水
   2）麻刀灰底灰一道，厚满灰25厚
   3）苫背15X15遍纵横木条二道
   4）1.5厚高分子类防水卷材一道
   5）15厚木望板
   6）80厚底瓦楞子间距270，中间夹镇沟瓦一道
   7）橡条

2. 墙面（内外墙）
   1）编竹夹泥墙：
   1）30厚单层编竹（传统做法）
   2）内外各10厚麻刀灰抹面（按传统配比做法）
   3）苫纵横木条30X10木条三道
   2）双层木板墙（用于木结构墙）：
   1）20厚木板墙宽200，建置处壁层维护及支挡
   2）20X20大龙骨
   3）12厚胶合板
   3）单层木板墙（用于木结构）：
   1）20厚木板墙宽200，缝隙处壁层维护及支挡
   4）青砖墙：
   1）细呈一穿下的分户墙及窗下墙：120厚
   2）细呈一穿下的山墙，承重墙及整体防护墙：240厚

3. 楼面
   1）双层木板楼面：
   1）20厚宽200单木企口地板，油漆罩面（背面防腐处理）
   2）3厚改性沥青类防水卷材一道
   3）18厚松木地板
   4）90X200木搁栅直距160~180大大@600（榫榫搭注明外）
   2）地面（参见总施4）
   1）青石板地面：
   1）30厚600X600或300X600青石板
       1:2水泥砂浆灌缝，表面扫缝
   2）30厚1:3干硬性水泥砂浆结合层
   3）素水泥浆一道
   4）50厚C15混凝土垫层
   5）1.5厚聚氨酯涂膜防水层
   6）80厚C15混凝土垫层，随打随抹平
   7）150厚3:7灰土
   8）素土夯实，压实系数0.9
   2）双层木板地面：
   1）20厚宽200单木企口地板，油漆罩面（背面防腐处理）
   2）改性沥青防水卷材一道
   3）3厚松木毛地板（背面防腐处理）

三、由于宽窄巷子文化保护区原为民居建筑群，其建筑标准敏低，建筑构造处理上不严格。因此设计中在保留原有建筑格局和建筑形式丰富性的前提下，适当提高了建筑形式和建筑构造处理，使其构件适当标准化的合理以满足一定的安全要求。为满足建筑使用的功能要求，将建筑标准进行了适当提高。设计中为保证建筑的安全性和耐久性，进行了结构修养，对传统做法中不能满足结构安全指标的构件采取适当加大构件尺寸，增加加固构件和强化连接构件的措施。

4. 为保护防宜为原则而制宜为原则的消防和节能设计：
   1）消防设计：
   （1）消防耐火等级均为民用四级。建筑构件的耐火极限、建筑整层和宽宽楼梯规范，与保护原型构件的进行设计。
   （2）在保持宽窄巷子历史文化保护区建设建筑格局的基础上，宽巷子与窄巷子之间、窄巷子和巷子之间区域的墙的开间设有宽度100米左右的防火的消防疏散通道，并对此整整个保护区分隔成了4个防火分区，防火分区间设4处消防疏散通道。
   （3）在老院落区域，由于建筑单体均为单层单体的第二层，单体面积较小，而且均为院院式布局，疏散方便。出于对整体院落体验的，每个防火分区内的建筑单体之间不再考虑疏散间间。
   （4）为预防木结构建筑的火灾危害，根据《木结构设计规范》中对建筑各部分构件的耐火时间的要求，所有木结构建筑构件均符合防燃规制。具体做法请见产品说明书，建筑电力线路采用阻过电电缆槽管作为敷线为宜，具体做法见电气说明，火灾警报设有室内的照明探测器，屋层火灾报警控制屏并设置室内外消火栓系统，进行实际火灾报警消防计划。
   《木结构设计规范》中对建筑各部分构件的耐火时间要求：
   柱：1.00小时 梁：1.00小时
   穿斗木方：1.00小时 屋顶承重构件：1.00小时
   木楼梯：1.00小时 分室隔墙：1.00小时
   （5）木结构建筑的避免对内受明火的内墙部间使用。对安置的墙上层要使用明火的木结构间，根据《木结构设计规范》，则需要在其两侧加利相应的防火墙和防火顶帽隔离。

4）50X50厚木龙骨@400，横撑@800（滴涂防腐剂）
5）120X50垫木（滴涂防腐剂）@800
6）50厚C15混凝土基层
7）1.5厚聚氨酯涂膜防水层
8）80厚C15混凝土垫层，随打随抹平
9）150厚3:7灰土
10）素土夯实，压实系数0.9

七、施工做法：

1. 骨饰做法（见总施3）
   1）骨饰做法分条参照饰等和另要与等相样建
   2）应参与传统样式对灰泥墙层进行灰饰和做灰养。
2. 屋面构造
   1）角沟的处理层按传统做法：以铺锤大瓦镶制，铺角灰以铺制连接瓦端。（见总施4）
   2）橡挂坡在山墙面出层，出纵长应参考传统形式，挂比橡约短1/3。
   3）连橡搭的安装应与橡子进行方向垂直。
3. 屋架构造
   1）根据结构算，在一般情况下，即橡橡不超过1.2米，橡长不超过4.5米且相近的挂接受力结构算为柱内的情况下：
   （1）正房明间橡橡为ø180，普柱为ø160，普挂下方需做吊耳接。
   （2）槽橡为ø150~ø180，横橡或直径ø180~ø200
   （3）黄金橡为ø150~ø180，挂为ø150~ø160。
   2）采取可靠施工现场和铺路，以使查柱与上下穿挂之间项接，使结点上下穿的共同受力。
   3）各类穿饰出头形式要参照传统做法处理，或作矩形或作云纹。
   4）普柱与穿榫接口部位需参照传统做做处理。
4. 构件的构造
   1）柱础与立柱连接处需加铺铺钩键，柱础与地平连接做法三种（参见总施3），用100X100孔钉销，然器穿上后用C25混凝土浇缝，并暂有与木柱连接用木刻或钢钉的固接。
   2）地楼板与立柱以榫卯方式连接，柱础与地楼榫应以相接方式连接。

3）铺设木地板的房间列地楼下方应设通气孔，可用砖砌筑或用
　　镂有镂花纹样的条石铺砌。

4）木结构中使用的金属构件，如大门包叶，支摘窗挺钩，
　　钉锔等应有防锈措施。

5）木结构房屋各部分的钉连接要参见《木结构设计规
　　范》附录N.2及N.3。

6）屋面为自由排水，各庭院的排水，主院以明沟排水为主，
　　后院及侧院作暗沟排水处理，台阶处为暗沟处理方式。
　　（各种做法参见施总施3）施工中如遇特殊情况与设计方
　　协商调整后解决。。

3）窗下墙处的木裙墙，其面板接缝处背面应设压墙条。

5，其余事项：

1）在施工过程中，如果根据现场情况，需对正房标高进行
　　调整，应协调与门厅、门头、路面的关系，所产生的问
　　题应与设计方共同讨论解决。

2）施工过程中对门窗、挂落、雀替、垂花、牛腿、替木
　　柱础样式等装饰构件作调整，调整后的样式须与相应宽
　　窄巷协调并研究设计方案。

3）慕家大修时的工程，应先揭除瓦顶，再由上而下分层拆除
　　椽、檩及屋架。在拆除过程中应采取措施，保护其具有历
　　史价值的和可再利用的构件。

4）对于不确定的技术措施和技术，应先进行试用，待与设
　　计方协商后再扩大其应用范围。

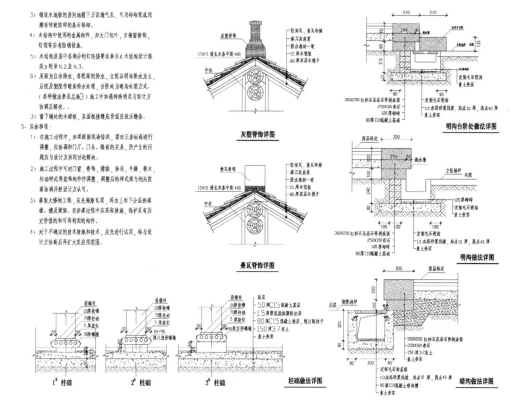

灰塑脊饰详图

叠瓦脊饰详图

柱础做法详图

明沟台阶处做法详图

明沟做法详图

暗沟做法详图

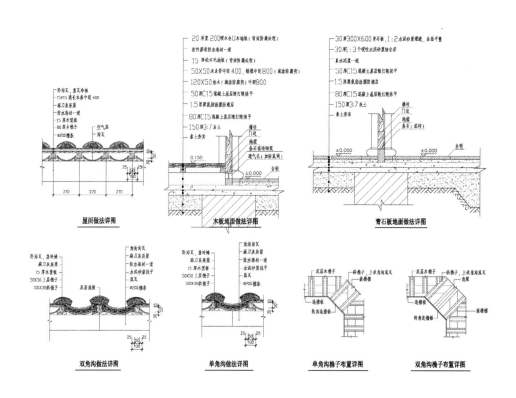

屋面做法详图

木板地面做法详图

青石板地面做法详图

双角沟做法详图

单角沟做法详图

单角沟椽子布置详图

双角沟椽子布置详图

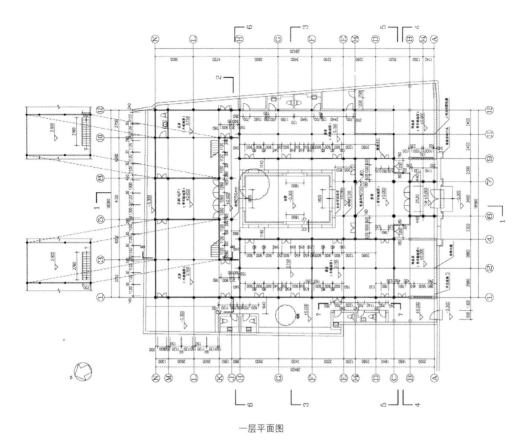

一层平面图

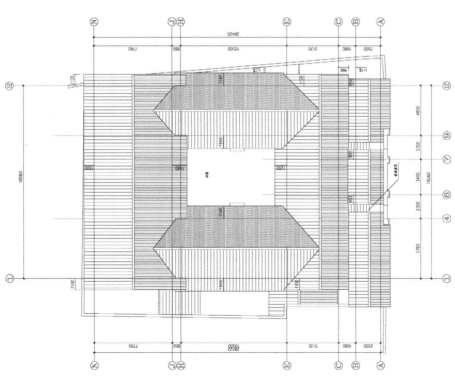

屋顶平面图

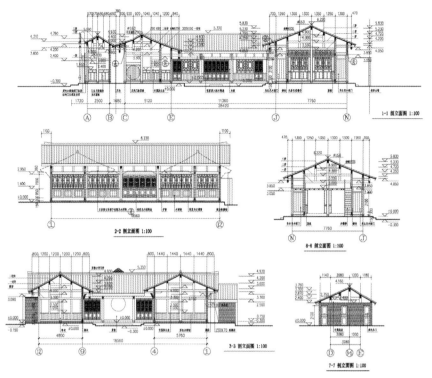

剖立面图1

美丽中国·宽窄梦

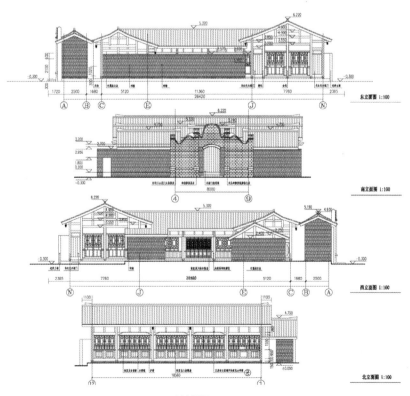

剖立面图2

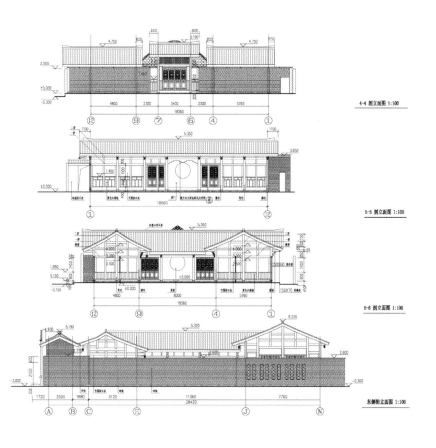

4-4 剖立面图 1:100

5-5 剖立面图 1:100

6-6 剖立面图 1:100

东侧街立面图 1:100

剖立面图3

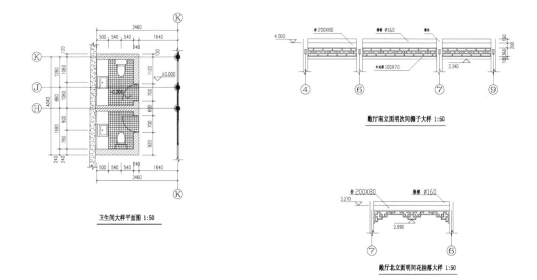

卫生间大样平面图 1:50

敞厅南立面明次间楣子大样 1:50

敞厅北立面明间花挂落大样 1:50

剖立面图4

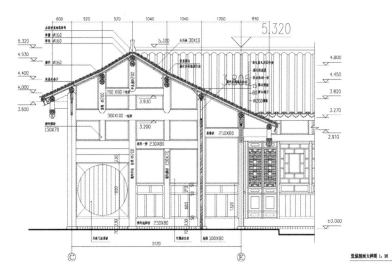

堂屋剖面图

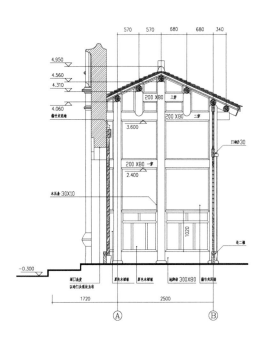

门头侧面大样图 1：30

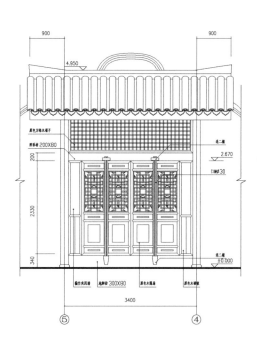

门头北立面大样图 1：30

门头详图1

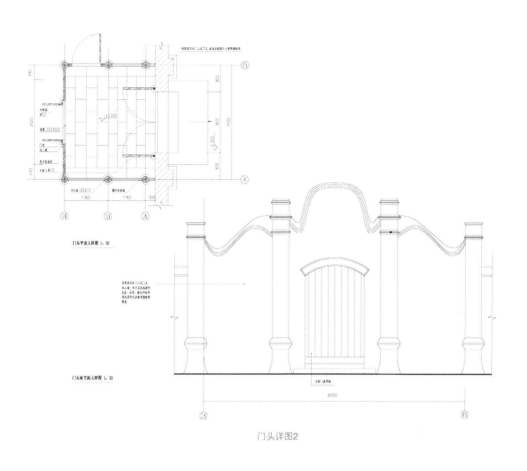

门头平面大样图 1:30

门头南立面大样图 1:30

门头详图2

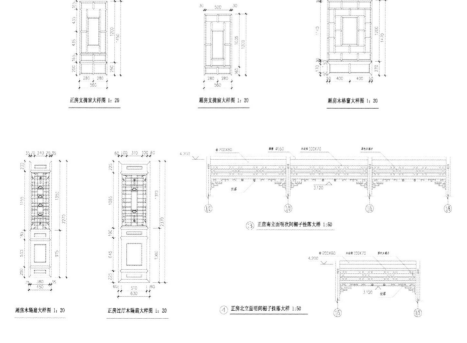

正房支摘窗大样图 1:20

厢房支摘窗大样图 1:20

厢房木格窗大样图 1:20

厢房木隔扇大样图 1:20

正房过厅间木隔扇大样图 1:20

正房南立面明次间棚子挂落大样 1:50

正房北立面明间棚子挂落大样 1:50

门窗详图

3.4 更新院落初步设计图纸（以宅院酒店为例）

下同仁路沿街透视

宽巷子沿街透视

东侧透视图

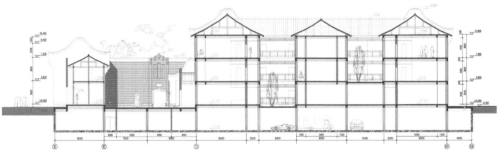

剖面图

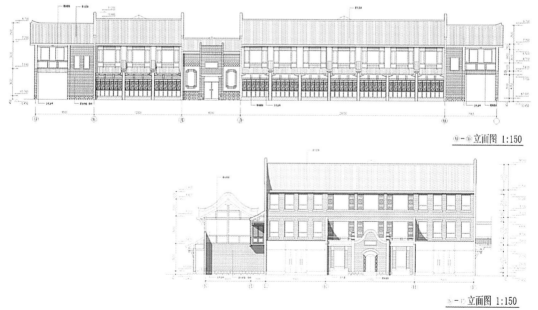

一层平面图 1:150

一层平面图

⑪—⑪立面图 1:150

N—P立面图 1:150

立面图

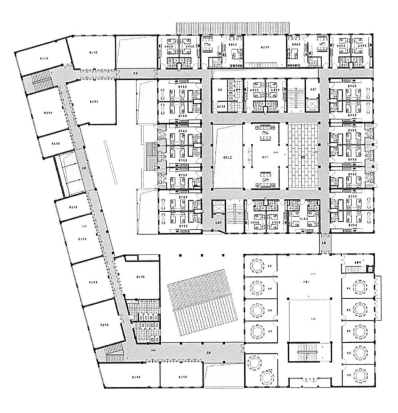

二层平面图

二层平面图 1:150

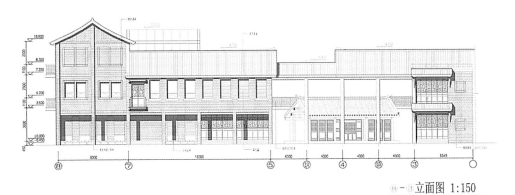

⑧-⑧立面图 1:150

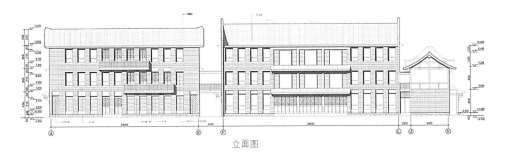

立面图

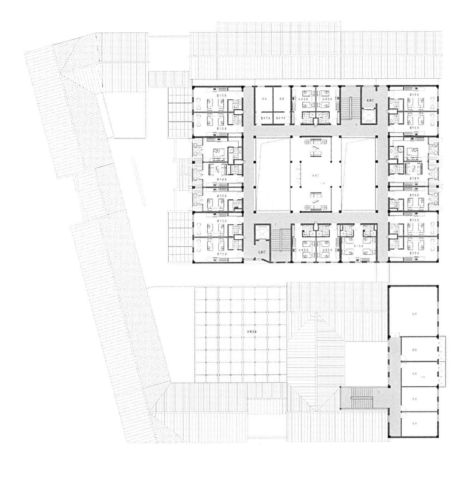

三层平面图

三层平面图 1:150

剖面图

餐饮区中庭透视图

酒店客房楼南侧透视图

酒店客房楼入口透视图

客房楼南侧通道透视图

酒店休闲厅透视图

酒店客房楼内庭院透视图

参考文献

1. 王迪．茶馆——成都的公共生活和微观世界1900～1950．北京：社会科学文献出版社，2010．

2. 贾子建．创造城市吸引力——专访清华大学建筑学院副教授北京华清安地建筑设计事务所总经理刘伯英．三联生活周刊．北京：生活·读书·新知三联书店，2011（40）．

3. 季富政．巴蜀乡土建筑丛书(共四册《本来宽窄巷子兼说大慈寺历史文化片区》、《单线手绘名居》、《巴蜀物语》、《蜀乡舍踪》).北京： 中央文献出版社，2011．

4. 单霁翔．城市化发展与文化遗产保护．天津：天津大学出版社，2006．

5. 倪鹏飞，刘彦平等．成都城市国际营销战略：创造田园城市的世界标杆．北京：社会科学文献出版社，2010．

6. 单霁翔．从"文物保护"走向"文化遗产保护"．天津：天津大学出版社，2008年．

7. 《成都》课题组．成都．北京：当代中国出版社，2007．

8. 单霁翔．留住城市文化的"根"与"魂"——中国文化遗产保护的探索与实践．北京：科学出版社，2010．

9. 王跃，马骥．少城轶事．成都：四川文艺出版社，2010．

10. 章夫，傅尔济吉特氏·哈伦娜格．少城：一座3000年城池的人文胎记．成都：四川文艺出版社，2008．

11. 杨永忠．创意成都．福州：福建人民出版社，2012．

12. 易中天. 读城记. 上海：上海文艺出版社，2006.

13. 章夫. 窄门：宽巷子·窄巷子——古蜀成都的两根脐带. 成都：四川文艺出版社，2008.

14. 四川省文史研究馆. 成都城坊古迹考. 成都：成都时代出版社，2006.

15. 郑光路. 成都旧事. 成都：四川人民出版社，2007.

16. 田飞，李果. 寻城记·成都. 成都：四川文艺出版社，2007.

17. 苏伟，杨茜西. 行走在宽窄之间. 北京：旅游教育出版社，2011.

18. 周明华，李豫龙，孙邦彦. 带一本书去成都. 北京：科学技术文献出版社，2005.

19. 苏伟. 打望老街：宽巷子窄巷子. 成都：成都时代出版社，2008.

20. 曹丽娟，凌宪. 成都老街的前事今生. 成都：四川人民出版社，2010.

21. 陈中东，王海文. 泡在成都：解码中国第四城的优雅舒适. 广州：广东旅游出版社，2007.

22. 黄滢，马勇. 中国最美的老街：历史文化街区的规划、设计与经营1/2. 凤凰出版传媒集团，凤凰出版传媒股份有限公司，江苏人民出版社，天津凤凰空间文化传媒有限公司，2012.

23. 贾冬婷，贾子建.《三联生活周刊》副刊："宽窄巷子里的微观成都". 北京：生活·读书·新知三联书店，2011年第40期.

24. 清华大学建筑学院. 城市规划资料集第8分册城市历史保护与城市更新. 北京：中国建筑工业出版社，2008.

25. 倪鹏飞，刘彦平. 成都城市国际营销战略：创造田园城市的世界标杆. 北京：社会科学文献出版社，2010.

26. 清华大学建筑与城市研究所. 旧城改造·规划·设计研究. 北京：清华大学出版社，1993.

27. [美]翰·奈斯比特，多丽丝·奈斯比特，魏平，毕香玲译. 成都调查. 北京：中华工商联合出版社，2011.

28. 黄靖. 成都宽窄巷子历史文化保护区的保护实践研究（Study on the Implement for The Historic Cultural City of KuanZhaiXiangZi in ChengDu）. 清华大学工程硕士专业学位论文，2006.

29. 成都市总体规划2003

30. 成都市历史文化名城保护规划2003

31. 成都宽窄巷子历史文化保护区保护规划. 西南交通大学建筑学院2003

32. 成都宽窄巷子历史文化保护区实施规划. 清华大学建筑学院、北京清华安地建筑设计顾问有限责任公司2004

33. 成都宽窄巷子历史文化保护区保护院落测绘. 清华大学建筑学院、北京清华安地建筑设计顾问有限责任公司2004

34. 成都宽窄巷子历史文化保护建筑设计方案. 清华大学建筑学院、北京清华安地建筑设计顾问有限责任公司2004

35. 成都宽窄巷子历史文化保护区保护院落施工图设计. 清华大学建筑学院、北京清华安地建筑设计顾问有限责任公司2005

36. 成都宽窄巷子历史文化保护区更新建筑初步设计. 清华大学建筑学院、北京清华安地建筑设计顾问有限责任公司2006

37. 成都文殊院历史文化保护区保护规划. 清华大学建筑学院、北京清华城市规划设计研究院2004

后 记

在本书即将付印之际，不禁感慨万分。从我第一次去宽窄巷子距今已经11年了，每去一次，都有新的感受，从"忧虑"变成"欣喜"。特别是近几年，宽窄巷子已经被打磨得越来越精致，越来越有活力，对城市的影响越来越大，越来越广泛；已经成为成都传统文化的一个招牌，成为成都未来发展的一张名片！

前言万语汇成一句话，那就是"感谢所有为宽窄巷子的建设做出过贡献的人！"首先非常感谢成都少城建设管理有限公司的郭卫平、刘晓健、徐军、张燕，感谢成都文旅集团的尹建华、张婷，他们在宽窄巷子的建设、经营、管理方面起到了决定性作用。感谢成都市规划建设管理部门的张樵、王松涛、郭世伟、郑小明等的正确领导。感谢清华大学的朱自煊、冯钟平、边兰春、张杰、张敏等老师的无私帮助。感谢王景慧、业祖润、季富政、庄裕光、应金华、朱成、李庚、林楠等专家的大力支持。感谢设计团队所有人的辛勤付出。最后还要感谢杨玳婳、李蕌楠、陈禹夙，感谢费海玲、张幼平两位编辑，他们在本书出版过程中做了大量工作，大家的共同奋斗，才结出了今天这个硕果。

宽窄巷子之所以成功，一部分原因是成都特有的基因，包括社会、文化、生活方式等，这是其他城市或者其他项目学不到的。还有一部分原因就是，宽窄巷子整个项目在运作过程中文旅集团采取的开放心态，让规划设计团队、策划运营团队尽最大可能，竞相为项目出谋划策，一切为我所用，最终由文旅集团落实到项目中去，并成为宽窄巷子项目策划运营和建设实施的主体。清华安地的设计团队，对宽窄巷子的付出远远超越一个规划设计的工作范畴，而是站在一个全方位打造成功项目的角度，无私奉献自己的智慧，起到了独特和无法替代的作用。这种从学术研究、规划、建筑、景观、策划、运营到宣传一体化的立体思考，也是其他规划设计团队难以做到的。

人们对城市历史文化的认识程度和表达方式是有一个过程的，清华大学张杰教授对宽窄巷子有过评价："如果说成都琴台路仿古一条街和锦里以假乱真的商业街是1.0版，文殊坊大拆大建整体更新是2.0版，那么坚持以院落为单位循序渐进的宽窄巷子历史文化街区就是3.0

版，是一个升级版，是保护与更新并重"。他在学术上对宽窄巷子给出了一个明确的定位。我们相信：城市历史文化街区保护和更新的理念和方法一定是不断发展的，一定是与时俱进的，今后一定还会有更加成功的案例出现。

宽窄巷子不仅实现了城市物质形态的保护和更新，更重要的是，它实现了成都文化、经济、社会、环境的综合复兴，它为成都打造了一个难以忘怀的"美丽乡愁"！宽窄巷子历史文化街区是我们为实现美丽成都、实现美丽中国，作出的回答，作出的贡献，这是我们最最欣慰的！

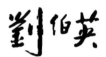

2014年8月

图书在版编目（CIP）数据

美丽中国·宽窄梦——成都宽窄巷子历史文化保护
区的复兴 ／ 刘伯英等著. — 北京：中国建筑工业
出版社，2014.8
ISBN 978-7-112-17145-3

Ⅰ．①美… Ⅱ．①刘… Ⅲ．①城市规划－成都市
Ⅳ．①TU984.271.1

中国版本图书馆CIP数据核字(2014)第186724号

责任编辑：费海玲　张幼平
装帧设计：肖晋兴
责任校对：姜小莲　关　健

美丽中国·宽窄梦

——成都宽窄巷子历史文化保护区的复兴

刘伯英　林霄　弓箭　宁阳　著

＊

中国建筑工业出版社出版、发行（北京西郊百万庄）
各地新华书店、建筑书店经销
北京市晋兴抒和文化传媒有限公司制版
北京盛通印刷股份有限公司印刷

＊

开本：787×1092毫米　1/16　印张：24　字数：441千字
2014年11月第一版　2014年11月第一次印刷
定价：98.00元
ISBN 978-7-112-17145-3
(25923)